U0382075

国家社科基金重点项目"一战西线战地环境与老兵记忆研究"（项目编号：18ASS001）阶段性成果

环境史探索丛书
Environmental History Exploration Series
丛书主编 梅雪芹

慎思与深耕
外国军事环境史研究

Careful Reflection and Deep Cultivation:

A Study of Foreign Military
Environmental History

贾珺 ◎ 著

中国社会科学出版社

图书在版编目（CIP）数据

慎思与深耕：外国军事环境史研究 / 贾珺著 . —北京：中国社会科学
出版社，2023.3

（环境史探索丛书）

ISBN 978 - 7 - 5227 - 1721 - 0

Ⅰ. ①慎⋯　Ⅱ. ①贾⋯　Ⅲ. ①军事—环境保护—研究—国外
Ⅳ. ①X - 091

中国国家版本馆 CIP 数据核字（2023）第 061406 号

出　版　人	赵剑英
责任编辑	耿晓明
责任校对	李　军
责任印制	李寡寡

出　　　版	中国社会科学出版社
社　　　址	北京鼓楼西大街甲 158 号
邮　　　编	100720
网　　　址	http://www.csspw.cn
发　行　部	010 - 84083685
门　市　部	010 - 84029450
经　　　销	新华书店及其他书店

印刷装订	三河市华骏印务包装有限公司
版　　　次	2023 年 3 月第 1 版
印　　　次	2023 年 3 月第 1 次印刷

开　　　本	710 × 1000　1/16
印　　　张	18.75
字　　　数	275 千字
定　　　价	98.00 元

环境史探索丛书
总　序

　　1962 年，美国海洋生物学家蕾切尔·卡逊（Rachel Carson，1907—1964，又译雷切尔·卡逊）出版了一部被认为肇始了"现代环境运动"的书①，书中开篇描述，人类可能会面临一个鸟儿不见、植物枯萎、鱼已死亡的破损的世界，这即是《寂静的春天》。该书所描述的这一世界前景，既是作者"关于农药危害人类环境的预言"②，又是其所处现实中的真实情况的反映。这种情况，也即是在美国各地和世界其他地方发生的，因滥用包括杀虫剂在内的各种化工产品而破坏自然并危害人类的实情，可视为现代工业文明的负面效应和教训的缩影。③ 卡逊的著述则对这一文明及其征服自然的基本观念提出了挑战，因此，该书甫一出版，即在美国朝野上下引起轩然大波，尤其受到了利益攸关的生产与经济部门的抨击。与此同时，该著作的思想价值也不断为人所认识，并获得高度的评价。其中，美国前副总统阿尔·戈尔（Al Gore，1948—　）关于

---

　　① ［美］蕾切尔·卡逊：《寂静的春天》，吕瑞兰、李长生译，吉林人民出版社 1997 年版，"前言"，第 12 页。

　　② ［美］蕾切尔·卡逊：《寂静的春天》，"译序"，第 1 页。

　　③ 关于现代工业文明的问题和教训，还可参见以下文献：European Environment Agency，"Environmental Issue Report No 22：Late Lessons from Early Warnings：the Precautionary Principle 1896 – 2000"，Copenhagen，2001，http：//www. rachel. org/lib/late _ lessons _ from _ early _ warnings. 030201. pdf；［美］威廉·M. 埃文、马克·马尼恩：《危机四伏：预防技术灾难》，刘杰等译，中国商务出版社 2007 年版；［美］罗伯特·埃米特·荷南：《借来的地球：15 起世界环境灾难的教训》，晨咏译，机械工业出版社 2011 年版。

《寂静的春天》改变了历史进程的说法，① 可谓至为深刻。自这一著作问世以来，世界历史确然出现了某种转折性变化。人类社会空前正视伤痕累累的自然，以至"自然的终结""自然的死亡""地球的末日"……这类既略显夸张又不乏洞见的语汇所反映的环境危机的事实，引起了越来越多的关注和逐渐习以为常的应对。从学术界来看，当自然因历史发展而危机重重并被形容为"死亡"的时候，一门"关于自然在人类生活中的所扮演的角色和所处位置的历史"②，则日益兴盛。这门历史即是环境史，是历史工作者在环境危机和环境运动的驱使下倡导"一场针对环境的行为革命"③ 的结果。它在人们认识并宣告"自然之死"④ 的当代，恰使得自然在历史学中获得了新生，从而带来了历史观念的种种变革。这是史学在新的世纪之交出现的重大变化，值得我们倍加关注和重视。

① 戈尔说到："《寂静的春天》犹如旷野中的一声呐喊，用它深切的感受、全面的研究和雄辩的论点改变了历史的进程。如果没有这本书，环境运动也许会被延误很长时间，或者现在还没有开始。"见［美］雷切尔·卡逊《寂静的春天》，"前言"，第9—10页。关于《寂静的春天》与环保运动的关联，还可参见美国环境史学家威廉·克罗农为一本书所写的序言，这本书是托马斯·邓拉普主编的《滴滴涕、寂静的春天和环保主义的兴起：经典文本》，该序言题为"《寂静的春天》与现代环保运动的诞生"（William Cronon，"Foreword：*Silent Spring* and the Birth of Modern Environmentalism"，in Thomas R. Dunlap，ed.，*DDT，Silent Spring，and the Rise of Environmentalism：Classic Texts*，Seattle：University of Washington Press，2008，ix－xii），以及余凤高的《一封信，一本书，一场运动——雷切尔·卡逊诞生一百周年》（《书屋》2007年第9期）。

② 环境史的重要开创者和领军人物、美国历史学家唐纳德·沃斯特（Donald Worster，1941— ）的说法，见［美］唐纳德·沃斯特《环境史研究的三个层面》，侯文蕙译，《世界历史》2011年第4期。

③ 环境史的冠名者和开创者之一、美国历史学家罗德里克·纳什的说法，出自其撰写的《圣巴巴拉环境权利宣言》，见 Roderick Nash，*The American Environment：Readings in the History of Conservation*，2nd edition，Reading，Mass.，Addison-Wesley Pub. Co.，1976，pp. 298－300。

④ "自然之死"或许可被视为对现代环境危机的一种比喻。这里只是想借此表达人们在环境危机冲击下，对自然的命运的关切之情。自然当然不会为人类所杀死，也不会终结。人类能够灭绝一些物种，破坏一些环境，甚至最终毁灭自身。但是自然，作为一个宏大、复杂的系统，在人类诞生之前便已存在；纵使人类从这颗星球上消失，它也将继续运行。对于这一状况的生动描述，可参见［美］艾伦·韦斯曼《没有我们的世界》，赵舒静译，上海科学技术文献出版社2007版。此外，这里的思考也得益于与中国人民大学侯深博士的讨论，特此致谢。

一

  在环境史所带来的历史观念的变革中，最引人注意的，恐怕莫过于对历史研究对象或题材之认识的变化。历史研究对象或题材，是历史本体论或存在论范畴的问题。什么能作为历史研究的对象，什么又成为了历史研究的题材呢？纵观中西史学，不难看到，历代史学家和思想家通过具体的历史研究实践以及专门的历史理论或历史哲学思考，对这一问题做出了诸多回答。人们对此进行归纳，大体分之为"人事"说、"人类社会"说、"人类社会关系"说、"结构"说和"综合"说等。[1] 这体现了不同时代史学家和思想家认识并解释历史的不断努力，历史研究的对象由此得以不断扩大，逐步深入。其变化轨迹大体是，从帝王将相和英雄伟人扩大到一般人民，进而包括劳动群众或弱势群体；从政治进入经济，再到社会、文化，乃至出现"总体"诉求。这样，历史也就从反映帝王将相和英雄人物的政治军事活动的"政治叙事史"，发展到经济史、社会史、文化史。[2] 这种演变，是在历史学本身发展过程中，史学研究主体对历史上的社会现实及其所处的当下社会现实的认识不断变化的反映和结果。[3]

  史学的上述变化，在凸显阶段性差异的同时，也延续着一个基本的共同点：人们一直强调，史学的任务在于揭示人及其构成的各类群体的活动和行为，这也可简称为"人类事务"（human affairs）。从西方史学来看，有人认为，无论是古典时代的人本主义史学还是中世纪的基督教

---

  ① 参见刘大年《论历史研究的对象》，《历史研究》1985 年第 3 期；马寅虎《历史研究对象认识线索初探》，《安庆师范学院学报》（社会科学版）2001 年第 6 期；宁可《什么是历史？——历史科学理论学科建设探讨之二》，《河北学刊》2004 年第 6 期。

  ② 当然，史学的变化或一部史学史，并非这些门类的线性的交替变更。这里旨在勾勒其发展的主线和趋向。

  ③ 参见刘卫、徐国利《对史学价值观与历史本体观关系的历史考察》，《中国社会科学院研究生院学报》2004 年第 4 期。

史学，乃至18、19世纪的"科学史学"，其目的都是为了解释和总结人类历史的发展变化。因此，史家皓首穷经的宗旨，即是为了"揭示人类活动的足迹"①。在这种以人为中心的历史研究中，无意识的实在的自然只是人类活动的舞台或布景，其本身不能作为史学的题材，因而也没能成为史学的题材。到20世纪30年代，柯林武德在论述"历史学的题材"问题时还确然地说："对于那不是经验而只是经验的单纯对象的东西，就不可能有历史。因此，就没有、而且也不可能有自然界的历史，——不论是科学家所知觉的还是所思想的自然界的历史。"② 同样，在中国史学中，自然一直也并非历史研究的明确的主题。于是，无论在政治史、经济史，还是在社会史、文化史中，历史舞台上的主角都是人，是面孔不断变换的人。读这些历史，你感觉不到大地的存在，闻不出花儿的芳香，听不见鸟儿的鸣唱。③

随着环境史的诞生和发展，史学中由来已久的人类独舞的历史格局被打破，过去只是作为背景抑或完全缺失的自然，终于得以进入前台，与人类一道上演着历史活剧。这自然，"包括地球及其土壤和矿产资源、咸水和淡水、大气、气候和天气、生物即从最简单到最复杂的动植物以及最终来自太阳的能量"④，它们是独立的实实在在之物，是我们赖以为生的一个更大的生命世界。构成这个世界的动物、植物和微生物，还有土壤、水和空气等等，皆因环境史家的关注，日益成为历史研究的合理对象。如今，只要你愿意，只要你围绕人与自然相互作用、相互影响这

① 王晴佳：《西方的历史观念：从古希腊到现代》，允晨文化实业公司1998年版，第8页。

② ［英］柯林武德：《历史的观念》，何兆武、张文杰、陈新译，北京大学出版社2010年版，第298页。同时，柯林武德本人在宇宙学理论史领域有广泛的研究，他还以"自然与心灵"为名，在1934、1935和1937年做过有关宇宙学理论史的演讲。他去世后，该演讲稿于1945年由其好友诺克斯编辑出版，这即是《自然的观念》一书（中译本由吴国盛、柯映红译，华夏出版社1990年版）。

③ 沃斯特在《自然的财富》的自序中谈起学生时代所读历史时，做了这样的回忆，见 Donald Worster, *The Wealth of Nature: Environmental History and the Ecological Imagination*, New York, Oxford: Oxford University Press, 1993.

④ ［美］J. 唐纳德·休斯：《什么是环境史?》，梅雪芹译，上海光启书局有限公司2022年版，第7页。

一主线，你就完全可以研究并撰写一部你喜欢的任何自然之物的历史。因此应该说，环境史出色地扮演了史家为之设定的"努力要使历史这门学科在叙事上比其传统具有更大包容性的修正者的角色"①，这使得历史工作者不仅可以"制造路易十四"②，而且可以"加工三文鱼"了③。正是在他们的不懈努力下，人们越来越多地看到了尘沙（土）的历史、空气的历史、火的历史、物种的历史、草地的历史、森林的历史、河流的历史……甚至令人生厌的病毒和流感的历史。④ 这意味着史学题材的极大丰富和更新。

史家像这样转换题材，其变革意义非同小可。由于三文鱼原本属于自然的物种，而非人类的创造，对其研究本属于鱼类生物学家或自然科学家的任务，因此，一贯着眼于"路易十四"之行为并以"制造路易十四"为己任的史学，本来是不关注三文鱼等自然物种的命运以及自然本身的兴衰的。现在，当世人出于对自身和人类社会安危的考量，开始忧虑人类活动所造成的物种命运的改变和自然面貌的破败时，史家像其他众多学科的学者一样，也为之触动并作出反应。他们果敢地打破历史学长期囿于片面的人类事务的藩篱，自觉地在历史长河中"加工三文鱼"，以此系统、深入地探索人类与自然环境相互作用、相互影响关系的变迁，试图向世人揭示并帮助他们理解，一部三文鱼的历史，其实也是人类经

① ［美］唐纳德·沃斯特：《环境史研究的三个层面》，侯文蕙译，《世界历史》2011 年第 4 期。

② "制造路易十四"系英国著名史学家彼得·伯克（Peter Burke, 1937— ）的新文化史代表作的书名，该书着力于法国国王路易十四公众形象的制作、传播与接受的历史（［英］彼得·伯克：《制造路易十四》，郝名玮译，商务印书馆 2008 年版）。

③ 《加工三文鱼》系美国学者约瑟夫·泰勒的环境史著作的名称，它探讨了太平洋西北部三文鱼渔业危机的漫长而复杂的历史（Joseph E. Taylor, *Making Salmon: An Environmental History of the Northwest Fisheries Crisis*, Seattle, WA: University of Washington Press, 1999）。

④ 按环境史学家阿尔弗雷德·克罗斯比的说法，对我们人类物种的大多数成员来说，一战时代最重要的主角，不是伍德罗·威尔逊抑或列宁，而是西班牙流感病毒［Mark Cioc, Char Miller, "Alfred Crosby", *Environmental History*, 14（July 2009）, p. 562］。克罗斯比的代表作有《哥伦布大交换》《生态帝国主义》《美国被遗忘的传染病：1918 年流感》《病菌、种子和动物：生态史研究》等。关于克罗斯比的治史方法，参见刘文明《从全球视野与生态视角来考察历史——克罗斯比治史方法初探》，《史学理论研究》2011 年第 1 期。

历的一部分，而人类影响下的三文鱼的历史故事是何等的复杂；像三文鱼种群衰落之类的生态问题，由于很大程度上交织着文化、政治与经济的因素，因此又是多么地令人难以应对。① 显然，"加工三文鱼"这样的环境史著述，既不是在鱼类生物学或自然科学之内就三文鱼谈三文鱼——着重研究三文鱼等物种的习性或自然环境的变迁本身，也不只是在传统史学之外拾遗补缺——补上史学所曾缺少的自然这一块，而是力图在根本上构建一种新的历史思维乃至历史本体观念。

概言之，环境史致力于研究人与自然的历史关系，以此看待并考察不同时代、不同地方人类所处、所做和所思的历史，从而将人类史与自然史连接起来，使历史成为完整的真正的整体史。这正如美国环境史学者威廉·克罗农所论述的，"毕竟，我们的任务远不是试图逃出历史，进入自然，而是要将自然本身纳入人类历史长河之中"②。在这样的历史中，人不仅是社会关系中的人，而且是生态系统中的人，人类社会本身即是人与自然有机统一的人类生态系统③；自然并非孤立于人之外与人无关的客体，也不是人们脑海中含义不清的观念，而是既独立存在又不断被打上人的烙印并成为人的生存环境的物质和生命世界。这样，历史的本体，即是为满足生存、发展需要的现实的人，与自然界不断进行的物质、能量和信息交流的过程。在这一过程中，人类所作所为体现的人

---

① 参见美国环境史学家威廉·克罗农为《加工三文鱼》一书所写的题为"为三文鱼代言"之序。William Cronon, "Foreword: Speaking for Salmon", in Joseph E. Taylor, *Making Salmon: an Environmental History of the Northwest Fisheries Crisis*, pp. ix – xi.

② William Cronon, "The Use of Environmental History", *Environmental History Review*, Vol. 17, No. 3 (Fall 1993), p. 11.

③ 人类生态系统（human ecosystem），又称社会生态系统或社会—自然生态系统，是以人与自然统一，经济、社会和自然复合为标志的一个概念，在现当代涉及人类与其环境关系和相关问题处理的众多学科中得到使用。有环境史学者主张在环境史研究中借鉴人类生态系统概念。个人认为，这一主张是合理可取的。此外，还应认识到，在环境史研究中借鉴人类生态系统概念的意义，主要并非为史学增添一个新概念，而是这一新概念可以启发我们更好地思考诸如民族、国家、社会、文明等史学中固有概念的内涵。或许可以说，史学中这些固有概念所指代的实体本身即可被界定为经济、社会和自然复合的人类生态系统。关于人类生态系统的性质及其内涵，参见帕斯卡·佩雷斯和大卫·巴滕主编的《认识复杂世界的复杂科学：对人类生态系统的探索》（Pascal Perez and David Batten, ed., *Complex Science for a Complex World: Exploring Human Ecosystems with Agents*, Canberra ACT 0200, Australia: ANU E Press, 2006）。

与自然的矛盾及其交织的人与人的争端，这一矛盾运动引起的自然变迁和生态后果，以及这种后果对人类社会的反向作用等，成了环境史学者的历史研究的聚焦点。

二

诚然，诸如自然环境对人类社会的影响，人类活动引起的自然环境的变化及其对人类历史的影响，人类对自然界如何运动的思考等等，是人类思想史和学术史中存在已久的主题。美国的地理学家克拉伦斯·格拉肯（Clarence J. Glacken，1909—1989）就曾指出，在一部西方思想的历史中，人们不断追问的三个问题所涉及的，即是可居住的地球和人类与它的关联。① 至于"环境史"概念本身，有学者认为，到 20 世纪 70 年代初，它一直是地理学家和考古学家在论述自然环境中第四纪变迁和史前变迁时所惯用的一个术语。② 不过，自 70 年代以来，当史家着力研究人与自然关系的变迁，并以这一视角看待历史发展时，他们不仅凭借活跃的理论思维，而且通过大量的实证研究，重新诠释和分析了自然的存在及其在人类历史中的地位。由此，他们认识到，自然是一种客观、实在的力量，自古以来它与人类共同塑造了历史，并推动着历史的运动。这可以理解为环境史在历史动力观念上所带来的新认识。而这又是以人们对环境史作为一门历史何以兴起的察识为前提的。

---

① 格拉肯对这三个问题的表述是："地球，这一显然适于人类及其他有机生命生存的环境，是有目的地加以创造的吗？地球上的气候、地形、大陆格局等等是否会对个体的道德秉性及社会属性产生影响，是否在塑造人类文化的特征和性质上产生过影响？在人类长期占有地球的过程中，他是以何种方式将地球从假定的原始状态改变过来的？"他还将人们自古希腊时代以来反复思考和回答这些问题的主张概括为三种观念，即神创地球的观念、环境影响的观念，以及人类作为一种地理营力的观念。（Clarence J. Glacken, *Traces on the Rhodian Shore：Nature and Culture in Western Thought from Ancient Times to the End of the Eighteenth Century*, Berkeley：University of California Press, 1967, p. vii.）

② 参见 Alan C. Hamilton, *Environmental History of East Africa：A Study of Quaternary*, London；New York：Academic Press, 1982.

对于这一问题，环境史资深学者、美国历史学家 J. 唐纳德·休斯（J. Donald Hughes，1932—2019）在比较环境史和旧史学时做了颇为全面的论述。他提到，正如劳工的历史、妇女的历史、种族的历史等等大都是社会和政治运动的产物，"环境史的根源也与那些催生资源保护主义者和环保运动的根源交织在一起"，因此，可以将环境史视为历史学进步的一部分；这一进步在一定意义上表现为，历史学者已认识到伦理的扩展在承认移民、妇女和从前的奴隶的作用后，"已在考虑树木是否应当拥有权利"①。休斯在提示这一观点的参考来源时，附注了罗德里克·纳什的《完善美国的革命：伦理的扩展和新环境主义》一文②；休斯自己则认识到，动物和树木以及地球本身在力量的金字塔中位居最底层，并且是支撑这一结构的石阶。于是，他特别强调，"如果将环境史简单地看作历史学科发展的一部分，那将是一个严重的错误。大自然并非无能为力；恰当地说，它是所有力量的源泉……没有它，人类的努力就是虚弱无力的。"③ 在这里，可以清晰地看到环境史学者有关自然的地位及其与历史关联的新认识。他们在认可自然的内在价值的前提下，认识到自然与人类一样具有塑造历史的力量，而历史运动，包括环境史的兴起这场当代史学变革本身，即是由自然的影响和人类的努力共同推动的。

更为重要的是，环境史学者对自然之于历史作用的重视，并没有停留在抽象论说的层面。他们通过具体、深入的研究，分析、揭示自古至今自然与人类一起塑造历史、推动历史的事实，因而在人类关于人与自然关系的认识以及对自然的书写中做出了新的切实的贡献。④ 譬如，美国的环境史学者斯蒂芬·派因以"火"为主题所做的系统研究和分析，涉及地球上火与人类的整个历史，以及人类与火相互作用的许多方式。

---

① ［美］J. 唐纳德·休斯：《什么是环境史？》，第 24—25 页。

② Roderick Nash, "Rounding Out the American Revolution: Ethical Extension and the New Environmentalism", in Michael Tobias, ed., *Deep Ecology*, San Diego, CA: Avant Books, 1985.

③ ［美］J. 唐纳德·休斯：《什么是环境史？》，第 25 页。

④ 对于环境史在这方面的作用，可参见高国荣《环境史及其对自然的重新书写》，《中国历史地理论丛》2007 年第 1 期。

其中包括《火之简史》① 在内的《火的轮回》丛书共 7 本，② 充分揭示了火这一自然的氧化反应如何在与人类共同演化的过程中，塑造了我们所知的这个世界及世界各地的文化史。其实，与派因著述同时或前后，以自然要素或人类事象为题材，分析自然与人类共同塑造历史的成果，是层出不穷的。1992 年问世的印度环境史学者拉马昌德拉·古哈与生态学家马达夫·加吉尔合著的《这片开裂的土地：印度生态史》，就分析了水、森林和矿物作为关系到生产乃至生存的自然资源，在印度环保运动中所发挥的作用。③ 上文提到的泰勒于 1999 年出版的《加工三文鱼》也是这方面的佳作。

当然，由于环境史学者是一个学科背景和个人兴趣多样化的群体，他们在主题选择和研究路径上有着多种多样的表现。并且，依据时空单位和问题考量的不同，他们对人与自然相互作用中哪一方更具支配性的认识有着各自的主张和侧重点，甚至存在不小的差异。譬如，休斯以贾雷德·戴蒙德（Jared Diamond）的研究和主张作为接近环境决定论（Environmental Determinism）④ 一端的代表，以威廉·克罗农的研究和主张作为文化决定论（Cultural Determinism）⑤ 的代表。⑥ 细究起来，这一区分

---

① ［美］斯蒂芬·J. 派因：《火之简史》，梅雪芹等译，陈蓉霞译校，生活·读书·新知三联书店 2006 年版。

② 其他 6 本分别是：《美国的火：野外和乡村之火的文化史》（*Fire in America：A Cultural History of Wildland and Rural Fire*，1982），《冰天雪地：南极之旅》（*The Ice：A Journey to Antarctica*，1986），《燃烧灌木丛：澳大利亚用火的历史》（*Burning Bush：A Fire History of Australia*，1991），《世界之火：地球上的火文化》（*World Fire：The Culture of Fire on Earth*，1995），《灶神之火：火所述说的欧洲环境史》（*Vestal Fire：An Environmental History，Told Through Fire，of Europe and Europe's Encounter with the World*，1997），以及《令人生畏的光芒：加拿大用火的历史》（*Awful Splendour：A Fire History of Canada*，2007）。

③ Madhav Gadgil, Ramachandra Guha, *This Fissured Land：An Ecological History of India*, Oxford University Press, 1992.

④ 国内学者通常称之为"地理环境决定论"。是一种认为人类个体的身心特征以及个体组成的社会行为和文化等人文现象受自然环境要素，特别是气候条件支配的观点，又以"气候决定论"或"地理决定论"著称。

⑤ 这里所说的文化决定论，指的是一种与环境决定论相对立的主张；该主张认为，人类通过思想、社会化以及所有形式的信息流通，创造了自身的实际处境。

⑥ ［美］J. 唐纳德·休斯：《什么是环境史》，第 195 页。

却不免失之偏颇。

从戴蒙德的相关研究来看，这位生理学与膜生物物理学出身，又有着医学、人类学和地理学背景的美国环境史学者，在考量"历史进程的地区差异"这一世界史的基本事实并分析其由来问题时，的确突出了环境因素的作用，这体现在《枪炮、病菌与钢铁：人类社会的命运》① 一书之中。在这里，戴蒙德着力思考现代世界各地的差异问题，并这样问道："为什么财富和权力的分配会是现在这个样子，而不是某种别的方式呢？例如，为什么不是印第安人、非洲人和澳大利亚土著杀害、征服或消灭欧洲人和亚洲人呢？"他又将这一问题表述为"为什么在不同的大陆上人类以如此不同的速度发展呢？"他认为，"这种速度上的差异就构成了历史的最广泛的模式"，这也是他所确定的这本书的主题。② 他对这一问题的回答则是："不同民族的历史遵循不同的道路前进，其原因是民族环境的差异，而不是民族自身在生物学上的差异。"他之所以认为原因在于"民族环境的差异"，是因为他心目中有一个思考的焦点，也就是那种从生物学或遗传学上强调民族之间的差异，认为欧洲人比非洲人，尤其是澳大利亚土著聪明的种族主义解释。并且，也是为了扭转他所认为的今天的历史学家过分忽略环境因素对社会发展之影响的现状。所以，他试图充分利用科学所提供的新知识，以新的眼光来看待上述问题。他还认为，在这一问题上要区分近似原因和终极原因，并提出了关键的几组环境差异。③ 之后，他又推出《崩溃：社会如何选择成败兴亡》一书④，进一步论证了人类在面对问题时，如何做出了不同的应对或选择，以至经历了不同的命运。

显然，戴蒙德所思考和探究的"各大陆民族长期历史之间的显著差异"，是一个宏大的历史问题。而他从环境差异的角度做出解释，则是试

---

① ［美］贾雷德·戴蒙德：《枪炮、病菌与钢铁：人类社会的命运》，谢延光译，上海人民出版社 2006 年版。
② ［美］贾雷德·戴蒙德：《枪炮、病菌与钢铁：人类社会的命运》，"前言"，第 5 页。
③ ［美］贾雷德·戴蒙德：《枪炮、病菌与钢铁：人类社会的命运》，第 436—439 页。
④ ［美］贾雷德·戴蒙德：《崩溃：社会如何选择成败兴亡》，江滢、叶臻译，上海译文出版社 2008 年版。

图建构一种必要的综合的历史思考模式。可以说，戴蒙德很好地实现了自己的研究目标。至于克罗农，一位美国史出身，并有着英国城市和经济史背景的美国环境史学者，我们对其观点的了解，显然不应局限于休斯列举的由其主编的论文集《各执己见：对再造自然的思考》①，还应着重研读其公认的代表作，它们分别是《土地的变迁：印第安人、殖民主义者和新英格兰的生态》和《自然的大都市：芝加哥和大西部》。②

在《土地的变迁》中，克罗农综合运用历史学和生态学的方法，对新英格兰那方土地和那里的人如何相互影响，他们所结成的复杂关系网如何塑造了那个共同体等问题，进行了跨学科的分析，因此在探究新英格兰的动植物群落是如何随着这里的人群变化——从印第安人主导变为欧洲人主导——而变化时，做出了带有原创性、令人信服的解释。其中突出的创新，在沃斯特看来，是它"全然不受传统的束缚！这一回我们终于要看到土地本身及其遭遇的物质变迁。历史终于沉淀于泥土之中"。沃斯特显然推崇该书对一个很久以前的真实地方的生态和经济体系相互交错之历史的论述，并且看重克罗农与自然科学联盟的方式。因此，他提醒环境史学者警惕一种倾向或思潮，即在《土地的变迁》等著作开创环境史学科以来的 20 年间，环境史似乎"又转圈返回到了自然、景观、资源保护主义和环境保护主义的文化政治学上来了"，以至在修正抑或背离"已有的环境史学的重心"③。

在《自然的大都市》中，克罗农通过考察使芝加哥成为美国最具活力的城市、大西部成为美国腹地的生态和经济的变化，为人们打开了一扇看待美国历史的新窗口。其中重点讲述的，是城市和乡村如何日益紧密地连接在一个系统之中的故事；这个系统如此强大，它重塑了美国的景观，改

---

① William Cronon ed. , *Uncommon Ground：Toward Reinventing Nature*, New York：W. W. Norton, 1995.

② William Cronon, *Changes in the Land：Indians, Colonists, and the Ecology of New England*, New York：Hill & Wang, 1983；*Nature's Metropolis：Chicago and the Great West*, New York：W. W. Norton & Co. , 1991.

③ ［美］唐纳德·沃斯特：《环境史中的变化——评威廉·克罗农的〈土地的变迁〉》，侯深译，《世界历史》2006 年第 3 期。

变了美国的文化。于是，他在书中指出，没有一个城市居民可以轻而易举地忽视自然，因为城市的发展本质上依赖于对自然资源的消耗；城市和乡村、人类与自然本为一体，它们是一个由相互依存的部分组成的联合体。

正是基于这样的研究，克罗农才能够在《环境史的作用》一文中明确提出"人类并非创造历史的唯一演员"，完整的历史著述必须同时包含人类创造和自然影响的主张。① 而且，尽管在其主编的那本论文集中，克罗农宣称荒野是人类历史上特定时刻的特定文化的创造，② 但主编它的意图，则在于深入探讨人类和自然世界之间相互作用的复杂性，广泛考察我们人类与自然产生的历史、文化关联。在这一点上，他显然取得了成功，因而他主编的这本文集也赢得了好评。

可能考虑到了上述情况，休斯在做出戴蒙德和克罗农或许分别代表了"环境决定论"和"文化决定论"的陈述后，也就不忘指出，"他们每个人都认为他是在分析自然与文化之间的互动"，并且进一步强调，对于大多数环境史学者来说，他们在人与自然之于历史的影响孰轻孰重问题上所持的立场是折中的。③ 这表明，环境史学者关于自然在历史中的地位的主张和研究并不能等同于"环境决定论"，而且他们反对任何一种决定论。他们所坚持的，是人类与自然相互作用的基本理念，并意图针对史学中根深蒂固的人类中心和人类创造的思想，建构起一种新的历史动力观念。这一观念的核心要素是，自古至今人与自然的关系在每一个历史时期都起到了关键作用，任何夸大自然的影响以及过分强调人的作用的历史观，都是片面的，不可取的。基于此，环境史学者通过具体的历史事象，分析人类与自然相互作用、相互影响的具体表现和程度，从而将它们之间如何互动、如何一起塑造历史的问题落到了实处，并让人们看到了一个比他们想象得远为复杂的世界和历史。

---

① William Cronon, "The Use of Environmental History", *Environmental History Review*, Vol. 17, No. 3 (Fall 1993), p. 13.

② William Cronon, "The Trouble with Wilderness; or, Getting Back to the Wrong Nature", in William Cronon ed., *Uncommon Ground: Rethinking the Human Place in Nature*, New York, London: W. W. Norton & Company, 1996, p. 69.

③ 参见 [美] J. 唐纳德·休斯《什么是环境史?》，第 195 页。

三

环境史在聚焦于历史长河中人与自然相互作用关系的变化时，十分注重自然本身在其中所经历的变迁与所受到的冲击，这是现代史学中不曾有过的一种新现象。这一现象的出现，在一定意义上意味着历史学者对于人类活动结果及其影响的重新认识与定位。这是环境史在历史观念上引发的又一重要变革，即历史评价的变革。这一变革，与20世纪六七十年代催生环境史的现代环境危机和环保运动的语境是密不可分的。

从美国来看，这一时期，因为环境危机的影响，从学界到政坛出现了一种重估人类成就及其价值的倾向或思潮。1962年，作为科学家的蕾切尔·卡逊在《寂静的春天》中严正指出，包括DDT在内的"给所有生命带来危害"的化学物品"不应该叫做'杀虫剂'，而应称为'杀生剂'"①。从"杀虫"到"杀生"，仅一字之差，却反映出对人类创造之作用的转折性认识。一年后，时任内政部长的斯图尔特·尤德尔②在《悄然而至的危机》③中又提出一个同样严肃的问题：如果一个社会的创造损害了它最优秀的头脑，并将最宜人的景观变成了荒原，这个社会能算是成功的社会吗？而促使尤德尔这样发问的直接原因有两点，一是因

① ［美］雷切尔·卡逊：《寂静的春天》，吕瑞兰、李长生译，吉林人民出版社1997年版，第6页。

② 斯图尔特·尤德尔（Stewart L. Udall, 1920—2010），美国政治家兼学者，1961—1969年出任肯尼迪和约翰逊总统任内的内政部长，在诸如《清洁空气法》《荒野法》《濒危物种保护法》《固废处理法》等很多重要的环境法案的通过上发挥了重要作用。代表作除《寂静的危机》外，还有《美国的自然宝库》（America's Natural Treasures：National Nature Monuments and Seashores）、《八月的神话》（The Myths of August：A Personal Exploration of Our tragic Cold War Affair with the Atom）、《被遗忘的创始者》（The Forgotten Founders：Rethinking The History Of The Old West）等。

③ Stewart L. Udall, The Quiet Crisis, New York：Holt, Rinehart & Winston, Inc., 1963；25年后该书再版，并改名为《寂静的危机与下一代》（The Quiet Crisis and the Next Generation, Salt Lake City, UT：Peregrine Smith Books, 1988.）

为当时的报刊报道诗人艾略特①病得很重，认为他成了伦敦最近一场"杀人烟雾"（killer fog）的牺牲品；一是因为新罕布什尔州有位关注自然保护的公民打电话告诉他，"罗伯特·弗罗斯特②的故园——在记忆中一直与'西去的溪流'这一诗作融为一体的那个地方——现在变成了一片废旧汽车垃圾场"。尤德尔说道，当这样的两件事巧合的时候，他的脑海中不由闪现出上述那个疑问。他还认为，这似乎概括了现代人所面临的困顿。③ 到 1969 年，历史学者纳什在《圣巴巴拉环境权利宣言》中，直接控诉了人类经年累月忽视环境、破坏环境以至造成环境灾难的种种行为，指出"我们必须重新界定'进步'，要强调长时段的质，而非眼前的量"，同时倡导"一场针对环境的行为革命"，并誓言"我们将重新开始"④。

　　美国的上述变化，是"一个在世界范围内进行文化反省和改革的时代"⑤的缩影。而由美国学者开创于这一时代的环境史，不免带有一个与生俱来的时代特征，即对人类行为的"重新评估"。因此，在环境史著述中，"重新界定""重新思考""重新检验"人类文化传统的色彩，是十分浓郁的。这表明了环境史学者重新看待和评价历史的旨趣和特点。在环境史的不断发展中，它的这一特点愈发严谨、练达，2001 年问世的《乡村里的推土机——郊区住宅开发与美国环保主义的兴起》对此有很

---

① 艾略特（T. S. Eliot, 1888 – 1965），英国著名诗人、评论家和剧作家。1888 年出生于美国密苏里州圣路易斯市，1914 年移居英国。1922 年出版的《荒原》（*The Waste Land*）被评论界视为 20 世纪最有影响力的一部诗作。1948 年获诺贝尔文学奖。艾略特多年受支气管炎的折磨，1965 年 1 月 4 日因肺气肿病逝于伦敦。

② 罗伯特·弗罗斯特（Robert Frost, 1874 – 1963），美国诗人，因对乡村生活的真实描述以及在诗歌中对美国口语的娴熟运用而深受重视，一生中四次荣获普利策诗歌奖。"西去的溪流"，是其于 1928 年出版的一部诗歌集的名称（Robert Frost, *West-Running Brook*, Henry Holt and Co，1928）。

③ 引文和尤德尔的观点均出自该书的前言。

④ 这份宣言的中译文见拙文《环境史与生态文明建设——从历史学者纳什的环保行动说起》，《绿叶》2010 年第 11 期。

⑤ 唐纳德·沃斯特语，见［美］唐纳德·沃斯特：《环境史研究的三个层面》，侯文蕙译，《世界历史》2011 年第 4 期。

好的体现。① 本书系美国环境史学界后起之秀亚当·罗姆的成名作，出版后广受好评。书中对美国环保运动的新解释，对环境史研究领域的新拓展，以至在表达手法、跨学科研究方法等等方面的可圈可点之处，备受称赞。同样，它在重新认识人类的某些行为、重新思考人类的一些观念上的意义，也得到了重视和推崇。②

这本书的核心对象，是 1945—1970 年间美国郊区住宅开发的历史。诚然，二战后，房地产开发在美国郊区的迅猛发展，对于缓和因住房短缺而引起的社会矛盾，拉动美国经济的增长，乃至促使普通人的"美国梦"的实现，起到了不小的作用，甚至可以说做出了很大的贡献。因此，才会出现美国最大的住宅开发商在二战后的一些年里被当作英雄来赞颂的情况。如果局限于政治史、经济史和社会史的范畴来看待这一历史运动，自然会满足于这样的历史认识和评价。殊不知，这一时期，在全美范围内的郊区普遍出现的大规模住宅开发，也隐含着巨大的危机和冲突。这突出地表现为，与开发商使用新的土方机械移山填谷、清除植被而建起大批量令人欣喜的住宅的同时，出现了"更频繁的洪水、严重的土壤侵蚀和野生动物数量的急剧减少"的结果。于是，"仅仅在一代人之后，许多评论者就将郊区的蔓延视为一场环境灾难"③，这意味着一个重大的思想转变。这一转变的起因和后果，正是亚当·罗姆在《乡村里的推土机》中所要探讨的主题。

亚当·罗姆在探讨上述主题时，充分揭示了以往历史研究所忽视的有关战后美国郊区住宅开发的许多史实。这主要涉及住宅批量建设的种种环境代价及其如何一个接一个地成为争论主题，从而促发环保运动的故事。具体则包括高能耗住宅造成的能源浪费问题、化粪池问题、城市

---

① Adam Rome, *The Bulldozer in the Countryside: Suburban Sprawl and the Rise of American Environmentalism*, New York: Cambridge University Press, 2001. 该书已有中译本（［美］亚当·罗姆：《乡村里的推土机——郊区住宅开发与美国环保主义的兴起》，高国荣、孙群郎、耿晓明译，中国环境科学出版社 2010 年版）。

② 参见高国荣的《译者序》，以及侯深对本书的评论（《〈乡村里的推土机〉与环境史研究的新视角》，《世界历史》2010 年第 5 期）。

③ ［美］亚当·罗姆：《乡村里的推土机——郊区住宅开发与美国环保主义的兴起》，第 2—3、13—14 页。

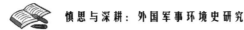

空地的丧失、郊区蔓延对水土资源的影响、推土机"蹂躏土地"所激起的抗议，以及由此引发的从纽约到加利福尼亚的无数居民对"进步"好处的怀疑，和政府官员向近乎神圣的财产所有权发出的挑战等等。这些故事中所包含的相关观念的变化，在罗姆笔下也得到了深入、辩证地分析。其中，个人与社会对土地的认识和态度的部分转变、对传统的私人财产所有权观念的挑战和社会财产思想的出现等，是令人印象深刻的。

这样，亚当·罗姆在叙述战后美国郊区住宅的开发时，展示了更广阔、更深邃、更复杂的历史情景，使人们在看到一个个动人故事的同时，也注意到各种矛盾对立——譬如新的消费文化与资源保护理念的冲突，现代住宅开发与优良建筑传统的冲突，个人和社会的经济利益与环境干扰和破坏之间的张力，新的生态学观点与沼泽就是废地的古老形象的冲突，环保与反环保力量之间的博弈，等等。其中，有一对尖锐的矛盾，按照罗姆的总结，表现为郊区住宅开发商用自然特征为小区命名，以回应购房者想更加接近大自然的愿望。它们之所以构成矛盾，是因为"为了成片地开发住宅，20世纪五六十年代的建筑商经常肆意破坏他们想加以炫耀的、出现在住宅小区名字中的草地、树林和山丘"①。这一对矛盾，可以说是其他诸多矛盾冲突的集中体现。罗姆对它的总结和揭示，显然旨在以自然环境因住宅批量建设这种破坏性发展而受到的冲击为参照，对人类开发住宅之行为做出新的分析和评价。这有助于人们从更宏阔的角度、更深远的意义上，认识人类自身行为的结果和影响。其背后律动的，则是环境史学者普遍持有的生态意识和生态关怀。在这种意识和关怀的引领下，环境史著述势必转换评估人类行为的尺度。它不仅仅以短期利益，还要以长期效应来看待人类的行为及其结果和意义。并且，人类行为是祸是福，是谁之祸，谁之福，也不再只是从人类自身来看待，还要顾及到共享这颗星球的其他生命的存在，乃至这颗星球本身的命运。

环境史对人类活动及其结果和意义的这种考量，凸显了历史评价尺度转换的某种趋势。这意味着一种新的历史评价标准，也即生态生产力

---

① ［美］亚当·罗姆：《乡村里的推土机——郊区住宅开发与美国环保主义的兴起》，第11页。

标准①的诞生。生态生产力，可简称为生态系统健康持续并提供有效服务的能力，具体指随着时间的推移，生态系统能够保持活力并维持其组织结构及独立性和弹性的能力。生态学界一般认为，评估生态系统健康的标准有活力、恢复力、组织结构、生态系统服务功能的维持、管理选择、外部输入减少、对邻近系统的影响及人类健康影响等八个方面，其中最重要的是前三个方面。② 这三方面的综合，相当于美国生态学家奥尔多·利奥波德（Aldo Leopold，1887－1948）提出的以是否有助于保护生物共同体的和谐、稳定和美丽，来衡量一个事物的对与错的标准。③ 而作为一个环境史学者，还应该意识到，存在于生态系统之中并需求其服务（如需要食物和洁净水）的，除了我们人类自己，还有其他众多的生命；那些"四条腿的，长翅膀的，六条腿的，生根的，开花的，等等"④，拥有和人类一样多的生存于某个地方的权利。但是，随着文明的兴起和发展，人类的众多活动却导致许多生态系统提供服务之能力的持续下降，用利奥波德的话来说，就是"食物链变短了"⑤。

从这一角度来认识和评判历史，就可以很好地理解，为什么环境史叙述有时候可能使一些从前的历史英雄不再那么英明神勇。⑥ 譬如，亚

---

① 生态生产力标准，是我在品味亚当·罗姆的《乡村里的推土机》一书阐述的"湿地生产力"思想，并结合联合国前秘书长安南于2001年6月宣布启动的"千年生态系统评估"工作及其部分成果的基础上，尝试提出的。目前，我对这一标准的理解和界定还很初浅，尚需进一步思考，论证。我也不完全赞同千年生态系统评估报告中对生态系统服务内涵的界说："生态系统服务是指人类从生态系统获得的各种惠益。"（千年生态系统评估报告集（三）：《生态系统与人类福祉：评估框架》，张永民译，赵士洞审校，中国环境科学出版社2007年版，"摘要"，第4页。）

② 任海、邬建国、彭少麟：《生态系统健康的评估》，《热带地理》2000年第4期。

③ 利奥波德说："当一个事物有助于保护生物共同体的和谐、稳定和美丽的时候，它就是正确的，当它走向反面时，就是错误的。"见〔美〕奥尔多·利奥波德《沙乡的沉思》，侯文蕙译，新世界出版社2010年版，第222页。人们认为，最早研究生态系统健康的是利奥波德，他于1941年提出了"土地健康"概念。见任海、邬建国、彭少麟《生态系统健康的评估》，《热带地理》2000年第4期。

④ 〔美〕纳什：《大自然的权利》，杨通进译，青岛出版社1999年版，绪论，第2页。

⑤ 〔美〕奥尔多·利奥波德：《沙乡的沉思》，第215页。

⑥ 参见〔美〕唐纳德·沃斯特《为什么我们需要环境史》，侯深译，《世界历史》2004年第3期。

当·罗姆的研究让我们看到，在战后美国一度被当作英雄来赞颂的住宅开发商，因为在不宜建筑的湿地、山坡和洪泛区开发建设，损失了湿地并削弱了其多方面的价值，夷平了山坡或破坏了它的稳固性，侵占了本属于河流的一部分，使得野生动物数量的减少加剧，土壤侵蚀更严重，洪灾更频繁，结果他们在一些人心目中也就成为了"亵渎地球"、侵害自然美景的掠夺者，① 和山体滑坡、洪涝等"自然"灾害的制造者，② 以至有人认为，"在分洪河道上进行住宅开发牟取利润，从道德上讲无异于出售腐烂变质的肉食牟取利润"③。

生态生产力标准，显然是一个不同于以往仅仅顾及人类利益的诸多历史评价标准的更具整体性和综合性的标准。其创新之处，一方面在于针对某种可称为富困的问题，也即斯图尔特·尤德尔认为的人类社会创造到头来损害人类自身及其生存发展环境的现代人的困顿，而反省和考察全体人类的行为的结果及其直接或间接影响；另一方面在于超越人类唯一和人类中心的狭隘意识，从生命共同体或土地共同体健康的角度，看待其他存在的内在价值或其存在的意义，以便理解"对生态上至关重要而经济上却毫无价值的系统加以保护"④ 的必要性。因此，这一标准对于如何探究人类文明的兴衰，如何品评历史中人类活动的得失，如何考量现实中人类作为，尤其是重大决策的利弊，⑤ 都将具有根本的指导

---

① 参见［美］亚当·罗姆《乡村里的推土机——郊区住宅开发与美国环保主义的兴起》，第 137—138、152 页。

② 美国地理学家吉尔伯特·怀特说："洪水乃是'上帝所为'，但洪灾的损失却大体上是人类所为。人类对河流洪泛区的侵占导致了每年高额的洪灾损失"；生态学家保罗·西尔斯说，"大自然制造了洪水，但是人类制造了洪灾"，参见［美］亚当·罗姆《乡村里的推土机——郊区住宅开发与美国环保主义的兴起》，第 145—146 页。关于自然灾害中天力与人为影响的判别与区分，还可参见 Ted Steinberg, *Acts of God*: *The Unnatural History of Natural Disaster in America*, Oxford & New York: Oxford University Press, 2000.

③ ［美］亚当·罗姆：《乡村里的推土机——郊区住宅开发与美国环保主义的兴起》，第114 页。

④ ［美］亚当·罗姆：《乡村里的推土机——郊区住宅开发与美国环保主义的兴起》，第192 页。

⑤ 其实，历史和现实中的许多环境问题都是由于制定决策的尺度与有关生态过程的尺度不匹配引起的。参见千年生态系统评估报告集（三）《生态系统与人类福祉：评估框架》，第108 页。

意义。而在全球一体化的现时代，当生产地点与消费地点之间的距离越来越远，追踪生产和消费的环境代价与后果的难度越来越大的时候，①针对所有人的生态生产力标准的执行，② 就显得更加重要。

四

基于上述的历史观念的重大变革，环境史在具体的历史理论和史学理论上对历史学进行全面改革或"挑战历史学的规范"③，从而引发史学范式革命的前景已露端倪。环境史在具体的历史理论上的变革，可从对文明的起源和兴衰的不同解释、对资本主义的批判、对诸如阶级、财产权、自由等观念的剖析、对战争与环境关系的研究等等方面把握；环境史在具体的史学理论上的变革，可从史实、史料、史法、史鉴等等方面分析。④ 仅就史实而言，看一看"环境史年表"（Timeline of Environmental History）⑤ 的内容，你会感叹，环境史所揭示的历史事实和构建的历史知识与过去的历史有多么大的不同，历史中又有多少的事实曾经被遗忘、被疏忽。

可以想见，从事环境史研究，必然会面临巨大的挑战。因为我们不仅需要了解社会系统的作用机理，而且需要了解生态系统的作用机理，所以在学科内容上，不仅要熟练地运用人文社会科学有关文化与经济、

---

① 威廉·克罗农的一个观点，见 William Cronon, *Nature's Metropolis：Chicago and the Great West*, p. 340；参见 ［美］亚当·罗姆《乡村里的推土机——郊区住宅开发与美国环保主义的兴起》，第 10 页。

② 在环境史实证研究中，以这一标准衡量与自然互动的全体人类的行为时，当然会顾及社会系统内部的不同阶层因权力分配和资源占有的差异，而产生的作用于自然之差异的状况，这即是环境正义和公平问题。

③ 沃斯特语，见 ［美］唐纳德·沃斯特：《环境史中的变化——评威廉·克罗农的〈土地的变迁〉》，侯深译，《世界历史》2006 年第 3 期。

④ 关于环境史改造历史和史学之潜力的展望和论述，还可参见 Sverker Sörlin & Paul Warde ed. , *Nature's End：History and the Environment*, Palgrave Macmillan, 2009.

⑤ http：//www. environmentalhistory. org/；http：//en. wikipedia. org/wiki/Timeline_ of_ environmental_ history。

社会的术语和知识，而且要努力掌握自然科学有关一个地区的生物、气候和地质状况等术语和知识。尤为重要的，是要学会如何以复杂的相互适应的方式，思考有关历史、社会和自然的事象，这即是要养成环境史思维习惯；这一思维习惯的科学基础自然是生态学。由此，当我们看到一块土地时就会本能地想到，土地不仅仅是土壤，而是一个复杂的生态系统；每平方米的土壤包含了成百上千的有机体，它们与矿物、水和阳光相互影响，创造了生命和富饶。对这个生态系统的破坏也会危及我们自身的生存。土地可能因风或水的侵蚀，因杀虫剂、除草剂或有毒垃圾的影响而毁坏。当这种情况发生时，土地就不能像从前那样继续进行光合作用，我们人类的生存也将受到极大的威胁。①

于是，一个真正的环境史学者所揭示的历史运动，就不仅仅局限于人类自身的生老病死的问题，而是要包含一个土地共同体在何处、何时所共同经历的矛盾、挫折、失落，抑或还有成功，② 以及人类尝试解决矛盾的努力和教益。这样说来，环境史有可能成为给今天和未来的人类社会与自然世界带来更大希望的一门历史。

基于对环境史的初浅认识，近十余年，我和研究生朋友暨年轻的学术同仁开启了环境史探索之旅，力图在研究实践中，具体理解和把握这一新史学的理论和方法。本丛书即是这项工作的阶段性成果，它包括理论层面的探讨和实证内容的研究。编辑和出版它抱有三个目标：第一，试图激励历史学者更好地关注从历史中发展而来的当代社会的环境问题；第二，试图促进涉及人与自然关系的不同学科之间的理解与合作；第三，试图增强有关人与自然互动研究的史学成果的社会转化。

由于所探索的领域辽阔无边，我们的思维却狭窄有限，因此，目前推出的成果尚不过是对一些浅显思考和认知的初步总结，肯定存在诸多疏漏和不足。但无论如何，可以庆幸的是，我们毕竟在一定程度上把握了现时代的主要矛盾和矛盾的主要方面，及时开展了对新时代的新史学

① 这一看法，是在 2009 年 10 月听前来北京师范大学历史学院讲学的唐纳德·沃斯特的报告时所受启发的结果。还可参见奥尔多·利奥波德的《沙乡的沉思》的"土地伦理"部分。
② 参见侯深《〈乡村里的推土机〉与环境史研究的新视角》，《世界历史》2010 年第 5 期。

的探索。这才是最为重要的，也是最激动人心的。在这一探索的过程中，我们的方向会更加明确，我们的认识会不断深入，我们的步伐也会越来越坚实。

梅雪芹

初稿于 2010 年 12 月

修订于 2022 年 3 月

前　言

　　"战争必然破坏环境，那么这个研究意义究竟在哪里呢？" 2000 年，笔者还是北京师范大学历史学系的一名本科三年级学生，面对评委老师的这个疑问一时语塞，不知从何谈起。10 年后，笔者完成了博士后出站报告，对军事环境史的理论与实践进行了初步探索，也对这个问题做了些粗浅的回答。又过了 10 年，在经历了诸多挫折和困顿，并带过几批研究生之后，笔者虽过不惑之年，但仍在思考这个问题。这本小书，算是一个相对自信的回答，也可视为对自己过去 20 年学习和研究的一个小结。

一

　　环境史（Environmental History）是伴随着 20 世纪六七十年代日益凸显的环境问题而出现的学术研究领域，其研究主题可以宽泛地划分为三类："（1）环境因素对人类历史的影响；（2）人类行为造成的环境变化，以及这些变化反过来在人类社会变化进程中引起回响并对之产生影响的多种方式；（3）人类的环境思想史，以及人类的各种态度藉以激起影响环境之行为的方式。"①

　　上述主题即历史上人与生态系统间的互动关系，存在于各种各样的

---

　　①　［美］J. 唐纳德·休斯：《什么是环境史》，梅雪芹译，北京大学出版社 2008 年版，第 3 页。

物质运动及复杂关系中，研究者无论从现实的环境问题回溯人们的自然观及其生产方式，或从生态学的视角审视不同社会形态中的能量流动特点，还是对同一座山上的林地生态变迁做长时段的回顾，都必须对客体及其构成要素在时空中的分布、异质、联系与割裂进行全面的审视，这是任何一个学科都难以独立面对和从容研究的过程，需要具备多学科的知识、运用跨学科的理论与方法。

军事环境史（Military Environmental History），是聚焦于军事而对人与环境间互动关系历史的研究。这一研究，主要审视环境因素与人类军事活动之间的相互影响，如正面的、负面的、推动性的、阻碍性的等等，以及这种双向互动过程体现出的人类社会的生产力发展和自然观变化。

作为军事史和环境史的交叉领域，军事环境史并不是空中楼阁，也不是新瓶旧酒。它的出现，既有深刻的社会背景，也有深厚的学术背景，既反映了时代的客观需求，也体现了军事史和环境史在研究广度和深度上的进展。军事环境史一方面从人地关系入手，审视军事活动的背景、过程和影响，继承和发展了以往主要聚焦于人类社会内部的军事史；另一方面则将军事活动纳入环境史研究视域，探讨除污染和破坏之外、军事活动中体现出的更为多元的人地关系，丰富和完善了环境史的理论与实践。

推动军事环境史出现的社会因素至少有两方面：一是日益加剧的军事活动对能源和资源的消耗，以及对环境的摧残；二是日益增长的国际社会对人类生存环境的关注与爱护。

推动军事环境史出现的学术因素，至少有三方面，同时又可作为三大基础：首先，军事史聚焦帝王将相，长期作为史学研究的重要内容甚至是主要内容，新军事史的视域则在二战后的新史学浪潮中逐步扩展到普通军民，尽管环境在其中大多时候是沉默甚至是被忽略的，但是相关的文字记载和考古成果可以为进一步审视军事与环境的关系提供史料基础。第二，军事地理学、战争生态学和军事运筹学等学科，既可为跨学科研究军事史提供理论方法和经验教训，又可作为审视军事与环境之关系的多元学科基础。第三，马克思和恩格斯建立起的辩证唯物主义和历史唯物主义科学体系，不仅在自然观上实现了超越，而且从哲学、经济学和史学等领域对军事史进行了卓有成效和颇有预见性的研究，可以为我们辩证地审视军事与环境的关系、超越现有的关于军事与环境之关系的跨学科研究，提供哲学基础。

二

本书正文共五章，分为两部分。

第一部分为理论研究，包括第一和第二章，主要任务是探讨军事环境与军事环境史概念，梳理军事环境史研究源流，回溯这一研究的产生与进展。

第一章探讨了军事环境与军事环境史的理论渊源。第一节在明确相关概念的基础上，首先审视了金属化军事革命、火药化军事革命、机械化军事革命和新军事革命带来的战争形态演进，以及在此过程中始终存在并日渐变化的军事环境问题；继而从历史学家的回应以及近现代战争艺术这两个方面，结合相关史籍与军事理论著述，回顾了传统史家和军事思想家对军事环境问题的认知。第二节总结了军事地理学和地形学、战争生态学、新军事史、环境史等学科视野下的军事环境问题。第三节试图初步构建军事环境史理论框架，提出历史学者应对跨学科挑战的基本思路：巩固和发展历史学科优势，发现和借鉴相关学科优势，处理好"专"与"通"的关系，优化史料基础、夯实哲学基础、扩展学科基础。

第二章回顾了军事环境史在欧美的进展。第一节回溯了美国以及加拿大军事环境史研究的产生与发展历程，列举分析了主要领域、代表人物及其特点。第二节介绍了英国、意大利、德国等欧洲国家的军事环境史研究队伍、代表人物及其特色。

第二部分为实证研究，包括第三、四、五章。这一部分的基础是笔者2001年以来发表过的相关学术论文，在收入本书时，笔者对其中的一些史料进行了充实、更新和调整，一些原有的观点也得到了进一步完善、

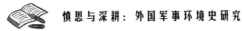

修改甚至是推翻。

第三章针对第一次世界大战西线的战地环境展开研究。第一节阐述了军事环境史视野下的"世界"与"战争"，探讨了军事环境史对传统军事史和新军事史的继承与发展。第二节深入分析了一战西线环境与老兵记忆之间的关系，介绍了研究老兵记忆的史料来源、形式和载体。第三节以西线堑壕中的人鼠关系为例，通过分析前线报纸和士兵日记等一手史料，回顾了西线堑壕中的鼠患成因、具体表现，以及官兵如何选择自我暗示、与鼠相安，挨过了艰难的战争岁月。

第四章重点关注资源、武器及其环境影响。第一节审视了石油作为资源对海湾危机的影响，作为武器对多国部队空中行动的影响，以及作为污染物对海湾环境的破坏。第二节着重考察了贫铀武器的原理、种类与使用，分析了贫铀武器危害论争的产生原因，提出了贫铀武器危害问题的研究基点是人与环境的互动，不能孤立地看待任何一方，也不能形而上学地静止和片面地使用科学报告的某些结论，而应充分考虑到科学实验的结果只能对其样品负责。

第五章侧重军事障碍物及其环境影响。第一节探讨了海湾战争中"萨达姆防线"的设计、构筑与使用，分析了工程本身与战斗过程造成的区域景观变迁。第二节分别回顾了海湾战争中的地雷使用及其后患，未爆弹药的产生及其危害，并分析了明确的诉求与不明确的未来。

三

本书以"慎思"和"深耕"为名，概因《中庸》有言"博学之，审问之，慎思之，明辨之，笃行之"，学问思辨、身体力行的学术伦理，始终鞭策着笔者砥砺前行。

笔者 2019 年到 2020 年受国家留学基金委资助，赴英国布里斯托大学环境人文中心进修，留学期间与英美学者交流了对于军事史、环境史、景观史等基本理论与方法的认识，进一步增强了完成国内第一部军事环境史专著的信心。本书的构想、充实与完成，是笔者被军事环境问题所深深吸引、进行了力所能及的学术探讨的结果。但毕竟是军事环境史的初步研究，粗陋之处恐怕还有不少。同时，文中不得不生硬地引入和介绍一些概念，或可借用 A．H．若米尼在其《战争艺术概论》中的陈词加以辩解："可能有人责怪我过于喜爱定义。这我承认。但我认为这正是我的功劳。要确立一门迄今尚为人们生疏的科学的基础，有一个非常重要的问题必须解决，就是首先必须对科学的各组成部分的不同名称相对地进行统一，否则就无法对它们进行区分和分类……在我的这些定义中，有些还有待进一步提高。同时，我也决不认为自己绝对正确，所以对一切更好的定义，我都将乐于采纳。"①

　　本书的出版，得到了北京师范大学历史学院的大力支持。笔者近几个月修改书稿时，胸中感慨万千：自己的每一点进步，都离不开北京师范大学历史学院提供的良好学习和科研条件，离不开硕士导师梅雪芹教授、博士导师于沛教授一直以来的指引、鼓励和关爱，同时也要感谢兄弟院校诸位老师的教导和帮助，师弟师妹们对我的支持，诸位研究生对我的理解与追随。

　　综上，书中文字与观点是否贴切、论述是否合理、结论是否成立……每每想起这些问题，笔者心中便既兴奋又忐忑，热切期待着学界方家的批评与指正！

贾珺

2021 年 12 月　于京师

---

　　①　［瑞士］A．H．若米尼：《战争艺术概论》，刘聪译，解放军出版社 2006 年版，第 3 页。

目　　录

第一章　论军事环境与军事环境史

讨论军事环境与军事环境史，首先需要辨析以下三个概念，即军事、环境和军事环境。

"军事"指一切与战争和国防直接相关的事项，主要包括战争准备和战争实施、国防和军队建设等活动，与政治、经济、科技、文化等领域有密切的联系。处于战争状态时，军事以赢得战争为主要目的，以战争活动为主要内容；处于相对和平的状态时，军事以准备战争和遏制战争为主要目的，以国防活动为主要内容。①

"环境"是相对于中心事物而言的。与某一中心事物有关的周围事物，就是这个事物的环境。环境科学研究的环境，是以人类为主体的外部世界，即人类赖以生存和发展的物质条件的综合体，包括自然环境和社会环境。自然环境是直接或间接影响人类的一切自然形成的物质及其能量的总体。社会环境是人类在自然环境的基础上，通过长期有意识的社会劳动创造的人工环境。人类通过生产和消费活动，从自然界获取资源，然后又将经过改造和使用的自然物和各种废弃物还给自然界，参与自然界的物质循环和能量流动过程，不断改变着地球环境。在此过程中，地球环境仍以固有的规律运动着，不断反作用于人类，因此常常产生环境问题。②

"军事环境"作为学科门类，是近年来才出现的新概念，整合了军事地理学、军事地形学、军事测绘学、军事气象学、军事测绘学、军事

① 《中国大百科全书·军事》，中国大百科全书出版社 2005 年版，第 1 页。
② 《中国大百科全书·环境科学》，中国大百科全书出版社 2005 年版，第 1 页。

海洋水文学以及军事空间天气学等研究军事与环境之间关系的学科，主要探索环境对军事行动与国防建设的影响和军事上运用环境条件的规律，为制定军事战略、研究武装力量建设、准备和实施作战行动等提供科学的依据。"军事环境"作为研究对象，具有多种层次，多种结构，可以作各种不同的划分：按照军事环境要素可分为军事地理环境、军事空间环境、人文环境、社会环境等；按照军事活动范围可分为战场环境、战区环境、全球环境等；按照作战范围可分为陆战场环境、海战场环境、空战场环境、太空战场环境和信息环境等。① 本书所指的"军事环境"，是研究对象意义上的。

"军事环境史"，并非"军事环境的历史"，而是聚焦于军事，对人与环境之间互动关系历史的研究。与上述军事环境的相关学科不同，军事环境史在空间维度之外，还加入了时间维度，战前、战时和战后都在其考察范围之内，而且由于其研究旨趣并不专注于研讨胜败、总结经验教训，因此在关注国防战略、军队建设、战争起因和作战过程中的军事人员与环境互动关系的同时，也会侧重于军事活动带来的物质和精神影响——既包括军事人员，也包括广大平民，还包括生态系统中的其他要素。可以说，这也正是军事环境史同上述军事环境诸学科的根本区别。

历史学作为一门科学，其发展总是和社会的发展同步的。任何一种反映社会要求的崭新的历史观，以及与之相联系的历史学思潮，同提出并发展它们的人们一样，都是历史的产物，都是在一定的历史时期内的特定历史条件下的产物。② 本章将首先审视战争形态的演进与历史学家的回应，继而追溯人们从各学科对于军事环境的认知，最后在此基础上解释军事环境史何以可能，探讨军事环境史的理论与方法。

---

① 《中国军事百科全书·军事环境》，中国大百科全书出版社 2014 年版，第 1—3 页。
② 于沛：《史学思潮、社会思潮和社会变革》，《社会科学管理和评论》2000 年第 3 期。

第一节 军事史叙事中的军事环境

人与环境之关系，是历史长河中的客观存在，其具体形态随着社会生产力的发展而有所变化。在这一关系的建立与发展过程中，特别是阶级社会出现后，战争作为军事的核心内容发挥着特殊的作用，军事环境在战争形态的演进中也有着不同的形式和特点。

对于作为社会历史进程的不断演进的战争形态，古今中外的史家是有所关注和回应的。有学者指出，军事史是历史研究中最古老的形式，而且长久以来，可能是除了谱系学之外最为发达的一门学问。在19世纪，当现代史开始成为大学里的一门学科时，军事史早已得到了高度发展，采用了科学的方法论，为现在和未来提供镜鉴成为研究目的之一。①史家对于战争形态演进的回应，不仅留存于历史著述、特别是军事史著述中，也留存于军事思想家以军事史研究为基础的军事理论或军事哲学著述中，加之文学、史学和哲学的分野仅仅是近代以来才被明确划分的，因此笔者将二者归于一节，探讨军事史叙事中的军事环境有何特点。

一 战争形态的演进

战争形态，是以主战兵器为标志的战争阶段性的表现形式和状态。战争形态是人类社会生产方式运动的军事表现，与经济的历史时代和发展状况相一致，随着人类政治、经济、军事、科技、文化等发展从低级向高级发展。冷兵器战争、热兵器战争和机械化战争，是人类已经经历过的战争形态，信息化战争是正在形成中的战争形态。②

战争形态的每次突变和质变，都是军事领域发生根本性变革的产物和结果。这种根本性变革也被称为"军事革命"（Military Revolution），

---

① Christopher Bellamy, *The Evolution of Modern Land Warfare: Theory and Practice*, London: Routledge, 1990, p. 2.

② 《中国军事百科全书·战略》，中国大百科全书出版社2014年版，第506页。

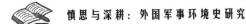

即随着武器装备的断代性发展，使军队的编组、作战方法与军事理论发生根本性变革，进而导致战争形态发生质变的特殊的社会活动。从军事革命的动力来看，敌我对抗的矛盾是根本原因，通过革新对抗的手段和提高对抗的能力，在军事斗争中使自己居于有利地位、敌人居于不利地位，是直接原因。①

从历次军事革命推动的战争形态演进过程来看，军事环境及其反映出的人与环境的关系，发生了相应的且日益凸显的变化，由此成为影响军事建设和战争形态的重要因素。

（一）冷兵器战争与军事环境

冷兵器战争是农业社会的产物，受到金属化军事革命的推动。"金属化"指兵器的材质由以木、石为主向以金属为主发展，金属化军事革命以此为突出标志。人类先民最早使用的木石兵器同时是狩猎工具，种类有棍棒、矛、石球、石斧、石锤等。最早的金属兵器，是人们将天然铜块误认为石头、进行打制加工时意外发现其具有更好的硬度和延展性，继而有意识地加以利用的。随着人类先民矿冶水平的提高，东西方都出现了繁荣的青铜文明，其中又尤以中国的商周时期为最。殷商后期，青铜兵器得到了优先发展，不仅种类多，而且数量大，只有箭镞还在沿用骨质材料；西周中晚期，骨质箭镞也被青铜箭镞取代。② 青铜兵器在东周列国的争霸战争中得到了广泛应用，并在战国晚期达到高峰，同时铁制兵器也得到了一定程度的应用，并在其后的历史长河中成为金属化军事革命的主角（如图 1-1、1-2、1-3）。

铁制兵器之所以能够取代青铜兵器，是由于铁矿在岩石圈的分布远远多于铜矿，而且铁的硬度也高于铜。公元前 1000 年左右，亚述帝国境内开采很多铁矿，依靠铁制兵器的优势进行扩张，推动了金属化战争对其周边地区的影响，地中海世界开始了青铜兵器向铁制兵器的过渡。中国战国时代，经锻造生铁得到的铁制兵器取代了早先稀缺、昂贵、用陨

---

① 梁必骎主编：《军事革命论》，军事科学出版社 2001 年版，第 7 页。

② 钟少异：《中国古代军事工程技术史：上古至五代》，山西教育出版社 2008 年版，第 53、62—64 页。

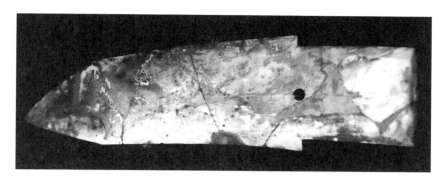

图1-1　商代玉戈　四川广汉三星堆遗址博物馆藏　贾珺摄

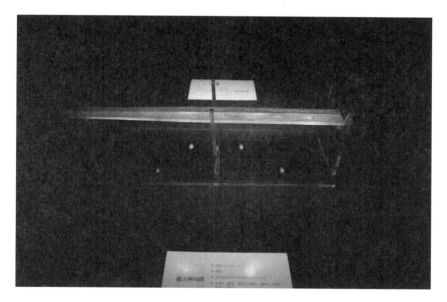

图1-2　战国越王州勾剑　湖北荆州博物馆藏　贾珺摄

铁制成的兵器（我国古籍记载的"玄铁剑"即为陨铁所制）。自西汉起，铁被大规模用于制作兵器，其技术前提是炼钢和锻造技术的巨大飞跃。从两汉到唐宋的一千多年时间里，铁制兵器日益完备。[1] 由此，国家间

---

[1]　梁必骎主编：《军事革命论》，第44—47页。

图 1－3　铁制箭镞　英国布里斯托博物馆藏　贾珺摄

长期争夺和试图控制的山林便有了新的意义——不再仅仅向人们提供果实、鸟兽和木材这样的生存资源，同时也在提供更为重要的矿石和燃料等战略资源。

金属化军事革命极大地提升了军队的作战能力，尽管士兵仍然主要依靠体能进行战斗，但由于武器的锋利和骡马等畜力的使用，使其可以将更多的体能投入作战中，与石器时代相比，全方位地提高了作战效率，取得了巨大的飞跃。[①]

由此带来的冷兵器时代的军队规模和战争规模都有所扩大，使得战车和战阵这两种作战方式由盛而衰，体现了当时军事环境对于兵种配置和作战方式的巨大影响力。战车由于可载重致远，又有冲击力，曾经一度是理想的战争工具，也是军威和国威的象征。但是战车的局限性同样很明显——战车很难适应平原以外的军事环境，一旦遇到丘陵、山地、

————————

① 梁必骎主编：《军事革命论》，第 85 页。

沼泽、江河和森林等就失去了威力。① 而战争规模的扩大，使得军事环境进一步复杂化，战车不得不让位于步兵和骑兵。阵式作战曾是冷兵器战争形态下最多也是最有效的作战方式，古埃及方阵、马其顿方阵、罗马军团复合阵战等一度大放异彩。但是随着战争规模的扩大，战场空间的扩展，战争机动性的增强，阵式作战的弱点逐渐显露——战阵受地形的限制较大，只能在平坦的开阔地作战，兵力沿正面平均分配，无法机动作战且追击困难等。而且由于没有预备队，方阵也无法扩张已经取得的战果和有效保障自己的后方和侧翼。②

同时需要注意的是，冷兵器战争形态下，一些河湖众多或滨海的国家拥有舟师或海军，初步具备了不同程度的水上作战能力。在河湖海洋成为人们的战场之后，国家间争夺的疆域不再只是陆地，也包括了水域；影响战争胜负的因素也不再仅仅是陆战，水战同样在发挥着作用。同时，建造和维持一支舰队，不仅仅需要庞大的财力和长期严格的训练，还需要掌握大量的森林资源，以及工程、天气和水文知识，因此将古代海军称为"移动的森林"和"自然的课堂"并不过分。

从海战最为频繁和关键的地中海世界来看，岸上的生态受到海战扰动和破坏，其影响延伸到了和平年代。为了满足造船需求，樵夫们逐渐将流域上游丛生的林木砍伐净尽。随着当地木材供应的减少，在战略上就需要控制更远处的木材。在伯罗奔尼撒战争中，以斯巴达为首的联盟与提洛同盟之间的大规模海战摧毁了数以百计的三桨座战船，这些船只的烧毁和沉没，意味着整片森林里最优质木材的损失。这实在是一个尖刻的讽刺，因为在西西里争夺战中，雅典的目标之一正是为了造船而掠夺当地的森林。罗马共和国和罗马帝国的发展，引发了一场更大规模的全方位生态变动。公元前3世纪，为了解决第一次布匿战争中暴露的船只不足的问题，罗马统治者们在意大利和其他许多沿海城市发起了一场紧急造船运动。由此造成的环境结果，是许多丘陵地区和分水岭森林的

---

① 梁必骎主编：《军事革命论》，第53页。
② 梁必骎主编：《军事革命论》，第62—63页。

耗竭，紧随其后的是土壤侵蚀和海岸泥沙淤积。[①]

（二）热兵器战争与军事环境

热兵器战争萌芽于农业社会而形成于工业社会，受到火药化军事革命的推动。

火药化军事革命萌芽于中国、发展于西欧，中国的传统火器传入西欧后得到了迅速的更新换代。其前提是西欧君主的高度重视，以及工匠找到了更经济实惠的铸炮方法。从 14 世纪中期到 16 世纪中期，西欧生产铁炮的成本下降了 11/12，使得军队大规模装备铁炮成为可能（如图 1 - 4），随即军队的编成与训练也发生了相应的变化。到拿破仑时期，战死沙场的军人有近半数死于炮火。1815 年时，在拿破仑指挥的作战中会动用 2.7 万门各式火炮，俨然已经成为战争之神。而拥有火枪和火炮的军队，也成为西欧各国扩张、殖民和争霸的王牌力量[②]（如图 1 - 5）。

图 1 - 4　15 世纪比利时制 510 毫米口径蒙斯梅格大炮　苏格兰爱丁堡　贾珺摄

---

① R. P. Tucker, "War and the Environment", in J. R. McNeill and Erin Stewart Mauldin eds., *A Companion to Global Environmental History*, Hoboken: Wiley - Blackwell, 2012.

② 梁必骎主编：《军事革命论》，第 102—107 页。

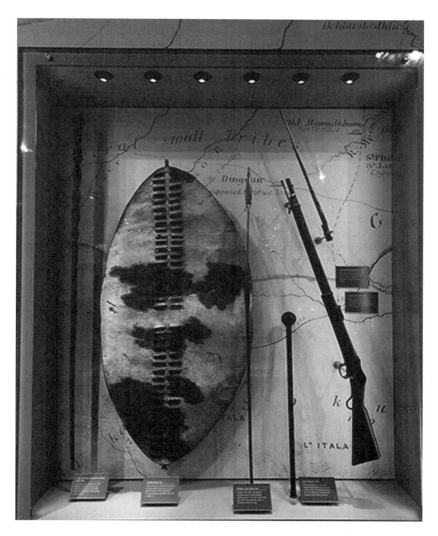

图 1-5　冷热兵器与战局　英国陆军博物馆藏　贾珺摄

在 1879 年 1 月 22 日的伊散德尔瓦纳战斗中，使用长矛和盾牌的祖鲁人利用英军布阵失误，几乎全歼 1800 名使用来复枪的英军。

　　火药化军事革命在很大程度上使人们改造战场环境的诉求得到满足，并且也确实拥有了相应的实力。炮兵及其战术对军事环境的破坏性是逐渐显现的。实心炮弹通常不会对自然环境有太大改变，其主要作用是摧毁城墙、营垒等人工军事障碍物。其后爆破弹的出现，一方面增加了对人员的杀伤力，另一方面也增强了对于军事环境的破坏力。不过在燃烧弹出现之前，炮兵对于森林的破坏能力是有限的，森林也成为步兵骑兵躲避枪林弹雨的天然庇护所。

在热兵器战争形态下出现的另一个新兵种，是工程兵。工程兵的出现，既是战争需要的产物，同时也与火器的使用有着极其密切的联系。15 世纪中叶，奥斯曼土耳其的军队率先出现了工程兵，他们不仅负责修建坚固的野战工事，也在战斗中挖掘坑道、实施爆破，帮助军队攻城略地。15 世纪后半叶，西班牙成为西欧首先列编工程兵的国家，直接原因也是为了在恶劣的地理条件下修建道路，以帮助炮兵运送沉重、巨大的攻城炮前往战场。其后工程兵在俄国、英国、法国等国持续发展，在诸兵种中的地位也逐渐升高。[①] 如果说炮兵破坏战场环境更多是为了杀伤敌人、毁坏城池及工事而客观造成的结果，那么工程兵则是以改造战场环境、以求为己所用为目的，其在战场上的努力，正是将作为敌人的军事环境改变为自己的盟友，其对于战场景观的影响直接体现了当时的工程技术水平，以及所属军队的作战意图。

在热兵器战争形态下，陆军作战方式也出现了从阵式作战到线性作战，再到散兵作战的变化。这种变化一方面来自火器规模和威力的增加，另一方面则与西欧的地形有关——线性战术需要在旷野展开作战部队，但是随着西欧人口的增加，需要种植更多的作物，从而需要更多围地，结果篱笆、灌木篱和沟渠愈来愈多，使得四五千米长的横队无法形成、更无法移动。[②]

火药化时代的海军拥有了装配火炮的舰船，很少再像古代海军那样靠冲角撞击、弓弩射击和进行接舷战，而是在海上展开炮战和枪战。有多层甲板、装备近百门火炮的大型风帆战列舰不仅耐波性好，火力也强大，成为可以远距离作战的海上霸主，但其作战行动仍然受到洋流和风向的制约，而且无论多么强大，在台风面前也是不堪一击的。

---

① 梁必骎主编：《军事革命论》，第 111—113 页。
② 梁必骎主编：《军事革命论》，第 119—121 页。

在欧洲国家的一系列扩张与征服战争中，海军对森林资源的消耗以及对林地景观的改变，已经超出了欧洲的范围。到 18 世纪时，为了寻找已经枯竭的英国橡树和斯堪的纳维亚针叶林的替代品，欧洲海军开始砍伐北美东北部的硬木林和五针松树林，巴西沿海地区的硬木，古巴的桃花芯木和雪松以及后来亚洲季风地区的柚木林。① 在装备蒸汽机的钢铁舰船出现后，不仅有了逆风、逆水条件下航行的能力，也扩大了军舰控制的海域范围，但是同时对于煤炭和淡水的需求也大大增加了——这是蒸汽机的动力来源，由此一些散落在海洋中的小岛告别蛮荒、成为"文明社会"远洋海军的物资库和补给站。

由此不难看出，热兵器战争形态对于军事环境的影响，无论是程度还是范围，都大大超过了冷兵器战争形态。同时，国防战略、军队编成和武器装备仍然受到军事环境特点的制约，具体的战术更需要因时而异、因地制宜。

（三）机械化战争与军事环境

机械化战争产生于工业社会，受到机械化军事革命的推动。

机械化军事革命始于 19 世纪末，其基本特征是火力与三维空间机动能力高度结合。② 以核武器的出现为界，机械化战争形态的发展可分为两个阶段。在第一个阶段，机械化战争形态通过两次世界大战最终确立，战场空间极大扩展，遍及陆地、空中、水上和水下；在第二个阶段，雷达、声呐和无线电通信等军事电子技术得到迅猛发展，机械化作战平台之间、各军兵种之间，日益紧密地联系起来。

在机械化战争形态下，军事环境诸要素之间的联系更为复杂。从前方与后方来看，后方一如既往地承担着前方的军火供应以及粮食药品补给，而火力与三维机动能力的有机结合，使陆海空三军对于能源有着巨大的需求，各种燃料成为机械化军队的血液，部队一旦"贫血"或者"无血"就很难完成作战任务，因而考验着后方的生产能力以及交通运

---

① R. P. Tucker, "War and the Environment", in J. R. McNeill and Erin Stewart Mauldin eds. , *A Companion to Global Environmental History*.

② 梁必骎主编：《军事革命论》，第 200 页。

输能力；同时，后方作为战争潜力的一部分，或仅仅是为了降低国民的抵抗意志，而遭到敌人的无差别攻击，"前方""后方"具有了相对性，这点集中体现在了二战中的战略空袭上。从不同战场环境来看，一战造成了西欧森林的大量消失——有些林木直接毁于战火，有些被砍伐用于修建堑壕体系，还有些被用于生产各类军事物资，西线战场停滞下来，成为生命、物资和能量的巨大消耗系统；二战中的空地协同作战、跨海登陆作战、航母集群作战等作战方式，既是武器装备和军事思想革新的成果，也是力求避免一战西线那样战线停滞的成果，线性防御体系要么像马其诺防线那样被绕过，要么像古斯塔夫防线和西部壁垒那样在三维空间火力的打击下效用受限。从战前与战后来看，战场景观的恢复与各自地质地理条件、战时扰动程度以及政府的干预程度息息相关。

在机械化战争形态下，影响军事行动的军事环境也不再仅仅局限于陆地：山川、城镇、道路和天候等因素继续施加着影响，但是在很大程度上被工程兵、炮兵和装甲部队所消弭；由于海战场不仅走向远洋，而且拓展至水下，使得海浪、潮汐，海水盐度、温度、密度等水文条件也成为制约海军行动的要素，海区天气、海湾、水道、暗礁等因素则同帆船时代一样关乎船舶航行安全；在空中战场，大气层的各种现象，如风、云、雷、电、气温、气压等则影响着各型飞机的飞行安全和作战效能，而地面部队也可以通过色彩或形状伪装、释放阻拦气球或是制造烟雾以干扰空中侦察或轰炸。由此，也推动了相关学科和技术兵种的发展。

进入核时代之后，主要军事大国都在努力建设核常兼备的机械化军队。核技术成为有史以来最大的环境威胁，虽然其主要影响来源于和平时期的军备竞赛而非真正的战争：英国在澳大利亚中部的实验场已经不适合任何生命居住，美国和法国的核试验也使得太平洋南部岛屿和沿岸礁石变得不宜居住，那些地方的平民也都迁走了。① 美国还将核废料装入铅箱沉入南太平洋海底，以减少在国内封存核废料引起的各种关注和抗议。在这一时期，相关的国防工程不仅深入地表之下，有些还掏空山

---

① R. P. Tucker, "War and the Environment", in J. R. McNeill and Erin Stewart Mauldin eds., *A Companion to Global Environmental History*.

体作为战时指挥部、弹药库和机库等，并因地制宜、依托自然环境进行了伪装。机械化军队进一步发展，运动能力、防护能力和火力大为提升，并在先进的通信技术支持下，进一步形成和拉大了同其他国家的时代差。红外成像技术以及各级空天监视侦察系统，大大降低了黑夜的掩护，也降低了各种天然和人工伪装的有效性。遥感技术和钻地弹的结合，一方面降低了地下掩体的安全性，另一方面也增加了引发地震的可能性。

（四）信息化战争与军事环境

信息化战争与工业社会正在向信息社会转型相联系，是信息化社会的基本战争形态，受到新军事革命的推动。

核武器在二战中的使用，以及在冷战期间的更新换代，使得核战争成为人类社会的梦魇。这一方面催生了类似于"相互确保摧毁"（MAD）的疯狂战略，让人不寒而栗的同时又感到所谓文明的可悲；另一方面促使主要的军事强国进一步加大军事改革力度，力求通过其在经济实力、军事高技术等领域的优势，将常规战争变成目的有限、过程规模可控、用以实现其政治意图的有效手段。这一军事革命以军事智能化为突出标志，即为目前仍在进行当中的"新军事革命"。

"新军事革命"所推进的信息化战争形态仍在形成过程之中，广泛依靠信息技术和人工智能技术，力图减少以往机械化战争形态的弊端，希望通过整个军事系统的智能化来谋求战争的可控性，但在整个新军事革命进程中，"智能与非智能将长期并存，它们之间相互影响、相互作用，共同构成新军事革命的基本内容"[1]。1991年的海湾战争是公认的第一场高技术战争，其后的科索沃战争和伊拉克战争（第二次海湾战争）较之已有了明显变化，但是其所造成的生态后果同样令人印象深刻。

（五）从纵横之间看军事环境

由此观之，战争形态演进中的军事环境，是人与环境之关系的具体表现，既体现着二者互动关系的共性，也有其自身的特性。人从对环境的恐惧和臣服，逐步走向对环境的适应和改变，在有了可以从根本上摧

---

① 梁必骎主编：《军事革命论》，第296页。

毁环境的能力的同时，也始终超脱不了环境的影响和反作用。自然环境和社会环境对军事的影响是全方位的，而军事对二者的依赖程度以及影响程度，会因日常和战时的军事活动烈度不同而有差异。相同烈度的军事活动，因不同地区的自然环境和社会环境的差异而有所不同，从而呈现出极为复杂的特点。

从纵向来看，军事环境问题是张力不断增大的历史进程；从横向来看，军事环境问题则又是不断趋于复杂的历史进程。这里可以从三个方面加以说明：

首先，武器的原材料取自环境，制造武器的工具和消耗的能源同样来自环境，而研发、生产和使用武器所产生的废弃物又留在生态系统中。武器对资源的消耗一直在增大，火药化军事革命以来更处于急速上升的态势中，一方面是因为军队的更新和扩大，需要配备足够的武器；另一方面是由于军火巨头追求暴利，不断推陈出新、加速武器折旧。美国 20 世纪 90 年代的一个陆军师动辄就有千万吨计的装备和物资，这些由钢铁和贵金属武装起来的军队，就是这种态势的例子。

其次，武器的杀伤力与日俱增，出现了威力巨大、种类齐全、投放手段多样、足以摧毁整个地球生态的大规模杀伤性武器（如图 1 - 6）。在《不扩散核武器条约》（1968）、《禁止生物武器公约》（1972）和《禁止化学武器公约》（1993）等禁止、限制大规模杀伤性武器的国际公约出台后，一些威力巨大的常规武器通过技术手段研发出来（如美制 BLU - 82 航弹、各种钻地弹等），并以合法的形式装备部队。由于其效能显著、又不违反国际公约，因而有着频繁使用的可能。与核武器相比，这些"常规"武器对环境形成了更为现实的威胁，其深层次的问题则是战争伦理问题。

再次，军事活动与环境之间的关系，一方面因为武器本身的发展、军队规模的扩大以及战斗力的提升而日益紧张，另一方面也会因为战场环境中某些特定目标（如化工厂、核电站等）被破坏而产生次生效应，带来复杂的生态后果。这在工业化国家间的战争中表现得尤为明显，体现了战争与社会经济日益密切的关系。

图 1 - 6 苏制 T62 中型坦克和美制 M26 潘兴重型坦克
中国人民革命军事博物馆藏 贾珺摄

整体而言，军事活动对于能源和资源的消耗，以及对于环境的摧残，呈现出日益加剧的特点，即便在信息化战争形态下也是如此。

近代以来的火药化军事变革，使战争形态发生了巨大变化，工业化特色也愈加清晰。从拿破仑战争到第一次世界大战的炮弹消耗量表明，人们向敌人和环境倾泻的钢铁碎片以几何级数增长——拿破仑在滑铁卢的炮兵有 246 门火炮，每门在战役期间发射约 100 枚炮弹；1870 年在色当，普鲁士军队发射了 33134 发；在第一次世界大战索姆河战役（如图 1 - 7）开始前一周，英国炮兵共发射了 100 万发、总重约 2 万吨金属和炸药。炮兵对炮弹的巨大需求是令人始料未及的，并且 1915 年就已引发"炮弹危机"，但是英、法、美、俄等国工业迅速转入战时体制，炮弹产能提升到之前的 9 倍到 20 倍，很快解决了这一危机。① 炮弹产能迅速和大幅的

① ［英］约翰·基根：《战争史》，时殷弘译，商务印书馆 2010 年版，第 412 页。

图 1 - 7　1916 年 9 月 15 日，坦克在索姆河战役中完成首秀

资料来源：Ministry of Information First World War Official Collection，Imperial War Museum London，NO. Q 5574.

提升不仅仅反映了兵工厂的工业化水平，也反映了各国矿石开采、冶金锻造和燃煤供应等诸多环节的工业化水平。总体战的峥嵘不仅体现在胶着的战场上，也体现在战时体制下大干快上的新矿井和矿渣堆中。

　　机械化军事变革推动战争模式进一步变化，无论军队的物资消耗还是军事行动对环境的影响，都远远超过之前所有的战争模式。第二次世界大战中，美军后勤部队兵员占其总兵力的 45% 左右，而且各国的物资结构从一战时期以给养、装备和服装为主，变成了以弹药燃料为主。在1942—1943 年的斯大林格勒战役中，苏军的弹药消耗总量大约是一战中沙俄军队 4 年弹药消耗总量的 1/3，达到凡尔登战役双方弹药消耗总量的 2 倍。① 同时，战略空袭逐渐走向无差别轰炸，用以摧毁敌国武装力量、经济基础乃至人民的抵抗意志。尤其在不列颠之战、对德战略空袭和对日战略空袭中，许多城市被夷为平地，但是经过战后重建可以再次焕发生机。1962—1973 年，美国飞机向越南、老挝和柬埔寨投下了 800

---

　　① 军事科学院世界军事研究部：《世界军事革命史》，军事科学出版社 2011 年版，第1186—1187 页。

万吨炸弹（是盟军在二战中所投炸弹总数的 2 倍），① 由此形成的以千万计的弹坑有不少遗留至今，其中有些成了当地人的养鱼塘；而橙剂的使用则在摧毁越南近1/4的森林面积的同时，留下了大片不能耕种的土地，以及中毒致残的平民和老兵。②

新军事革命所推动的高技术战争尽管提高了打击精度、减少了战时平民的伤亡，但物资消耗和战争对环境的持久影响都在进一步增加。第二次世界大战中，一个美军装甲师每天大约消耗 6 万加仑（约合 22.7 万升）燃料。③ 而海湾战争中，一辆美制 M－1 艾布拉姆斯主战坦克通常状态下的油耗是每千米里 47 升，高速行驶一小时的油耗则为 1113 升，一个美军装甲师每天的油耗大约是 227 万升，④ 已经达到二战时的十倍。冷战结束后，美军着手进行陆军编制改革，美国国防部的一份报告强调："陆军后勤运输物资的总重的 70% 是燃料，一个装甲师每天大约消耗 60 万加仑燃料，一个空中突击师每天大约消耗 30 万加仑燃料"，"陆军改革要求大幅提高机动性，目标包括 96 小时内向地球任意地区部署一个作战旅，120 小时内部署一个师，30 天内向战区部署 5 个师"，因此"大幅提升作战平台和作战系统的燃料利用效率，对实现《联合构想 2010》和《联合构想 2020》中的建设目标至关重要"⑤。

高技术战争对环境的持久影响，充满了科技与伦理的悖论。新军事变革依靠信息技术和人工智能技术，力图减少机械化战争模式的弊端，通过军事系统的智能化谋求战争的可控性。表 1－1 反映了海湾战争期间

① ［美］道格拉斯·A. 麦格雷格：《打破方阵》，军事科学院世界军事研究部译，军事科学出版社 2005 年版，第 22 页。

② J. R. McNeill, "The Global Environmental Footprint of the U. S. Military：1789－2003", in Charles E. Closmann ed., *War and the Environment*：*Military Destruction in the Modern Age*, College Station：Texas A&M Press, 2009.

③ Robert Goralski, Russell W. Freeburg, *Oil and War*：*How the Deadly Struggle for Fuel in WW II Meant Victory or Defeat*, New York：William Morrow and Company, 1987, p.167.

④ Michael Renner, "Assessing the Military's War on the Environment", in Lester Brown et al., *State of the World 1991*, New York：W. W. Norton, 1991.

⑤ Richard H. Truly, Alvin L. Alm, *Report of the Defense Science Board Task Force on Improving Fuel Efficiency of Weapons Platforms*, Washington, D. C.：Office of the Under Secretary of Defense for Acquisition, Technology and Logistics, May, 2001, pp.12－13.

多国部队的空袭目标和优先顺序，以及空袭架次和所占比例，可以看出多国部队对目标 1、2、3、4、6 的空袭架次占 13%，考虑到一些架次因天气或者其他原因未能投弹，与其报告中的"精确制导弹药约占投掷弹药总量的 10%"[1] 是大体相当的。加之其他优先级的目标也曾遭受过零星的精确打击，因而粗略地计算也足以得出这样的认识：即便对于有重要价值的战略目标，也没有完全使用精确制导武器；半数以上的空袭架次使用了重力炸弹而非精确制导炸弹。

表 1－1　　　　　　海湾战争期间多国部队空袭情况简表

优先顺序	空袭目标	空袭架次	所占比例
1	领导与指挥设施	429	2%
2	电力生产设施	215	1%
3	电信及指挥控制与通信枢纽	601	3%
4	一体化战略防空系统	436	2%
5	空军及机场	3047	17%
6	核生化设施	902	5%
7	"飞毛腿"导弹的生产与储存设施	2767	15%
8	海军及港口	247	2%
9	石油提炼与输送设施	518	3%
10	铁路与桥梁	712	4%
11	驻科威特和伊拉克的共和国卫队	5646	31%
12	军工生产和储存设施	2756	15%

资料来源：《海湾战争：美国国防部致国会的最后报告》，军事科学院外国军事研究部译，第 212—224 页。

这种高技术战争的悖论在于精确打击的目标会产生次生污染，而污染物并不会精确地停留在当时和当地，在时间和空间上都超出了战场的范围。这种影响在科索沃战争中体现得更为突出，因为南联盟的工业化

[1] 《海湾战争：美国国防部致国会的最后报告》，军事科学院外国军事研究部译，军事科学出版社 1992 年版，第 212 页。

程度和水平更高，而工业设施被摧毁后污染了当地的土壤、周边的大气以及多瑙河下游的水质。更加需要注意的是，从海湾战争、科索沃战争再到伊拉克战争，由于军事实力存在着时代差，占据技术优势、发动空中打击的一方面临的伤亡风险和国内的反战压力逐步降低，随之而来的是战争的门槛降低。

同时需要注意的是，上述这几次局部战争的双方，无论是经济体量还是国防水平都有着巨大差距，并非工业或军事大国之间势均力敌的战争。由此，其对于环境的影响程度也并不具备典型性。即便如此，其对于环境的影响已经不容忽视，城市市政设计、工业设施选址以及能源战略等问题都不得不考虑：如何避免大规模的次生灾害，如何确保战后重建的基础不被破坏。

二 历史学家的回应

军事活动（特别是战争）作为人类先民的个体记忆与群体记忆，早在文字出现以前就已经出现了。但是它成为历史记载的主要内容之一、特别是成为专业史家回顾与反思的对象，却又是很久以后的事情，久远的程度可以千年来计。

传统史家对军事环境问题的审视，经历了从不自觉的单纯描述，到自觉的、以经典战例和战争理论为读者提供镜鉴功能的过程。虽然这一过程在中国和西方并不重合，而有着各自的特点和步伐，但从中西史家所审视的军事环境问题的具体内容来看，大多是环境对军事活动的制约乃至惩罚，以及人们对环境制约的适应、利用与化解手段，这种认识的发展，与战争形态演进所形成的人与环境的关系相契合，体现了当时人们的认知方式和水平。

（一）不自觉的单纯描述

对军事环境问题进行的不自觉的单纯描述，主要集中在史学的萌芽时期。从中西方史学的萌芽期来看，都有这样的记载。

中国最早的文献汇编《尚书》和诗歌总集《诗经》，记述了夏、商、周时期的一些军事谋略以及战争情况。其中《诗经·大雅·大明》仅用短短数语即描述了商末牧野之战的场景："殷商之旅，其会如林。矢于牧野，维予侯兴。上帝临女，无贰尔心。牧野洋洋，檀车煌煌，驷骡彭彭。维师尚父，时维鹰扬。"通过这些文字，我们既可以想象牧野大战的壮观场景，也可以得到关于商周之际的作战兵器与作战方式的一些信息——军中有战车、战车有驷马，军阵的规模不小且有军旗，战场选择在空旷平整的地方等等。

这种文学修辞所要达到的目的，很多都与后来的史学相通。如延续族群记忆、传承部族文化、振奋族人精神等，但在时空观念、终极目标、叙事方法等方面存在差异。不过尽管其"有记述、无解释"或"重记述、轻解释"，这些记载的文献价值仍不可抹杀。扩展传统意义上史料的范围，是军事环境史的史料所具有的一大特点，本章第三节还将详细论述。

（二）自觉地提供镜鉴功能

中西方古代的传统史家对军事活动的记载，存在于军事史著、通史的战争部分，以及军事理论著作之中。这种诠释既有共性，又有明显差异。其基本共性在于，高度重视战争的政治意义、探讨战争对政治统治及政权更迭的影响，高度重视决定战争胜负的因素、借鉴英雄人物在战争时期的言行战略——总之希望通过回首战争，为后人尤其是精英阶层提供镜鉴功能。

1. 西方传统史学与军事理论

在西方，从希罗多德、修昔底德，到李维、塔西佗、阿庇安，再到人文主义、理性主义和浪漫主义等史学思潮，史家的时代、经历、史观多有相异，史著的风格、体例、优秤或有区分，但核心内容也都是政治与战争，或者说仅仅是政治（流血的和不流血的）。具体到军事环境问题上，西方传统史家的视野主要集中在人类社会、特别是精英阶层内部，环境因素并没有从史家对英雄人物活动的历史叙事中分离出来，只是被作为叙事的背景、征服的对象或是神秘的力量加以体现。

在希罗多德的《历史》中，前四卷和第五卷的一部分都是希波战争的背景介绍，占全书篇幅的一半，其中对地中海自然环境的描述是背景介绍的一部分。

同时，希罗多德用不少篇幅记载了恶劣天气对士兵心理造成的恐慌，及其对军事活动、特别是海战的巨大影响，并往往将此作为神助的例证："到夜里的时候，由于当时正是仲夏的季节，整夜里都是豪雨，此外还伴随着从佩里洪山上传来的激烈的雷鸣……那里船上的士兵听到雷雨之声惊恐万状，他们认为他们目前遭受的灾祸会使他们全部毁灭……这就是他们在这一夜里的遭遇。但是对于那一夜里受命回航埃乌波亚的人们来说，遭遇就要惨得多了。因为他们是在大洋上遇到了这种情况的。他们的结果很惨……被风吹到他们也不知道的地方去，碰在岩礁之上而遇难了。"①

色诺芬和凯撒在各自的史著中用了不少篇幅描写其军队如何在环境中作战、如何弱化环境对其行军的威胁，以及如何利用环境中可得的资源进行防御。

色诺芬在《长征记》中记载了希腊军队如何因地制宜、行军作战的史例。如卷四记述了希腊军队在行进过程中避免受制于自然环境的办法：当遇到山口一类的要地时，希腊军队会强行军、抢先夺占山口或高地，掩护部队通过；当敌人已经占领了控制要道的高地时，希腊军队就想法夺占更高的制高点、自上而下打击敌人；当敌人以重兵扼守渡口或要隘时，希腊军队就想办法绕过这些地方，在敌人意想不到的地方突然出现。② 此外，《长征记》中还有当时城堡构造、攻城部队人员和武器的配置等内容，并涉及一些围城战术以及防御战术。最形象的记述，莫过于卷五中希腊军队和德里莱人的攻防战了——双方多次利用火制造障碍：德里莱人在发现希腊军队占领高地后主动撤退，但在撤退前纵火焚毁了容易被占领的城堡，几乎没有留下任何可用的物资；希腊军队从城堡撤退时，为了延缓敌人的进攻，在撤退路线上堆积了足够的木料并点燃，最终成功撤退，而城堡中的房屋、塔楼和栅栏均被烧毁。③

① ［古希腊］希罗多德：《历史》，王以铸译，商务印书馆 2007 年版，第 566 页。

② ［古希腊］色诺芬：《长征记》，崔金戎译，商务印书馆 2013 年版，第 89—103 页。

③ ［古希腊］色诺芬：《长征记》，第 123—125 页。

凯撒的《高卢战记》《内战记》以及作者不详的《亚历山大里亚战记》《阿非利加战记》和《西班牙战记》合称"凯撒战记"，留下了大量反映罗马共和国晚期军事制度与作战方式的内容。如《高卢战记》卷七详细记载了"阴阳界""百合花""踢马刺"等人工障碍物的设计、建造及其防御效果，①从一个侧面向人们展现了古代罗马军队对林木的利用方式。《内战记》卷三记述了凯撒如何截断水源、使河流改道，迫使敌人不得不在烈日下费力挖井，影响到了健康和士气。②《阿非利加战记》一方面记载了西庇阿训练象群的方法：布两列战阵，一列投石手面对象群扮演敌人，发射小石子；另一列位于象群身后，在其受到石子攻击转身退却时，向象群投掷石块，使它们重新面向敌人。另一方面也记载了凯撒如何解决了象群的威胁：下令从意大利运来大象，训练士兵了解战象的薄弱之处，以便战时用矢矛攻击，也使罗马骑兵的战马熟悉战象的气味、吼声和形状，不再感到惶恐。③

成书于罗马帝国早期的《谋略》，被认为是西方军事理论的创始之作。在目前流传的四卷本中，前三卷确认为塞·尤·弗龙蒂努斯所著。第一卷为战前准备和谋略运用，第二、三两卷为战时克敌制胜的谋略。该书的体例，反映了军事理论与军事史的深刻关联——每卷的开篇是若干原则，然后在下设各章中引用大量战史举例，前三卷所列的战例共计430多个。

如"选择交战地点"，共列举14个战例，涉及地形、天气、障碍等：马尼乌斯·库留斯观察到不能用展开的队形抗击国王皮洛士的方阵，于是尽力设法在狭窄的地形上打这一仗，因为狭窄地形对于密集的方阵来说是一种限制；在坎尼，汉尼拔部署战线时力求使部队背向狂怒的风沙，于是狂风径直朝罗马人的脸面和眼睛吹去；斯巴达人克莱奥梅尼斯在与雅典人希庇亚斯的战斗中察觉到雅典人的骑兵优势，于是他砍倒许

---

① ［古罗马］凯撒：《高卢战记》，任炳湘译，商务印书馆1979年版，第197页。

② ［古罗马］凯撒：《内战记》，任炳湘、王士俊译，商务印书馆2013年版，第125—126页。

③ ［古罗马］凯撒：《内战记》，第241、268—269页。

多大树，横七竖八地胡乱堆在战场上，这样骑兵就无法施展其能了。①

又如"在敌人队伍中制造混乱"，共列举 20 个战例，其中有 4 个涉及对动物的利用：克罗埃苏斯用一支骆驼军对阵敌人强大的骑兵，骆驼奇特的形状，以及驼体散发出的臭味，使敌人的战马大受惊吓，结果不仅使骑手们摔下马背，还把他们的步兵踩在马蹄下；伊庇鲁斯国王皮洛士为了争夺他林敦，与罗马人交战时曾用战象使罗马军队陷于困境，迦太基人也常用这些东西跟罗马人作战；西班牙人在反对哈米尔卡尔的战争中把公牛系在大车上放置在阵前，车上装满树枝、牛脂和硫黄，当战斗信号一起，便点着车上燃料，驱赶公牛冲向敌人，敌人战线乱作一团，顿时被突破。②

成书于罗马帝国后期的《兵法简述》，是中世纪统治者最喜爱的书籍，也是文艺复兴之前唯一一部专门讨论军事问题的力作。③ 全书共五卷：卷一是募选和训练，卷二是罗马军团军制，卷三是战略战术，卷四是筑城和攻防，卷五是海军。作者韦格蒂乌斯依据其所能接触到的史料，总结了古希腊和古罗马的军事理论。相较于《谋略》而言，《兵法简述》的内容不仅更为系统和深入，而且在陆军之外还对海军职能、海军建设和海战方法进行了思考。

在陆军方面，作者提出了很多需要了解和遵守的常识，这些常识很大程度上来自前人对军事环境的审视，来自前人对于自然资源的利用，反映了古希腊古罗马战事与山川林地湖泊之间的关系。这一关系在筑营、围城和守城问题上体现得非常突出。

在筑营的问题上，作者提醒将领要始终注意将营地建在安全地带，如果敌人就在不远处，尤其要注意这一点。还应注意附近能否充分保障柴薪、草料和水的供应。要是停留时间较长，选址时还要考虑气候是否正常。必须警觉周围不要有山冈或高地，这些制高点一旦被敌控制，后

---

① ［古罗马］塞·尤·弗龙蒂努斯：《谋略》，袁坚译，解放军出版社 2014 年版，第 66—68 页。

② ［古罗马］塞·尤·弗龙蒂努斯：《谋略》，第 86—88 页。

③ ［美］J. W. 汤普森：《历史著作史》上卷，谢德风译，商务印书馆 1988 年版，第 138 页。

患无穷。还有一点值得关注：平时这一带是否暴发山洪，如是则部队不得不耗费许多精力去对付它。营地规模应建造得与部队的人数、辎重的多少相适应，要防止大量的部队拥挤在一个不大的空间里，或者相反，统共没有多少人却要展开在比应有面积大得多的土地上。①

在围城与守城的问题上，作者列举了掌控和利用资源的诸多办法。如围城有两种方法：一是部署军团的地理位置十分有利，可以不断突袭惊扰被围者，二是截断被围者的水源，或等待他们受不了饥饿的折磨而投降；此外还有多种攻城器械可用，如龟背车、攻城槌、镰钩篙、带顶通道车、栅栏车、舟鲫车和碉楼车等。被围守城一方则有更多选择：如坚壁清野，所有粮食储备都往城里运，使自己有充裕的食物，而使敌人缺粮，进而逼其撤兵；备足沥青、硫黄、树脂、被称作燃料的液态油（石油）以烧毁敌人机械，储备煤、铁以锻造兵器，提前备足木料以制作矛和箭，提前到江河里搜集大块石头，并在所有城头和塔楼附近摆满大小石头，准备好新伐的木料制作大轮子，或用锯好的大段木材制作滚木，上述物资或抛射或投掷或推滚，用来砸死砸伤敌人，砸坏其机械设施；还可用狗和鹅进行警戒，防备敌人的偷袭。②

在海军方面，作者首先探讨了海军职能，指出罗马的海军时刻保持严阵以待的状态，是为了国家的荣誉、利益和尊严，而不是出于某种冲动而激发起来的所谓必要性；或者说，海军始终处于战备状态正是为了避免冲动与战争。③

其次，作者对海军建设进行了详细论证，特别是造船木料的选取，反映出古罗马丰富的造船经验。利布尔纳舰的主材是柏、家松、野松和云杉，使用铜钉而非铁钉，因为铁钉容易生锈，而铜钉即使泡在水里也能保持原有的金属性能；最适宜砍伐林木的时间是在夏至过后，即七、八两月，以及秋分时节，这几个月内树液开始发干，树身变得干硬；不要在林木刚砍伐下来就把它锯成板材，锯成材后也不能马上送去造船，

---

① ［古罗马］韦格蒂乌斯：《兵法简述》，袁坚译，商务印书馆 2013 年版，第 57 页。
② ［古罗马］韦格蒂乌斯：《兵法简述》，第 159—166、174 页。
③ ［古罗马］韦格蒂乌斯：《兵法简述》，第 177 页。

因为用潮湿的木材去下料，当木材的自然浆液渗出时，就会出现宽宽的缝隙，对于船只来说太过危险。①

再次，作者列举了海上航行和进行海战所需的基本知识。如事先分辨风暴和漩涡的征兆；了解有多少种风，并知晓它们的名称和相应的掌舵技巧；明白 5 月 25 日到 9 月 16 日这段时间适宜海上航行，11 月 11 日到 3 月 10 日不适宜海上航行；从空气、大海、云层厚薄和形态中得到有关气候的启示；海战不仅要求使用多种武器，而且犹如在城墙和塔楼附近一样，还要各种机械和投掷兵器。②

2. 中国传统史学与军事理论

中国传统史学有关军事活动的叙事，主要集中在辞令、兵法、计谋和兵制上。如《左传》以写战争和辞令为突出特色；司马迁在《史记》中不仅写了栩栩如生的众多历史人物，还生动地描写了韩信破赵的战争场面，李广对匈奴的战事等；杜佑编撰《通典》，其中设《兵典》十五卷，详言兵法、计谋和历代用兵得失；欧阳修和宋祁修《新唐书》时增设详言唐代兵制的《兵志》，后世正史也循此例。③

同时，重视军事思想的倾向使得中国古代涌现出了许多优秀的军事理论著作，北宋元丰三年（1080），宋神宗下令编订"武经七书"，将战国至唐宋的《孙子兵法》《吴子兵法》《六韬》《司马法》《三略》《尉缭子》《李卫公问对》等七本兵书列为武学必读书。其中，《孙子兵法》则又最为重要。

《孙子兵法》尽管不是军事史著，但是一系列军事战略思想和战术原则的提出，都直接来自对战争史的分析和总结。《孙子兵法》传世十三篇，详言这一问题的有《地形》《行军》《九地》和《九变》等四篇，强调了"知彼知己""知天知地"的重要性，分析了自然地理条件对军事活动的影响，并提出了避免负面效应或利用自然地理条件打击敌人的策略。

---

① ［古罗马］韦格蒂乌斯：《兵法简述》，第 179 页。
② ［古罗马］韦格蒂乌斯：《兵法简述》，第 180、182、184—185 页。
③ 瞿林东：《中国史学史纲》，北京出版社 1999 年版，第 140、195、341、474 页。

孙子在《地形》篇提出"夫地形者，兵之助也。料敌制胜，记险易、远近，上将之道也"，将地形视为用兵的辅助条件，认为判断敌情以夺取胜利，考察地形险易、计算路程远近，是高明的将领所必须掌握的。《行军》篇的"处军"集中讨论了在山地、江河、沼泽和平地等四种地形条件下部署兵力和进行作战的原则，"相敌"总结了根据自然景象来观察判断敌情的经验。《九地》篇将战场地形分为九种，包括散地、轻地、争地、交地、衢地、重地、圮地、围地和死地，《九变》篇则提出在不同地形条件下应采取的不同战术，"圮地无舍，衢地交合，绝地无留，围地则谋，死地则战。途有所不由，军有所不击，城有所不攻，地有所不争"，即在"圮地"不驻扎，在"衢地"交诸侯，在"绝地"不停留，在"围地"出奇谋，在"死地"以死相搏；有些道路不宜通过，有些敌军不宜攻击，有些城池无需攻打，有些地方无需争夺。总之，"通于九变"才算"知用兵"①。

三 近现代战争艺术

中世纪晚期，尼科洛·马基雅维利写下了对话体七卷本《兵法》，论说了兵制、训练、布阵、开战、行军、宿营、攻城、围困等涉及战争和军事建设各个方面的许多重大问题。从依托的历史文献来看，前文所述《谋略》和《兵法简述》是该书重要的参考对象，甚至有些篇章段落被直接照抄。不过马基雅维利在继承古代兵法的同时，也有所补充和完善，特别是考虑到了"兵要地志"（Military Topology）和火器等新的战争艺术要素。

马基雅维利提出，军队的司令官战前必须备有精确绘制的战场地形图，了解居民的人数、距离、道路、山岭、河流、沼泽地以及它们的特性。为了更好地熟悉情况、灵通消息，将帅身边还应当有几个了解边区状况的当地人。② 从其对战场地形图的内容描述可知，这已不是简单的

---

① （春秋）孙武著，（三国）曹操等注：《十一家注孙子》，中华书局 2012 年版，第 151—153 页。

② ［意］尼科洛·马基雅维利：《兵法》，袁坚译，商务印书馆 2012 年版，第 152 页。

地图，而是兵要地志了。这一方面体现了地图技术的进步，另一方面也体现了军队远征能力的增强，以及到陌生地域作战的需求在上升。

在提到敌人骑兵的坐骑很容易受到某种突如其来的响声或为某种场面所惊吓时，例证除引用《谋略》中提过的"克罗埃苏斯就曾用骆驼去对付敌人的马匹；皮洛士则用单一的大象便使罗马人的整个骑兵乱了阵脚，四处逃散"之外，马基雅维利还指出："在我们当代，土耳其人击溃了波斯的将军和叙利亚的苏丹，所依凭的就是火器的轰隆声；这种声响是他们的战马从未听到过的。"①

在军事工程方面，马基雅维利同样考虑到了火器的挑战。他指出：都市和城堡的力量抑或是自然所赋予，抑或由人工所创建。如果它们被水或沼泽所包围，抑或建造在岩崖或者陡峭的山冈上，那它们之坚不可摧皆由源于自然的力量。反之，如若城堡建在高地上，且是可以抵近的，那便显得十分脆弱，尤其在已经有了现代的火炮、又能挖掘出地道的情况下。所以，如今它们大多建造在平坦开阔之处，再凭借人工加以强固围护……要塞墙和要塞壕的修建应当以有利于给围城者以顽强的抵抗为出发点。如今能够称得上城堡的只有那些占地相当宽阔，必要时守备部队能够撤到新建的墙和壕以外去的筑垒地。现在，大炮的毁灭性火力那么厉害，守卫仅仅依靠一堵墙和一道壁垒的抵抗力是极大的错误。为了守卫城堡，古时人们使用各种各样的武器，诸如弩炮、石弩、蝎子弩、铜弩、投石带等等。而为攻城则可使用攻城槌、炮塔、可移动的盾、防护篱、木制的投掷器材、大镰刀，以及布列龟背阵所用的盾。现如今，无论是围城还是守城同样都可以使用的大炮，完全可以替代所有这些家什，因而也就无需再去谈论它们了。②

有学者认为，《兵法》是近代军事科学的头一部经典之作，马基雅维利的成就在于他否定了中世纪的做法，主张重新振作古代兵法，其对近代军事科学做出的最直接、最有意义的贡献，即在于重振了罗马军团编成的思想，以及随之而来的部队编成的演变。拿骚的莫里斯以及仿效

---

① ［意］尼科洛·马基雅维利：《兵法》，第123—124页。
② ［意］尼科洛·马基雅维利：《兵法》，第192、194页。

他的瑞典国王古斯塔夫二世，都是从罗马军团的编组吸取灵感，改革了军队的编制，从而将战术战策推向新的高峰。① 这种改革的核心内容，在笔者看来，恰恰是通过改变阵型、使部队能在军事环境中充分发挥新武器的威力，同时将战线的坚固性和灵活性统一起来。

拿破仑战争结束后，两位曾经参战的高级军官留下了影响深远的有关火药化战争形态的军事理论著述。

先后在瑞士、法国和俄国军中任职的 A. H. 若米尼著有《战争艺术概论》，开篇即指出，在所有战术的理论中，唯一合理的理论就是以研究战史为基础的理论。② 若米尼将战术分为六个部分，即战争政策、战略、用于战役和战斗的大战术、战争勤务、工程术和基础战术，③ 其军事思想纵横捭阖于法国大革命和拿破仑战争等近代战争的诸多战例中。

若米尼对于"人民战争"特点的分析，即是从人与战争环境的关系入手的。他指出，在人民战争中，国家的天然地势，对国家的防御也很有益处。山地国家，往往是其人民最为敌人害怕的国家。而富有辽阔森林的国家，也是其人民最为敌人惧怕的国家。瑞士人反抗奥地利和反抗勃艮第公爵的斗争，加泰罗尼亚人 1712 年和 1809 年的斗争，俄国人在征服高加索民族中所经历的困难，以及蒂罗尔人的再次起义，都证明山地人比平原人的抵抗更能持久。这不仅是因为他们的特点和性格不同，还因为他们国家的自然条件不同。隘路丛林和悬崖绝壁一样，都有利于这一类的防御。每个武装的居民都熟悉当地的小路，知其走向，到处能找到亲戚、兄弟、朋友来帮助他；而领导者也同样熟悉地形，并且能够迅速了解敌方的一切活动，采取最有效的措施来破坏敌人的计划。但入侵军却完全不同，他们得不到任何情报，不敢派出小队人员侦察敌情，除了用刺刀，就找不到其他获取物质保障的方法。④

在其提出的"英明政府所应采取的基本军事政策"的 10 条要点中，

① ［意］尼科洛·马基雅维利：《兵法》，第247、245页。
② ［瑞士］A. H. 若米尼：《战争艺术概论》，刘聪译，解放军出版社2006年版，第19页。
③ ［瑞士］A. H. 若米尼：《战争艺术概论》，第26页。
④ ［瑞士］A. H. 若米尼：《战争艺术概论》，第52—53页。

有 3 条涉及对军事环境的掌握和运用：总参谋部应拥有大量的战史资料，以及为现在和将来所需要的各种统计、地理、地形和战略方面的文件；绝不可忽视搜集有关邻国军事地理和军事统计的情况，用以了解敌人在进攻和防御方面的物质能力和精神能力，并判明敌我双方在战略形势上的优劣；概略作战计划应知晓将与之作战的敌人的特点、国家的自然条件及物质资源等，并考虑到敌人在攻防时可能用以对付我们的所有物质能力和精神能力。①

在"作战基地""防线"和"要塞"三章中，若米尼分别从战略和战术层面探讨了基地、防线和要塞的功用与设置，但其并未机械地将军事环境凌驾于军事行动之上，而是充满辩证法意味地指出了人在其中应发挥的能动作用。

在若米尼看来，任何有相当宽度的河流，任何山脉和任何大的隘路，只要它们的易接近处筑有野战工事，就可以作为战略性和战术性防线使用，因为它们可以阻止敌人的前进达数日之久，或者往往可以迫使敌人离开原来的方向，去寻找困难较少的通路。在这种情况下，它们能造成明显的战略优势。但是，如果敌人从正面进攻，并企图以暴露的兵力来夺取它们，那么它们就会显示出战术上的有利作用，因为要击破一支凭河固守、具有强固天然和人工工事的军队，要比进攻一支暴露在平原的敌军困难许多。不过无论如何，也不应该过高地估计这种战术的益处，否则就会陷入导致很多军队覆没的僵硬教条主义的泥坑——因为不管防御工事如何强固，凡是在工事里消极等待敌人进攻者，必将最后被敌人击败。除此之外，任何地势险要的强固阵地，虽然难以攻入，但也难以攻出，所以敌人可以少数兵力封锁各个出口，可以用比我军少得多的兵力，将我军封锁在防御阵地内无法机动。②

若米尼提醒读者，必须承认靠工兵技术筑成的优良防御，永远也不能完全阻止敌军通过。这是因为：第一，在峡谷里修筑的不大的工事，仍可被敌人攻占；第二，勇敢的敌军总可以找到通路，有些地区本来被

① ［瑞士］A. H. 若米尼：《战争艺术概论》，第 80—81 页。
② ［瑞士］A. H. 若米尼：《战争艺术概论》，第 144—145 页。

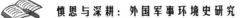

认为是无法通过的，但经敌人进行一些作业，就可以开辟出一条通路。他还指出，过去作战凭借的是要塞、营寨和阵地，最近却改变了，主要靠有组织的武装力量，而不是天然障碍物和人工障碍物。对于这两种办法，不论把哪一种办法绝对化，都同样是错误的。进行战争的真正科学，就应在这两个极端之间采取折中的办法。①

普鲁士将军卡尔·冯·克劳塞维茨著有《战争论》。该书并未全部完成，出版时共三卷、八篇，详言军事环境问题的有《军队》《防御》和《进攻》三篇，涉及在不同地形条件下的行军、后勤、防御、进攻等问题。

克劳塞维茨特别强调了地形地貌对军事行动的影响，以及军队如何应对。他总结了地形和地貌对军队给养和军事行动的密切关系，认为地形的作用绝大部分表现在战术范围，但其结果表现在战略范围。地形从三个方面影响着军事行动，一是妨碍通行，二是妨碍观察，三是对火力的保护。三者使军事行动变得更加多种多样、错综复杂和需要技巧。比如所有通行困难的地方，不论山地、森林或农田，都不适合使用大量骑兵；密林区不适合用炮兵；在每种困难的地形上，步兵都比其他兵种优越得多。②

从 1815 年拿破仑战争结束到 1914 年第一次世界大战爆发，若米尼和克劳塞维茨的军事思想被西方军界奉为圭臬，前者的影响力甚至更大些。然而军事技术的发展又使得二人的一些观念和主张落伍于时代，作战方式亟待变革。对第一次世界大战的反思，以及对未来战争的展望，几乎在这场战争结束时就已经开始了。众多亲身经历者，从战略战术等不同层级思考机械化战争，而在此过程中，军事环境是重要的考虑因素。

埃里希·鲁登道夫 1916 年起担任德国最高统帅部第一军需总监，在德军中的地位仅次于总参谋长兴登堡，其对于第一次世界大战的反思集中体现在了《总体战》一书中。该书在客观上成为纳粹德国准备第二次

---

① ［瑞士］A. H. 若米尼：《战争艺术概论》，第 222、227 页。

② ［德］克劳塞维茨：《战争论》，中国人民解放军军事科学院译，商务印书馆 1997 年版，第 466—467 页。

世界大战的军事学说基础，但其对经济与总体战的论述，对国防军编制的分析，以及对协同作战的前瞻，的确来自对一战经验、特别是军事环境要素的准确总结。

在经济与总体战的关系上，鲁登道夫首先强调民众与军队的食品、饲料和燃料供给是头等大事：人为了工作和战斗，首先要生活和维持生命；马匹和牲畜只有靠饲料才能维持生命；机器只有靠燃料才能运转，农业必须自给自足。以各种战斗装备武装军队，是经济的另一个重要任务，也是一国总体政治的重要任务。军队不能缺少武器、弹药、器材、军舰和坦克等作战物资，而且某些装备的需求量极大。他特别指出，德国钢铁工业所需的钨、铬、锑和锰等稀有金属严重依赖进口，战时供应中断则势必使弹药生产和发动机的制造出现无法克服的困难。①

针对一战后逐步形成的机械化战争模式，鲁登道夫高度重视燃料安全问题，指出由于陆军的不断摩托化，全部军舰几乎都使用油作燃料，加之空军的扩编，对燃油和润滑油的需求急剧增长，使控制和开发地球上的产油区，成为美、英、俄以及世界资本家全球策略的一部分。燃料的准备对所有国家的作战来说都是一项绝对必要的工作。一国的原油和石油加工能力越小，这种准备就越必要，同时还要考虑战争中的进口问题。他还以一战期间从俄国、立陶宛、白俄罗斯和波兰占领区搞来大批木材和水泥的经历为例，指出占领区可为军事装备提供大量的、各种各样的原料，因而在总体战中，可向每个占领区提出类似的要求。②

在国防军编成和使用上，鲁登道夫认为军队由陆军、海军和空军编成，三个军种的价值因国家不同而异——英国将海、空军视为主要军种，陆军次之；在德国，陆、空军在总体战中的作用却重于海军；在其他国家，各军种的作用也因其地理条件、海岸状况、世界贸易和战略可能性的不同而异。空军必须强大且胜过敌人的空军，但这种强大会受到国家技术和财政的局限。空军的使用取决于天气、云、雾等条件，而陆军除

---

① ［德］埃里希·鲁登道夫：《总体战》，戴耀先译，解放军出版社2005年版，第53、58页。

② ［德］埃里希·鲁登道夫：《总体战》，第62—63页。

浓雾天气之外，能在任何天气里开进和作战，任何一位统帅都不会认为，仅仅通过轰炸敌国居民——无论意义如何重大——就能夺得战争的胜利。况且由于敌国防御能力的提高和天气条件，飞机能否飞抵目标，能否投弹，尚属疑问。作战要求首先战胜敌国陆军，然后取胜的陆军才能与空军协同，深入敌国领土，到敌国陆军背后作战。因此，对于内陆国家来说，军队的力量在于陆军。①

英国陆军少将和军事史家约翰·富勒后来在其《西洋世界军事史》和《战争指导》中非常遗憾地指出，19世纪的战争从美国内战时开始就已经与拿破仑时代有了很大不同，武器的改进使战术发生了革命性的变化——铁锹逐渐成为步枪的补充品，到1864年为止，格兰特和李将军在弗吉尼亚荒野上进行的每一场战斗，都是壕沟防御式的战斗。格兰特、李、谢尔曼、约翰斯顿和其他许多将军指挥进行的这场战争，是由子弹和堑壕组成的战争。战争中还利用了沼泽地和鹿砦，甚至还有铁丝网。这场惊人的近代化战争，有木质的、由铁丝网缠绕的迫击炮，有手榴弹、榴弹炮和火箭，使用过许多形式的陷阱，为了攻克敌人阵地还有人提出了使用"进攻性气体"的要求。②

在富勒看来，美国内战所体现出的新变化，并未被欧洲军事观察家们所重视。之后普法战争、英布战争、日俄战争继续成为新式武器和战术的试验场，速射炮、机枪和堑壕的作用日益彰显。第一次世界大战爆发后，军人们对于展开堑壕战面临的巨大困难，认识极为迟钝。他们对敌人堑壕发射炮弹越多，地面被破坏的程度也就越大，正常的战场也就会变成弹坑遍布的地区。这样，在扫除一种障碍时，又产生了另一种障碍，并使得他们的前进变得如此之难，以至于步兵通过这凹凸不平的地带后，却不能得到补给。因此，必须在这混乱不堪的战场上修建道路，以使运输枪、炮和补给品的车辆得以前进。然而等修好道路的时候，敌人的防御工事又重新建立起来了，因而另一场穿透战又要重新开始。

① ［德］埃里希·鲁登道夫：《总体战》，第87—88页。
② ［英］J.F.C.富勒：《战争指导》，绽旭译，解放军出版社2006年版，第119—121，123页。

1916 年 7 月 31 日第三次伊普尔战役开始，序幕性的炮击持续了 19 天，发射的炮弹约为 430 万发，总重约 10.7 万吨，而且都投掷在预期的低地势战场上。整个战场被炸得一团糟，所有排水沟、堤岸、水道和道路等都被破坏，造成了一片几乎无法通过的沼泽地，步兵在泥泞中打滚了三个半月。这是西线战场最后一次大规模的火炮消耗战。① 作为西线战事的亲历者，富勒从炮火、地表和战场通过性三者的辩证关系，解释了西线战场何以成为停滞的消耗战线。

20 世纪 30 年代，富勒的《装甲战》出版。在书中，富勒梳理了内燃机技术带给武器、战术、军队编制和指挥等方面一系列巨大的变化，断言工业是机械化的基础，拥有装甲装备多的国家比装甲装备少的国家会有更强的实力，缺乏工业、制造能力和机动车辆的国家将无力抗击外国的入侵。② 他认为在这种新式战争中，军事原则的运用取决于敌军不同兵种的相互配合：当一方没有机械化部队时，若地形适于机械化部队运动，有机械化部队的一方可以集中兵力突然进攻，快速夺取目标；当双方都只有部分机械化部队时，需要根据地形正确部署兵力——非机械化部队应占领已被突破和包围的敌地区，机械化部队应在障碍少的地区实施远距离机动，集中兵力攻击敌人侧翼或后方；当双方都是机械化部队时，机动性可能相等，因此特别战斗部队的行动能力就非常重要，夺取制空权是一个重要因素。③

富勒高度重视坦克和飞机的协同作战。他认为坦克和飞机相辅相成，作战中彼此如不能配合，安全就得不到保障。飞机可以发现坦克，为己方坦克指示目标，攻击或压制敌方坦克，进而保护机场。没有坦克，飞机的后方基本不能得到保护；没有飞机，坦克在战场上基本就会失去打击目标。在未来战场上，坦克与飞机的协同比坦克与步兵的协同更为重要。富勒高度评价了水陆两栖坦克的价值，认为这种坦克不仅有利于登陆作战，也可强渡江河，适合英国的地理特点——英国 3/4 的地区处于

---

① ［英］J. F. C. 富勒：《战争指导》，第 205、211 页。
② ［英］J. F. C. 富勒：《装甲战》，周德等译，解放军出版社 2007 年版，第 5—6 页。
③ ［英］J. F. C. 富勒：《装甲战》，第 16—18 页。

欧洲大陆飞机的航程之内，下一次欧洲战争中可以用两栖坦克去攻击敌军在海岸线上的机场或是潜艇基地。① 当然，富勒的这些设想随着飞机航程的增大、机场可以远离前线，以及水陆两栖坦克火力与防护性无法匹敌主战坦克，不再切合实际情况。但其空地协同作战思想，和因地制宜部署武器装备的意识，都是可贵的。

在探讨进攻与防御的诸多原则时，富勒对武器、部队和战场环境之间的关系进行了分析。他认为武器无不受到地形、时间和空间的影响，而且还无不受到其他武器的影响。进攻需要研究有关地形，以及双方越过该地形所需的时间。正确把握运动的时机是决定性因素，一旦机械化部队开动起来，要加以控制是很难的。进攻的目的不一定是击溃敌人，如果能使敌人因饥饿而投降，代价会小得多：饥饿与其说是缺少粮食，倒不如说是缺少汽油。要迫使敌人继续运动，切断其与补给部队的联系，然后再把敌人赶入无法逃脱的地区——敌人之所以不能逃脱，不一定是因为该地被障碍物包围着，而是因为汽油供应不足。空中力量对防御极为重要，其次就是用装甲车辆和摩托化野战部队同敌方保持接触，如果防区有良好的着陆场，就会有很大的优势。地形与防御目的应当联系起来考虑：如果为了阻止敌人的行动，防御地区的反坦克条件就应当首先考虑，正面和侧翼依托天然障碍物或设置人工防御工事；如果是为了暂时阻止敌人的行动，为坦克提供机动性的条件就具有头等意义。②

大致与富勒同时，苏军元帅 M. H. 图哈切夫斯基以及德军将领海因茨·威廉·古德里安，也从战略层面提出了发展装甲部队的主张，并对不同战场条件下的战术进行了探讨，机械化战争理论逐渐形成。最终，德军在闪击波兰时首次进行了装甲战的实践，机械化战争理论在二战中迅速深化和完善。

20 世纪二三十年代，图哈切夫斯基等苏军将领开始论证大纵深战役理论，即以杀伤兵器同时压制敌军防御全纵深，在选定方向突破其战术地幅，而后将坦克、摩托化步兵、骑兵投入交战，并为尽快达成预定目

---

① ［英］J. F. C. 富勒：《装甲战》，第 35、51—52 页。
② ［英］J. F. C. 富勒：《装甲战》，第 113—114、124—125、170—171 页。

的机降空降兵，迅速将战术胜利发展为战役胜利①。这一理论的提出，同样是以分析一战西线战场的停滞性为前提的。伊谢尔松在《大纵深战斗的历史依据》一文中指出，1914—1918年所有进攻战事不成功的基本原因可以概括为：对防御的压制和冲击只对直接战斗接触线实施，对防御纵深则不触及；而到进攻战斗队形楔入这一纵深时，力量大为削弱，防御者的预备队却是生力军。进攻者像勇士与多头蛇行怪物打斗，怪物的脑袋被砍掉后会立即长出新的来，只有一下子砍掉它所有十二个脑袋，才能把它消灭。②

图哈切夫斯基对于大纵深的分析，是基于军事环境在工业化条件下发生了极大扩展这一现实展开的。在《战争——武装斗争的一个问题》中，图哈切夫斯基指出：技术的进步不仅将导致战斗队形纵深加大，而且将导致战区纵深加大，它将以电气化和化学化的方式对抗新的空中化学武器，这种方式将在全境大纵深分散配置能源和生产。作战兵器和辅助兵器急剧改变了进行战争的条件。正面的宽度、铁路网的高效率和战区的大纵深不允许以一次突击就消灭敌人全部作战军队。战争是由一系列连续战役组成的，这些战役最后彻底消灭或击溃敌军，夺取其支撑战争的经济目标和领土。③

之后图哈切夫斯基在《战争的新问题》中对装备、交战等问题进行了详细论证。他高度评价了空军、特别是空降兵在大纵深战役战斗中的作用，认为拥有最强大民用航空和航空工业的国家，将是未来战争中最强有力的国家。坦克在全纵深战斗中，一方面要护送步兵，另一方面要突入敌人后方，造成敌后方混乱，切断敌主力与预备队的联系，在此过程中要应对各种天然或人工障碍物，因此除需装备能与敌人炮兵对抗的装有火炮的快速坦克，还要装备执行工兵勤务的快速坦克，人员在快速

---

① 赖铭传：《译者的话》，［苏］M. H. 图哈切夫斯基等：《大纵深战役理论》，赖铭传译，解放军出版社2007年版，第4页。

② ［苏］T. C. 伊谢尔松：《大纵深战斗的历史依据》，［苏］M. H. 图哈切夫斯基等：《大纵深战役理论》，赖铭传译，解放军出版社2007年版，第344页。

③ ［苏］M. H. 图哈切夫斯基：《战争——武装斗争的一个问题》，［苏］M. H. 图哈切夫斯基等：《大纵深战役理论》，第135—136页。

坦克内就可以迅速清除遇到的障碍物，还要装备快速的步兵坦克—输送车，最好还要有一些遥控坦克去对付反坦克炮。图哈切夫斯基还指出，由于工业化和电气化发展，使对敌攻击不再需要冒险轰炸和消灭敌人重兵防卫的目标，只需打击与之相关的生产过程即可——如破坏为火药生产提供原料的工厂，并与这些原料的铁路运输线做斗争，就不必袭击火药工厂本身；瘫痪敌人的炮弹生产，可以集中对付引信工厂、雷管工厂或者装配工厂，由此引发炮弹生产的比例失调就够了。① 由此可见，其对打击目标的选择充满了辩证思维，本质上也是趋利避害、选择有利于自身展开行动的战场环境。

20世纪30年代，古德里安的《注意，坦克！》出版。全书十章有五章内容关于一战的经过，还有五章涉及两次世界大战之间的情况。古德里安从西线军事环境的诸要素解释了1914年的阵地战是如何产生的——从1914年11月中旬起，整个西线的所有行动都停止了。这种僵持状态最先出现在孚日山脉，随后延伸到海岸。步兵精锐损失、弹药短缺，战线两端分别延伸至瑞士边境和海滨导致包围战和运动战无法再进行，双方部队开始挥起铁锹构筑障碍物。他认为，这些阵地并不适于持久防御，之所以稳定下来有三方面原因：一是双方都生怕放弃拼死夺下来的阵地会被说成是默许失败；二是双方都在改善武器配置，机枪和火炮的数量持续上升，哪怕是老掉牙的旧式火炮也被重新列装；三是地堡、爆破、水潭及各式障碍物使阵地具备越来越多的要塞的特点。这种未考虑持久防御需求而选择的阵地，使双方前线部队持续接触，减少了可用预备队的数量，缩短了训练和休整时间，削弱了可以派到其他战场的进攻兵力。②

与富勒等人对堑壕战的分析类似，古德里安指出堑壕战带来了这样的现象：即使进攻方拥有至高无上的献身精神，也具备兵力和弹药储备

---

① ［苏］M. H. 图哈切夫斯基：《战争的新问题》，［苏］M. H. 图哈切夫斯基等：《大纵深战役理论》，第150—151、153—155、169页。

② ［德］海因茨·威廉·古德里安：《注意，坦克！》，胡晓琛译，江苏凤凰文艺出版社2020年版，第21—22页。

的双重优势，却仍旧无法突破工事相对薄弱但防守顽强地阵地，因为防守方总是能在推进速度缓慢的进攻方扩大初期战果之前，便将突破口封锁住。由此，古德里安提出了两种巩固进攻成果的手段，前者更简单，后者更有效：一是改进旧的进攻武器，扩大进攻正面，同时牵制更多的防御力量，消除来自侧翼的打击，用更多的火炮和炮弹完全摧毁敌方阵地和障碍物，令敌方炮兵瘫痪；二是投入毒气、装甲车辆和飞机等新式武器，将一种或几种新武器与旧武器结合起来、出其不意地大规模使用——要确保做到三点，即奇袭效果，新武器在关键位置大规模使用，和部署灵活机动的部队充分利用可能的战果。① 由此可见，古德里安的闪电战思想，正是建立在对一战西线军事环境的特点分析基础上，决心通过集中发挥机械化部队优势，以打破僵持战线和避免形成僵持局面为首要目标。

在解释飞机和坦克为何会成为新兵种的问题上，古德里安首先分析了步兵和炮兵在一战西线军事环境中遇到的困难。他指出，步兵自身的攻击力无法超越机枪和其他重武器的火力范围，只有距离进攻目标较远、能够施加干扰的一切武器被其他武器（主要是火炮）压制时，步兵才能做到这一点。以炮兵火力夺取一个进攻目标，需要大量火炮消耗非常多的弹药才能做到。短时间炮火准备虽符合预期，但效果却很值得怀疑；长时间炮击又很容易使进攻地域布满弹坑，妨碍车辆跟进及初期战果的迅速扩张。而且炮兵阵地转换需要时间，这会使守军有机可乘，当炮击再度发起时，炮兵面对的不再是一个缺口，而是一条新的防线。因此尽管炮兵的攻击力比步兵强大得多，却还是反应迟钝、耗费过大，过分显眼，无法保住突击取得的战果。作为对比，古德里安又分析了飞机和坦克所具有的优势：飞机速度快、射程远、对目标威力大，与坦克协同作战时对地面作战进程产生了实质性影响。坦克作为飞机的搭档，能够有效消除现代火器的防御力，扩大突破口，巩固初期战果；作为传统地面兵力的搭档，是后者拥有进攻能力所必不可少的。最终古德里安提出，

———

① ［德］海因茨·威廉·古德里安：《注意，坦克！》，第32页。

装甲兵的任务应当是对敌人防线的合适位置发动集群性的突然袭击，在作战中决一胜负。这种突然袭击需要装甲部队同其他兵种进行协同作战：飞机侦察敌情、攻击敌军，坦克梯队清除雷区和障碍物后向敌人的指挥中心、炮兵阵地、反坦克阵地和步兵发起阵地突击，步兵则扩大坦克取得的战果，而且有必要向敌方防线的整个纵深发起同步攻击。① 这显然又与图哈切夫斯基的大纵深战役理论不谋而合。

　　核武器的出现，极大改变了战争面貌，机械化战争形态进入了新的阶段。美国战略理论家伯纳德·布罗迪和亨利·基辛格先后对核时代的军事战略、国际关系、军备竞赛等问题进行了探讨，其共同的出发点即在于核武器对于目标及其军事环境瞬间和彻底的摧毁，会带来复杂和严重的后果。

　　布罗迪主编的《绝对武器：原子武力与世界秩序》出版于1946年，当时的美国正处于核垄断地位，冷战尚未开始。布罗迪将原子弹定性为"绝对武器"——不仅威力巨大，而且对传统的战争模式和国防政策产生了极大影响。他认为原子弹打破了武器的发展规律，人们还没有找到有效的防御手段。鉴于核材料在自然界中大量存在，1942年时成功的提取方法就已有五种之多，这将使美国的核垄断地位不会保持太久，其他大国至少能以美国生产成本的一半制造出类似的东西。因此，核战争有可能无法达成政治目的，甚至毁灭政治本身，人们将不敢贸然使用原子弹，原子弹更多地成为一种威慑手段。"迄今为止，我们的军事机构主要目的都是赢得战争。而从今以后，它的主要目的必须是避免战争……战争如果不是为了追求某种正当的政治目的的话，只能是毫无意义的破坏。正是由于我们难于找到一个正当的政治目的来证明核战略交战中的不可避免的破坏是正确的，才使核威慑的整个概念可信。"②

　　布罗迪将大规模战争分为三种可能，即不使用原子武器的战争、开战很久以后才用原子武器的战争，以及战争之初就使用原子武器的战争。

---

　　① ［德］海因茨·威廉·古德里安：《注意，坦克！》，第138—139、207—209页。
　　② ［美］伯纳德·布罗迪等：《绝对武器：原子武力与世界秩序》，于永安、郭莹译，解放军出版社2005年版，第1、4、43、46页。

由于原子弹在打击敌人基本力量相对集中的目标时才能充分发挥效能，于是城市便成为首选目标。在传统意义上的后方成为核武器攻击目标的情况下，核阴云势必会影响日常的战略部署。为了减少美国受到突然核打击时的损失，并且保留反击的能力，布罗迪提出要将大型工厂小型化，并且分散布置于城市之外，同时按照地理区域重新建立提供重要服务的制度，保障食物、水、燃料、通信和医疗等供应不受影响。①

　　布罗迪的理念和构想在冷战期间对美苏和其他国家都有直接或间接的影响。陆基洲际导弹发射井，公路和铁路发射车，各类通信设施以及相关的配套国防工程，成为核时代的特殊军事景观。太空和海底进一步军事化，各类卫星构建起侦查和指挥信息链，战略导弹核潜艇日益成为"三位一体"核力量的中坚。

　　基辛格的《核武器与对外政策》出版于1957年，当时美国已拥有氢弹，苏联和英国则先后成功试爆原子弹，冷战持续了10年，北约华约对峙也已有2年。当时美国的核战略是"大规模报复战略"，准备全面核战争。基辛格在有限战争理论的基础上，指出全面战争在核时代已经不能有效达成政治目标，认为"由于武器威力的提高，进攻的方式也已激增……不一定要借助于最后摊牌的方法，才能追求支配全世界的目的"。由于适合进行全面战争的武力实际上并不是为了应付局部战争，或者因为顾虑它对世界舆论的影响而避免使用，使得美国应当在天翻地覆的核武器之外另寻出路。因此他提出，核时代的基本战略问题是如何在威慑政策和当威慑政策失败而发动战争的战略之间建立一种关系。最适宜的战略是能以最小的代价达到其目的的战略。在美国失去核垄断地位之后，最大限度的破坏和有限的冒险已不可能结合起来……破坏能力的恐怖性越大，使用这种能力的可能性反而越小，最终陷入在决一死战和不战而败之间进行选择的困境。②

　　基辛格将有限战争作为核时代美国推行对外政策的手段。在他看来，

---

① ［美］伯纳德·布罗迪等：《绝对武器：原子武力与世界秩序》，第60、74、79页。
② ［美］亨利·基辛格：《核武器与对外政策》，北京编译社译，世界知识出版社1959年版，第16—17、21、24、125、129页。

历史上有四类出于各方面原因形成的有限战争，共同点是为了具体的政治目的而进行，是为了影响敌人的意志而非彻底将其摧毁。在核时代，各国防止战争扩大存在着显而易见的共同利益，对核战争的恐惧使有限战争成为可能，但是有限战争并不是用来替代大规模报复的，而是大规模报复的补充，能够制止战争扩大的，正是大规模报复的能力。因此，战略攻击力量是制止全面战争的主要力量，必须为了这一目的而保留起来，如果这一力量在战争中受到消耗，敌人就将不愿再把战争保持在有限的状态。有限战争需要高级机动性的、火力强大的作战部队，能够很快地调到出事地点，并能有区分地发挥他们的威力，将破坏逐渐加诸敌人，同时允许有喘息的余地进行政治接触。因此美国需要建立一支适应有限战争的军事力量：空军不应只局限于全面战争和绝对的空中优势，还应建立战术空军，可以实施灵活机动、有区别能力的攻击；陆军实力小，编制也不灵活，应进一步调整，并建立能够迅速支援一线部队的预备队；海军快速航空母舰特殊舰队是有限战争的理想支援舰队，但是在潜艇的威胁下作用会有所削弱，由于攻击敌人的潜艇基地会引发全面战争，因此需要新的反潜力量在海上消灭敌潜艇。①

　　基辛格还提出了"有限核战争"概念，指出有限核战争是一种使美国能够最有利地使用其特殊技能的战略，而且比常规战争转变为全面战争的可能性或许还小。有限核战争的战术不同于常规战争，或者说正是利用了常规战争的特点，试图通过战术核武器大量杀伤敌人：常规兵力必须集中才有效率，只有集中火力才能守住一条战线或是完成一次突破任务。倘若如此，对手就有了使用核武器的动机。在对有限核战争实践的构想中，基辛格提出了完成这一任务的部队应具有的特点——即小型的、高度机动的、独立的，这些特点使得部队的火力既是巨大的又是有限的，同时还很难被敌人发现和摧毁。这种拥有核武器的小型机动部队，不以人口集中的城市为目标，也不以防守固定战线为目标，而是通过击败敌军，使其无法实现占领或控制领土的目标——敌军集中兵力就会成

---

　　① ［美］亨利·基辛格：《核武器与对外政策》，第133、137、148—158页。

为核武器攻击的目标，不集中兵力又无法巩固占领的任何领土。①

在对有限战争理论的阐述中，基辛格实际上探讨了军事技术、政治目标和军事环境之间的关系：军队进行有限战争的能力，不仅服从服务于有限的政治目标，也必须选择和适应有限的战场环境。有限战争以核威慑为基础，核常兼备的建军思想对军事物资的需求、特别是保障机动性所需的各类燃料，在事实上使能源成为重中之重——能源产地、运输线路和化工水平等都决定着能源供应的安全，围绕能源安全展开的国际关系调整、国内产业布局和军事力量建设，是审视二战后美国军事政策和实践的重要角度。

基辛格对于有限核战争的设想，是基于当时的武器性能提出的战术革新。这一战术试图通过将打击目标集中于敌人军队、不将敌方城市作为核袭击的目标，以达到消灭敌军和避免全面战争的目的。但他自己也承认，由于动用了核武器，始终存在遭到核反击甚至引发全面战争的风险。其后从 20 世纪 60 年代开始的新军事革命赋予常规武器的精确打击能力，很大程度上进一步降低了爆发全面战争的可能性。军事环境除海、陆、空、天之外，又有了电磁环境，战场日益走向多维化，由此形成的时代差对国家间军事实力的影响，是明确和深刻的。

第二节　多学科视野下的军事环境

从军事史叙事我们不难看出，任何军事活动都是在一定的空间进行的，不仅受到交通、人口、资源等条件的制约，而且受到地形、气象、水文等自然条件的影响。因此，除去武器和战法本身，人们在战争实践中逐渐认识、利用和改造所处环境，使战争向有利于己、不利于敌的方向发展，从而达到克敌制胜的目的。② 随着军事实践的持续进行和学科的不断分化，军事地理学和地形学成为与军事环境问题直接相关的专门

① ［美］亨利·基辛格：《核武器与对外政策》，第 166、168、170、171 页。
② 《中国大百科全书·军事》，第 2 页。

学问。

除去军事地理学和地形学之外，生态学也出现了对军事行为特别是战争的审视，与地理学相比，生态学更加注重能量与物质的流动，并且也关注到了由此带来的生态影响与后果。新军事史是从探讨军事技术革新与社会因素之间的关系开始的，关注对象超越了传统军事史中的帝王将相，并且逐渐采用社会史的研究视角与价值取向，关注下层兵民以及弱势群体的战时经历，在这些宏大叙事之外的"历史碎片"中，人与环境的互动关系是非常重要的内容。

冷战期间，因大气层核试验和向海洋倾倒核废料引发的环境后果日益成为国际社会关注的环保议题，越南战争中的橙剂问题则在战时就已是热议话题之一，并在战后成为科学家、政治家和历史学者们持续关注的问题。进入 21 世纪，一些环境史学者开始运用相关理论与方法从更为广阔的视野审视军事环境问题，军事环境史呼之欲出。

一　军事地理与地形学

地理学是门古老的学问，被称为"科学之母"。人地关系是地理学研究的主要内容之一，也有着不同层面的含义：狭义的人地关系，考量人口与土地之间的数量关系，常用人口密度、人均占地面积等指标来反映；广义的人地关系，考量人地之间的关系，这里"人"是作为社会整体的人，"地"则包括自然环境和人文环境。地理学本身具有跨学科属性，正如时间和空间难以截然分开一样。一般说来，地理学在描述不同地区及居民间的情况时，就与历史学密切联系；在确定地球大小和地区的位置时，就与天文学、哲学密切联系。①

在 19 世纪的英国大学，地理学被视为认识历史的基础而具有重要地位，中国学界也一直有"史地不分家"之说。同样，军事学、历史学和地理学由于关系密不可分，因而出现了一个边缘学科——军事地理学。军事地理学主要探索地理环境对军事行动与国防建设的影响和军事上运

① *The New Encyclopædia Britannica*，Vol. 5，Encyclopædia Britannica，Inc.，2002，p. 190.

用地理条件的规律，为制定军事战略、进行武装力量建设、准备和实施作战行动等提供科学依据。按研究对象和范围的不同，分为理论军事地理和应用军事地理：理论军事地理，研究军事与地理环境关系的一般规律；应用军事地理，研究特定军事活动与地理环境的关系。①

军事地形学主要研究地形特征及其对作战行动影响的规律，为正确利用地形、组织指挥作战提供理论依据和方法。地形是战场的自然结构，也是战争的载体，载负着双方的兵员、兵器、物资和装备。战场地形的结构和形态，限制着可作为战场的地形范围，制约并影响着兵力的运用。地形对战役战术行动的影响，是军事地形学研究内容的出发点与落脚点。军事地形学研究地形、评价地形的结论，为战役战术行动正确利用地形提供理论依据；而战役学、战术学的发展，又指导、推动着军事地形学的深入研究和发展。军事地形学的主要内容，是军队指挥活动中必须掌握的知识和技能。军队指挥的发展和需要，是推动军事地形学研究内容充实与提高的动力。②

从军事地理学和军事地形学的关系来看，军事地理学相对宏大，主要涉及战略层面，而军事地形学则更加具体，涉及战役和战术层面。不过在近代以前，二者并没有严格的分野，其研究对象都是军事环境，研究目的也都是为军队在军事环境中行动和作战提供镜鉴。

中国古代的军事地理学和地形学要素，一方面体现在《孙子兵法》等兵书中，另一方面体现在历史或地理文献之中，特别是后者，非常有助于后人了解当地的历史地理状况。比如北魏郦道元的《水经注》，大量记述了对战争有重要作用的山岳、关隘、河川、渡口等，涉及的战例更是超过了 300 个。由于编修方志的原因，中国自唐代起就留下了不少兵要地志，详细记述和评价了特定地区的自然地理和人文地理因素对军事行动的影响。现存最早的兵要地志——唐代李吉甫撰写的《元和郡县图志》——即以"丘壤山川，攻守利害"为研究对象，对方位、里程和兵马配置等都有详细的记述。明代万历年间刘效祖所编《四镇三关志》，

① 《中国军事百科全书·军事环境》，第 471 页。
② 《中国军事百科全书·军事环境》，第 475 页。

记述了城寨、兵马、钱粮、地险、夷情等内容。明末清初的顾祖禹撰有《读史方舆纪要》，详细记述了明代各地的历史与地理形势，以及历代在山川险要之处用兵的成败得失，顾炎武所编《天下郡国利病书》则详细论述了山川地貌、水利、屯田、边防、关隘等与用兵有关的地理形势和军事上的攻守行动。

　　西方古代的军事地理学和地形学要素，主要体现在前文已述的众多军事史著述和兵书中，此处不再赘言。在近代火药化战争形态发展成熟过程中，军事地理学逐步成为一门独立学科——19 世纪下半叶，为适应军事技术进步和作战需要，俄、意、法、德、英等国相继出现了军事地理学专著，并成为一些军事院校设置的重要课程。在一战前后，出现了三种地缘政治理论——以美国马汉为代表的海权学派，以英国麦金德为代表的陆权学派，以及以意大利杜黑为代表的空权学派。三者皆认可全球战略受限于一定地理环境，由此成为西方地缘政治学和从地理学上研究战略的理论基础，对西方军事地理学的发展有一定影响。同时，马克思和恩格斯对政治斗争、军事斗争与地理的关系也进行了研究和论述（详见本章第三节）。

　　中国近代军事地理学是在鸦片战争前后，为适应军事科学发展和抵御西方列强侵略，在筹划海防、边防的军事斗争中逐渐发展起来的。相应的军事地理著作有关天培的《筹海初集》、徐家干的《洋防说略》等，探讨了沿海地理形势与筹划海防建设和海上用兵关系等军事地理内容；曹廷杰的《东北边防辑要》、何秋涛的《朔方备乘》、黄沛翘的《西藏图考》等，涉及边疆地理形势与边防建设和凭险御敌等研究内容。江南、湖北等武备学堂，还开设有地势学课程，传授兵要地势的基本理论和知识。①

　　20 世纪上半叶，军事地理学的研究对象进一步细化，研究方法进一步创新，出现了研究战争与地理关系的战争地理学、研究国家防务与地理关系的国防地理学、研究军备与地理关系的军备地理学等。军事地理

① 《中国军事百科全书·军事环境》，第 473 页。

学被分为通论与特论两部分或分为普通军事地理学、专题军事地理学、区域军事地理学等。为适应陆、海、空等诸军兵种在陆地、海洋及其上空与水下等广阔空间的作战需要，在军事地理学研究领域中，先后出现了陆战地理学、海战地理学、空战地理学。随着作战样式的变化，以及战争规模的扩大，武器装备的发展和军事地理研究的不断深入，相继出现了战略地理学、军事后勤地理学、军事医学地理学等分支，反映了军事地理学的学科体系日趋完善。①

抗战时期，为抵御日军侵略，先后出版有多种军事地理学著作，如游凤池的《兵要地学》、胡焕庸的《国防地理》等。不过中国现代军事地理学的创立，与著名地理学家竺可桢的卓越贡献是分不开的。1932年，他在《天时对于战争之影响》一文中对中外战争史纵横捭阖，从几个方面讨论了天气对战争的影响，展现了军事地理学对军事环境的研究思路与方法。

竺可桢首先回顾了项羽因狂风未俘获刘邦、拿破仑因俄军坚壁清野而在寒冬中失利的战史，提出天气条件不仅影响到具体的某一场战斗或战争的胜负，甚至还由此对社会历史产生了深远的影响。

竺可桢继而比较了忽必烈远征日本失败和西班牙无敌舰队遇风暴的战例，展示了强大的海军在大海风暴面前脆弱的一面。"昔日之舟师，进退乘风力，破浪恃孤帆，更有赖于天时。元世祖两次征日本，均以遇台风而失败……欧西海战之胜败，决于暴风，足与此相辉映者，当推16世纪西班牙亚美达之覆没……西南风骤起，艨艟巨舶均毁弃于苏格兰与爱尔兰之海滨。虽伤亡之巨，不及元代之征日本，而西班牙海上霸业亦尽于是矣。"进而提出气候观测对于海军的重要性："元师之败绩，西军之覆没，关系于一国之隆替，一代之兴亡者至大。若使当时已有测候所之组织，则台风之来，可以预为之备，不致听命于天，一败而不可收拾也。"②

在他看来，尽管"自19世纪末叶以迄于今，科学日益发达，虽曰人

---

① 《中国军事百科全书·军事环境》，第474页。

② 竺可桢：《天时对于战争之影响》，《竺可桢文集》，科学出版社1979年版，第160页。

定胜天，重洋之阻，瀚海之隔，可以飞渡，穷荒僻域，征戍者所需之军实，可以推知"。但是"天时对于战争之影响仍不因之以少减也"。他还举出飞机、火炮和毒气这三个反例，用以证明一些新军事技术反而更加依赖气象条件。"近世战术之有赖于气象者，以飞机与炮队为最。昔日射炮之程，远不过10千米，中的与否，可以目睹。欧战中炮火遥射，常达20千米以上，非有精密之计算，则失之毫厘，差以千里。以七个半厘米之炮直射7千米外之目标，若遇每秒10米之逆风，则炮弹与目的地相左至400米，炮愈大射愈远，则空气之影响亦愈大。""毒气可以为攻敌之利器，但苟为不慎，则风向转变，不啻以己之矛攻己之盾。故凡放毒气时，必须方向与我方战壕所成之角度在45°与135°之间，风速须不徐不疾，在每秒2米与5米之间。风速过疾，则毒气四散而乏效，过缓则敌可避让而为之备。故欧战时德国施放毒气之所以收效力，以其审察风向、风力于事先也。"竺可桢通过这篇文章，对气候条件影响人们军事活动过程和结果的方式和力度进行了详略结合的阐释，堪称经典。此外，他还在文末呼唤发展科学、壮大国防，对日寇的侵略深恶痛绝。他提出："研究科学之目的，本在于求真理，而非利用厚生，况杀人盈野乎？然邻邦既穷兵黩武以侵略我土地，蹂躏我人民，使我国疆土日蹙百里，若及今不图，则不效田横壮士之尽踏东海，必沦于强暴矣。"①

　　二战之后，军事地理学取得了长足进步。20世纪60年代初召开的两次国际地理学会议，将"应用地理学"作为地理学的三大分支之一，并将军事地理学纳入其中。② 1966年，《军事地理学概论》在美国出版，作者是美国地理协会军事地理委员会主席路易·C.佩尔蒂尔，和美国国务院首席地理学家G.埃特泽尔·珀西。二人指出，地理学已经从描述性的科学，演变成一种解释和预测性的科学，解释和预测人和物的分布，特别是下一步要干什么。③

---

① 竺可桢：《天时对于战争之影响》，《竺可桢文集》，第160—162页。
② 郭树贵：《现代军事地理学研究的若干问题》，《地域研究与开发》1990年第1期。
③ ［美］佩尔蒂尔、珀西：《军事地理学概论》，王启昌译，解放军出版社1988年版，第1页。

二人看到了机械化战争战场的多维性和战后国际局势的复杂性，明确提出军事地理学的研究对象必须随之扩展——现代战争概念的发展以及军事利益和责任区域的扩大，使得军事地理学的研究内容也必须扩大，不再仅仅主要研究地形和天候条件，也要研究社会、经济和政治问题。二人通过分析人与军事环境之间的关系，提出了军事地理学的主要任务——当地特定的环境条件（自然环境和社会环境），都会对在该地实施军事行动产生特定的影响，可将不同的环境条件同它们对军事活动产生的不同影响联系起来，也可将这些特征和影响与各个地方联系起来；当地情况对军事影响的程度，主要取决于军事技术水平，军队的特点和编配形式，参战部队的任务和有关地区的地理特征。在此范围内，军事地理学主要研究由地区造成的影响，并力求预测特定地点的特定条件对特定军事行动造成的影响。[1]

　　二人指出军事地理学包含不同层级的内容，如大战略地理学、战略地理学、战术地理学、后勤地理学、民事地理学、地缘政治学等。总之，军事地理学注意研究军事活动的效能和代价，有助于评价支持特定外交活动的可能性，也有助于判断国际事务及各种军事活动。[2]

　　之后，军事地理学日益与现代科技、军事学术和地理科学相互渗透。如为适应世界战略格局的变化和政治、军事斗争需要，对全球、大区域或国家范围进行的军事地理研究，出现了现代地缘政治和超级大国、军事集团的战略地理研究著作；随着核武器、远程武器的发展和对外层空间的探索，军事地理学的研究领域从整个地球扩及外层空间，出现了以研究核战争与地理关系和空间军事地理为主要内容的专门论述；随着航天、遥感和计算机技术的发展，出现了多学科集成的军事地理信息系统，使军事地理学的理论研究和实际应用进入新的发展阶段。[3]

　　军事地形学同样是在近代火药化战争形态发展成熟过程中逐渐成为独立学科的。与军事地理学相比，军事地形学更为直接地受到测绘、制

①　［美］佩尔蒂尔、珀西：《军事地理学概论》，第 153 页。
②　［美］佩尔蒂尔、珀西：《军事地理学概论》，第 154—158 页。
③　《中国军事百科全书·军事环境》，第 474 页。

图等技术进步的影响，越到当代越明显。

由于战争的需要，人们对地形条件的需求越来越多，促使军事地形理论研究的前沿不断更新，从而推动军事地形学的研究领域不断扩大，学科基础理论与应用理论有了较大发展。一战中，交战双方利用飞机进行空中摄影侦察，用航空相片分析敌情和地形，制作敌方阵地图，修测地形图，产生了用航空摄影测量测绘地形图的新方法。二战中，航空摄影测量理论、技术和测量仪器快速发展，提高了测制地形图的速度和质量，使地图更加科学化、规范化，并使利用地图研究地形更加可靠和准确。主要参战国的军队相继建立健全了地形和测绘保障机构，教学和科研队伍逐步壮大，一些军事地形理论专著相继出版。①

二战后，伴随科学技术和军事理论的发展，军事地形学步入新的发展阶段。苏军出版了多种版本的军事地形学著作，根据作战需要把军事地形学的内容概括为：识（图）、用（图）、标（图）、堆（沙盘）、判（读相片）五大项。随着核化生武器和制导武器的出现，增加了对地形的防护、通信、工程构筑等方面的基本作战性能研究。1977 年苏军中将 A. C. 尼古拉耶夫主编的《军事地形学》和 1986 年苏军上将 B. E. 贝佐夫主编的《军事地形学》，把分队以下作战和训练对地表研究、利用和改造纳入其内，使军事地形学的研究更加科学和合理，实践性更强。美军虽然未专设军事地形学，但将军事地形学的内容充实于各种"作战纲要"与"规范"之中。20 世纪 90 年代美军编写的《地形分析》一书，列为美军《野战教程》第 21—23 号，旨在帮助地形分析人员认识并履行自己的职责，阐述地形分析的方法原则。信息化战争对各个领域军事技术的综合应用要求越来越高，军事地形学进步和武器装备的发展，使得研究范围从地面延伸到地下、从水面到水下，从宏观延伸到微观，从单一要素延伸到综合要素，研究内容将更加宽泛。②

整体而言，军事地理学和地形学的产生及其发展，反映了人们对战争形态变迁、军事环境特点的认知水平和利用能力的变化，其核心功能

① 《中国军事百科全书·军事环境》，第 476 页。
② 《中国军事百科全书·军事环境》，第 477 页。

和价值即是为军事行动的顺利开展提供前瞻和保障，属于《孙子兵法》中所言"知彼知己、知天知地"的范畴。同时，无论是军事地理学还是军事地形学，对军事行动给军事环境造成的影响较少涉及，这是由其学科定位决定的。

二　军事或战争生态学

相比地理学而言，生态学（Ecology）是一门新兴的学问，人地关系也是生态学研究的主要内容之一。但是生态学意义下的人地关系里，"地"等同于整个生物圈，人地关系则是人与生物圈之间的复杂互动。美国的芝加哥学派（Chicago School）是这一领域的重要代表，其人类生态学分为城市社会学和资源生态学两个分支，虽视野不同，但都借用了生态学的相关理论和概念。

从生态学视角审视军事活动，是20世纪70年代以来才逐渐出现的趋势。美国学者加里·麦克利斯（Gary E. Machlis）在总结了学界对战争的生态学研究基础上，提出了"战争生态学"（Warfare Ecology）的概念。麦克利斯是美国爱达荷大学（University of Idaho）自然资源学院教授，在2008年发表的《战争生态学》一文中，他从对战争的阶段分析出发，对"战争生态学"进行了界定，并介绍了相关的实证研究及其观点。

麦克利斯将战争分为战争准备、战时和战后三个阶段，三个阶段不是截然分开的，许多时候存在着叠加。他指出战争的"每阶段都有一些关键要素，既影响着战争结果，又塑造着生态影响"，并通过图表（如表1-2）的形式加以说明。

表1-2　　　　　　　　　　战争的阶段

关键要素	战争阶段		
	战争准备	战时	战后
平民	宣传，预警，民兵训练	定量配给，难民，伤亡，房屋毁坏，失业	迁居，疾病，医疗，死亡率，民族运动
军队	征兵，训练，运输，调动	作战，伤亡，战俘，医疗	复原，占领，疾病，医疗

续表

关键要素	战争阶段		
	战争准备	战时	战后
物资	研发，实验，战略原料，制造，存储	轻重武器，燃料弹药供给	未爆弹药，武器处理，清除，工厂转产
基建	计划，原料供应，建设，保存，国土安全	港口，补给站，基地，营房，医院，道路，人为开阔地	重建与恢复，废弃，关闭基地，经济恢复
政府	政策，战略，防御条约，经济制裁	政策，国内控制，结盟	条约，领土交换，赔偿战争罪行审判
外交	谍报，结盟，磋商，制裁，维和	谍报，结盟与联合，谈判，投降，停战	战俘交换，占领条约，经济援助条约

引自 Gary E. Machlis, "Warfare Ecology", *Bioscience*, Vol. 58, No. 8, 2008.

麦克利斯将前人对战争各阶段的实证研究分为三种尺度（scale），即景观尺度、区域尺度和全球尺度。在这些研究中，既有对战争污染等负面影响的审视，也有对非军事区、基地、营房等客观上为当地带来的生物多样性的研究。

在认识论上，麦克利斯认为尽管在和平时期军事活动每年都占用1500万平方千米土地、消耗6%的原材料、占到全球碳排放量的1/10，但各学科对战争的环境审视仍然是粗浅和割裂的，"军事史家通常只将环境视为影响军事战略、战术和结果的独立变量，生态学者将注意力集中在特定军事活动的环境后果上（如核试验、日常训练、战场的污染和战后难民潮等），政治学者提出在石油、水、农田等方面的资源矛盾日益成为当代战争的一大动因，军事计划制定者则关注气候变化，并将其视为影响国家安全的威胁倍增器。"[①]

因此，他提出在已有的、对战争不同阶段和不同尺度的生态学审视基础上，需要进一步打破学科界限，进行综合性的理论与个案研究，并

---

① Gary E. Machlis, "Warfare Ecology", *Bioscience*, Vol. 58, No. 8, 2008.

列举了主要的研究内容（如表 1 - 3）。

表 1 - 3 　　　　　　与战争生态学有关的生态影响举例

研究尺度	战争阶段		
	战争准备	战时	战后
景观	弹坑，土壤板结，土壤侵蚀，未爆弹药，异质扰动，污染物积累，生境与生物多样性保护	弹坑，土壤板结，土壤侵蚀，武器部署带来的污染，农作物和耕地的破坏，生境破坏，生物多样性下降，战术性倾泻石油、砍伐森林，野生动物的迁徙，人类死亡率增加，营养不良，疾病，增加的偷猎和砍伐森林	对土地利用和生活方式的长久改变，弹药、地雷和贫铀的持久污染以及健康风险，长期的地下水污染，缓冲地带的生物多样性，"铸剑为犁"的转换，清除战场、训练场以及战术破坏带来的损害
区域	植物、动物、土壤、水中的放射性核素，人类健康影响	对钻石、矿产、木材、野生动植物的掠夺，对社会经济基础设施的干扰和破坏，商业活动减少，使得鱼类和野生动物的种群增加，沙尘暴，落叶剂毁坏森林	武器部署带来的长期健康问题，退化的生态系统，大规模区域污染，在有争议的边界和缓冲区创作的"和平公园"
全球	对树木年轮、冰芯、海洋沉积物的研究，碳排放	对自然资源的更多需求，"核冬天"，生物武器遗患，碳排放	将地理信息系统、遥感、卫星图像等军事技术转民用

引自 Gary E. Machlis, "Warfare Ecology", *Bioscience*, Vol. 58, No. 8, 2008.

另一位值得关注的是英国学者伊恩·西蒙斯（Ian Simmons）。西蒙斯是英国杜伦大学（Durham University）地理学系荣休教授，早年在伦敦大学学院（University College London）获得地理学学士和哲学博士学位（方向为林地生态学），之后又在杜伦大学获得了文学博士学位。在学术生涯的早期，西蒙斯运用历史地理学、生物地理学和生态学理论与方法，对人地关系问题进行了卓有成效的跨学科研究，并在 20 世纪 90 年代以后转向了环境史研究。

从 20 世纪 80 年代起，西蒙斯开始关注现代战争的环境影响，尽管没有出版专门的著述，但在其大多数环境史著述中都有战争或军事活动的内容。特别是在专著《环境史概说》中，西蒙斯分别论述了前工业时代的战争和工业化时代的战争对生态环境的影响，并揭示了战争与环境间张力不断增强的趋势。

西蒙斯评价前工业时代的战争时认为，尽管前工业时代的战争有时具有很大的破坏性，但通常也只能对生态环境产生短暂的影响，并很快湮没在历史的长河中："希腊和苏格兰的森林都曾被点燃，以防止它们掩护敌军；罗马在击败迦太基之后，给土地撒上了盐、井里也投了毒；据公元 2 世纪的希腊历史学家记载，大批条顿战俘在意大利的马萨被杀，那里的农业在随后几年里都获得了大丰收……尽管战争是破坏性的，但其主要痕迹却只能在原来提供武器和盔甲的炼铁场、鼓风炉那里找到，也许还可以在战死将士的冤魂那里找到。"①

相比之下，工业化战争的能量流动异常之大，对生态环境的影响也远远超过了前工业时代的战争。在讲述一战期间的堑壕战时，西蒙斯没有像历史学家那样谨慎地分析各方伤亡数字的真伪，探讨战略战术的成败或总结工业化战争的后勤供给特点；没有像哲学家那样分析战争对文明的蹂躏、反思战争对生命的摧残或追溯战争的根源；也没有像作家或是媒体人那样，进行血淋淋的文字描述或是直观、夸张的影像再现。

西蒙斯选取的角度很特别，但对他而言又很自然——他从能量流动的角度，向人们生动展示了工业化战争机器的强大和残暴："堑壕战的前沿阵地是高能生态系统，物质和能量快速地转化为噪音和热量。战场景观变成了充满泥塘的沼泽地带——这种变化对人、马、跳蚤和老鼠来说没有太多不同。看上去可以从战争之中受益的，是传播疟疾的蚊子和大快朵颐的老虎：前者可以在泥塘中繁殖；后者可以噬咬死者的尸骨。"②

西蒙斯对战争与环境之关系的关注，一直持续至今。他在与笔者的通信中进一步评价了这一研究的价值："在任何文明和历史时期，人类

---

① I. G. Simmons, *Environmental History：A Concise Introduction*, Oxford：Blackwell, 1993.
② I. G. Simmons, *Environmental History：A Concise Introduction*, pp. 45 – 46.

族群间的战争似乎已成为固有的行为特征。同样，在'以战止战'的宣言之后，战争又会再次爆发。战争有时是族群内的'内战'，有时是族群间的'国际战争'，而且总有个文雅的英文单词存在——'附带毁伤'（collateral damage）。在这种语境下，我们通常只考虑儿童等非战斗人员，而事实上越来越需要考虑非人类的内容了：植物、动物、土壤、水和战前准备、战时使用、战后清理的各种资源。换句话说，环境对于战争而言就像件织物，既很精密又易破损。"

西蒙斯认为可以从三个方面审视战争：首先是为了环境的战争（War for environment），即为了保护有资源的地区或为了争夺物资进行的战争。现代史上一个明显的例子，就是纳粹德国在1939—1942年间驱赶德国和波兰边界东部大草原的斯拉夫人，以安置有"正确"种族特征的德意志人口。同样，德军进军罗马尼亚、日军进攻印度尼西亚，都是为了石油。建立海军的国家希望能够控制海洋环境，确保有重要价值的货物能够安全运输。英国的海上霸权是必要的，一战期间需要它给岛内运送燃料和食物，二战期间需要它在大西洋上护航。在这之前，控制运送军队的航道对维持一个帝国来说是必要的，因为这样可以给宗主国运送大量的物质资源。当然，也需正视在埃塞俄比亚、墨西哥等生物多样性热点地区发生的遗传物质分布的"战争"。

其次是环境之中的战争（War in environment），即战争地点的选择和战争后果。他认为前工业社会对环境的影响比工业社会小，但同样不容忽视。从事渔猎采集的人类先民几乎都以火为工具整饬景观；一些人还发现火很适合用作武器——除去烧毁房屋和整个村镇，还有烧毁森林、逼出藏匿于其中的士兵的例子。这显然会直接造成森林资源和野生动物的损失，但并不是长期的影响。

火药及相关武器的发展，关系到工业化战争及其后果。中国人发明了黑色火药，并且在传入欧洲之前曾多次使用它进行作战。公元1450年后，欧洲轻重武器得到了极大发展。但在工厂能够大量生产标准化的枪炮之前，它的影响是有限的。19世纪后，工业国家控制了大量人口，还有铁路等快速投送工具的支撑，陆军的作战开始给战场环境带来沉重的影响。

美国内战中，陆军毁坏阻其道路的森林，联邦军摧毁了南部农业所需的生态环境。这只是后来更大生态破坏的前兆。一战西线战场，双方用密集的弹幕相互轰击，留下的景观里，用肉眼能看到的活物只剩下了跳蚤和老鼠。尽管弹坑和战壕可以被填平，但从空中仍然可以看到其在土壤中留下的线条，同时未爆弹药也与士兵的尸体一同留在战场。

两场世界大战造成了全球性的影响。出于不同的目的，各大陆和太平洋岛屿上的树木被大量砍伐，有的是为了供应木材，有的是为了建造军事设施，有的是为了避免资敌。1941—1945年，日本15%的森林被砍伐，其中一些用来试验制造石油的替代品。

这种战争最根本的生态是单位区域所能提供的能量，二战中这更加突出，尽管在这场机械化战争中仍大量使用了马科动物：德军1941—1945年的伤亡数包含大概700万匹马；在缅甸，抵挡日军的盟军非常依赖骡子运送给养。同时，铁路和卡车以前所未有的效率运送兵员和武器，飞机也大量装载炸弹，其大多数目标是城市和工厂，还使一些林地和草地变成了机场，太平洋西部的蒂尼安岛（Island of Tinian）在1945年时被分割成了两处大型基地，向广岛（1945年8月6日）和长崎（1945年8月9日）投掷核弹的飞机就是从那里出发的。

核能的新特点在于残留的辐射性。其对暴露人群的影响已经人所共知，但还有更多的事实需要了解：1946—1958年，美国曾在西太平洋的马绍尔群岛试验了66种武器。朗格拉普环礁（atoll of Rongelap）1954年时曾一度撤出居民，1957年时宣布安全并解禁，但居民患上了多种与放射危害相关的病症。1985年，绿色和平组织帮助居民再次撤离。美国政府1996年签署了一项重新安置协议，为居民除去了环礁的表层土。2002年起，一些居民小心翼翼地迁回环礁。由于长期无人活动、礁石保持完好，生态旅行成了环礁的经济支柱。北半球冻土地带也有类似的情况：原子尘聚集到那里生长缓慢的苔藓和地衣中，锶、铯等同位素转移到驯鹿等食草类动物体内，后者正是北美因纽特人和北欧萨阿米人的基本食物。同位素沉积于骨骼中，食用骨髓又是男性家长的特权，于是这些人更容易患上腺体癌和其他相关病症。

最后是战争及潜在的战争对全球环境思想的影响（War and global environmental thought）。种种战争方式都将荼毒人类及其环境，这促使人们努力签订一些国际公约以限制损害。《禁止为军事或任何其他敌对目的使用改变环境的技术的公约》（Convention on the Prohibition of Military or any other Hostile Use of Environmental Modification Techniques）于 1978 年生效，是战争期间保护环境的公约。人们在该公约的草案中加入了《日内瓦公约》的相关精神，直接禁止在战争期间改变、破坏环境的行为。国际人道主义的一些原则也禁止这样做，尽管没有专门的阐述，但体现了在敌对行为方面的习惯原则，如区分原则——区分战斗人员和非战斗人员、军事目标和民用目标等；如适度原则——限制武力使用，禁止使用会造成大规模伤亡的武器和手段。条约还禁止改变气象条件和大气状况，如试图驾驭台风。

人类驱动的气候变暖可能将增加大规模战争的可能性，特别是当全球人口翻一倍以后。当前气候导致的资源之争有很多，如苏丹的达尔富尔问题，加纳的水土资源问题等。海平面上升威胁着很多大城市，一些地方持续干旱、另一些地方暴发洪水，有可能导致水资源上的矛盾和大规模人口迁徙。

不难看出，麦克利斯和西蒙斯对战争与环境之关系的研究，与历史学家的研究风格迥异。生态学的视角与方法，决定了注重生态系统整体、强调能量流动的特点，同时也使人和人类社会只作为一个整体存在于其著述中。不过即便如此，二人著述所运用的生态学理论、跨学科方法，对历史学家的启发意义也是不容忽视的。

三　新军事史或社会史

新军事史是战后出现的一种史学思潮，其研究目的、中心议题以及研究视野均与传统军事史有所区别，反映着社会史的基本诉求。新军事史不以单纯研究战史、为军事指挥官提供借鉴为目的，也不再以向读者介绍历史上的重要战争、杰出将领为目的，因而中心议题不再是军队、武器、战术等军事内容，其视野更跨越了狭隘的军事史领域，着重审视的是军事与社会、经济、政治、文化等因素之间的复杂互动关系。

新军事史率先兴起于 20 世纪 50 年代的英国，代表人物是历史学家迈克尔·罗伯茨（Michael Roberts）。1955 年 1 月，罗伯茨在其学术报告《1560—1660 年的军事变革》中阐述了一个新颖的观点，即 16 世纪末出现的齐射战术改变了步兵的战斗队形，这一变化引起了陆军训练、兵制等方面的连锁反应，其所引起的军事变革对欧洲各国的经济、政治和文化产生了广泛和深远的影响。[①] 罗伯茨并未给自己的这一研究命名为"新军事史"，但其在欧美史学界引起了广泛的关注和讨论。这既与罗伯茨率先以军事变革作为切入点、探讨军事与社会要素的互动关系有关，也与当时的欧美军事史学界面临困境、寻求新的增长点有关。1954 年时，美国 493 所高校中至多只有 37 所向本科生开设一到两门军事史，这些课程大多不是常设课，在有研究生课程的学校则更少。[②]

20 世纪 80 年代，英国学者约翰·黑尔（John R. Hale）、马修·安德森（Mathew. S. Anderson），美国学者威廉·麦克尼尔（William H. McNeill）、杰弗里·帕克（Geoffrey Parker）等都出版了很有影响力的新军事史著述，成为这一领域的中坚力量。[③]

其中，威廉·麦克尼尔的代表作《竞逐富强》作为其《瘟疫与人》的姊妹篇，堪称新军事史的佳作。威廉·麦克尼尔用了将近 20 年时间完成了这部并不算厚的专著，但其中所含的信息之充实、视野之开阔、思

---

① Michael Roberts, "The Military Revolution, 1560 – 1660", in Clifford J. Rogers, *The Military Revolution Debate: Readings in the Military Transformation of Early Modern Europe*, Boulder: Westview Press, 1995.

② Louis Morton, "The Historian and the Study of War", *The Mississippi Valley Historical Review*, Vol. 48, No. 1, 1962.

③ John R. Hale, *War and Society in Renaissance Europe, 1450 – 1620*, Baltimore: The Johns Hopkins University Press, 1986; M. S. Anderson, *War and Society in Europe of the Old Regime 1618 – 1789*, New York: St. Martin's Press Inc., 1988; William H. McNeill, *The Pursuit of Power: Technology, Armed Forces, and Society since A. D. 1000*, Chicago: University of Chicago Press, 1982; Geoffrey Parker, *The Military Revolution: Military Innovation and The Rise of the West, 1500 – 1800*, New York: Cambridge University Press, 1988.

想之深邃，给人以深刻的印象。威廉·麦克尼尔在书中着重探讨了公元1000 年以来，欧洲的技术、武装力量与社会之间复杂的互动关系。从他的分析来看，正是分裂动荡的欧洲使得各国承受着高度的军事和政治压力，在这些压力的刺激下，欧洲的技术变革速度加快，相关成果被积极地投入军事工业，从而又刺激了经济的成长和资源的有效流动，社会和军队的组织管理能力也得到了增强。最终，这种"战争的商业化和工业化"使西方得以崛起，但同时也带来了世界大战。战后出现了更大规模的军备竞赛，以至于武力、军事技术和人类社会整体能否继续共存都成了问题。

在新军事史的发展过程中，一些已经在传统军事史领域取得了学术声望的学者也将目光投向新军事史——美国史家彼得·帕雷特（Peter Paret）就是典型的例子。在 20 世纪 60 年代、正当"新军事史"风起云涌之时，帕雷特刚从伦敦大学获得博士学位回到美国，在普林斯顿大学做助教。在其后的十几年间，帕雷特成为德国军事史领域的专家，其最令人称道的是对克劳塞维茨的研究。70 年代初，帕雷特开始主持普林斯顿大学的"克劳塞维茨工程"，关于克劳塞维茨的传记——《克劳塞维茨与国家》[1] 1976 年由牛津大学出版社出版（1985、2007 年，普林斯顿大学出版社出版了修订版），帕雷特同年与导师、英国军事史家迈克尔·霍华德（Michael Howard）一起将克劳塞维茨的《战争论》翻译成了英文，被学界认为是最好的英译本。

进入 20 世纪 80 年代，帕雷特的兴趣转到了艺术与同时代意识形态和社会状况之间的关系上，对政治、社会思潮与战争之间的互动也有所涉及。他先后出版了《想象的战斗：战争在欧洲艺术上的反映》和《德国与现代主义的邂逅：1840—1945》,[2] 着重审视了欧洲绘画与战争等诸多社会因素间的关系，并对比了德国与其他国家战争宣传海报的绘画风

---

①　Peter Paret, *Clausewitz and the State*, New York：Oxford University Press, 1976.

②　Peter Paret, *Imagined Battles：Reflections of War in European Art*, Chapel Hill：University of North Carolina Press, 1997；*German Encounters with Modernism*, *1840 – 1945*, New York：Cambridge University Press, 2001.

格，指出旗帜、拳头、丑化的敌人等都是战争宣传海报共有的元素，甚至超越了社会制度与意识形态的差别。因此，帕雷特非常罕见地成为在"旧军事史"和"新军事史"领域都有其学术影响力的学者。

20 世纪末、21 世纪初，新军事史著述的研究对象有了进一步的增加，特别是与战争中的特殊群体和弱势群体相关的著述不断涌现，研究对象涉及妇女、儿童和战俘等，与传统的军事史和最初的新军事史相比，出现了社会史转向。关于妇女，简·麦克德尔米特（Jane McDermid）著有《革命的助产士：1917 年的女布尔什维克与女工人》，劳里·斯托夫（Laurie Stoff）著有《她们为祖国而战：一战及革命时期的俄国女兵》；关于儿童，詹姆斯·艾伦·马腾（James Alan Marten）主编有《儿童与战争历史文选》；关于战俘，比尔·亨顿（Bill Hendon）著有《巨大的罪过：被抛弃在东南亚的美军战俘》，卡尔·海克（Karl Hack）和凯文·布莱克本（Kevin Blackburn）主编有《亚洲日占区被遗忘的战俘》。①

综上所述，与传统的军事史研究相比，"新军事史"一方面拥有更为开阔的视野，另一方面也具有了更为明显的自下而上的新史学特点和草根属性。如果说环境在传统军事史叙事中是将领们需要考虑的重要问题，是可以倚仗或必须加以改变和征服的对象，那么在新军事史中环境成为叙事背景，正如官兵所处的战场环境那样，成为其战争经历的一部分，同时也塑造着他们的战争记忆。在研究老兵经历及其战争记忆的过程中，新军事史尽管并未将环境作为研究对象，但是新军事史研究者搜集整理的老兵日记、家书、士兵出版物等形式多样的一手史料，为我们提供了大量有关战场环境与官兵经历的信息，使从人地关系审视社会关

---

① Jane McDermid, *Midwives of the Revolution*: *Female Bolsheviks and Women Workers in 1917*, London: UCL Press, 1999; Laurie Stoff, *They Fought for the Motherland*: *Russia's Women Soldiers in World War I and the Revolution*, Lawrence: University Press of Kansas, 2006; James Alan Marten ed., *Children and War*: *A Historical Anthology*, New York: New York University Press, 2002; Bill Hendon, *An Enormous Crime*: *The Definitive Account of American POWs Abandoned in Southeast Asia*, New York: Thomas Dunne Books, 2007; Karl Hack and Kevin Blackburn, eds., *Forgotten Captives in Japanese Occupied Asia*, New York: Routledge, 2008.

系成为必要和可能（详见本书第三章第二节）。

四　环保议题与环境史

第二次世界大战的结束，同时也开启了核时代。人们对核试验、核事故与核战争危害的关注、担忧和恐惧等情绪弥漫于冷战时期，加之 20 世纪 60 年代环保运动与民权运动兴起，人们愈发关注生存环境的安全。1987 年，以挪威首相布伦特兰夫人为主席的联合国"世界环境与发展委员会"发表了题为《我们共同的未来》（*Our Common Future*）的报告，在"共同的问题""共同的挑战"和"共同的努力"中系统探讨了人类面临的一系列重大经济、社会和环境问题，提出了"可持续发展"的概念。学者、媒体、非政府组织等日益关注武装冲突及其生态后果，代表性议题先后有两个：一个是美国在越南战争中使用的橙剂及其遗患问题，另一个是 1991 年海湾战争的生态灾难。从代表人物来看，自然科学家和社会活动家在这方面发出了先声。

环境史自 20 世纪 60 年代诞生之日起，其主要研究议题就是工农业生产、城乡生活中的人与环境的互动关系。战争作为极端的社会历史现象，不仅是人类社会内部的激烈冲突，也因为规模、武器与模式等原因，使人类社会与环境之间的张力在不断增大。随着环境史研究深入发展，一些史家开始思考从环境史角度研究军事史的必要性。2003 年，美国环境史家约翰·麦克尼尔著文指出，在美国环境史学的任何一个发展时期，都没有人注意到 1941 年以来军事对美国人生活的突出作用，也没有人认识到军事对美国环境的重大塑造作用。美国环境史家的这一疏忽，也发生在其他国家的同行身上，对他们而言，社会的军事维度也是禁区。[1]其后，包括战争在内的军事活动逐渐被纳入环境史研究视野。

（一）环保议题

从 20 世纪 60 年代到 80 年代，人们对于越南战争期间橙剂的使用、受害对象的划分以及受害程度的认识，经历了较长时间的发展变化。

---

① J. R. McNeill，"Observations on the Nature and Culture of Environmental History"，*History & Theory*，Vol. 42，No. 3，2003.

1964 年 8 月和 11 月，美国《生物科学》杂志先后刊载了两篇通讯，代表了科学家最初对"牧场工行动"的两种态度。霍华德大学植物学讲师 H. 戴维·哈蒙（H. David Hammon）和尤金·C. 博韦（Eugene C. Bovee）对美军在越南的战争手段感到震惊，认为用凝固汽油弹、除草剂、落叶剂和各种各样的毒药破坏庄稼、森林、野生动物和人类，简直是要把整个国家变成荒漠……这和纳粹毒气室一样糟糕，必须停止！① 几个月后，供职于兰德公司的斯图亚特·N. 布鲁门菲尔德（Stewart N. Blumenfeld）以个人名义回复哈蒙，称其"荒漠"论是荒谬的，将落叶剂与毒气室等同起来是种"奇怪的价值观"——美军的任何破坏行动都是为了减少伏击、增大游击队的后勤困难，且影响范围非常小。② 后者代表了当时的主流观点，即落叶剂只破坏植物，且范围有限。由于人员受到的影响尚未显现，前者的担忧被认为是非理性的、濒临歇斯底里的情绪。

1967 年，哥伦比亚大学的亚历山大·阿兰博士（Dr. Alexander Alland）提出，美国改变了越南的环境，要为潜在的后果承担很大责任。不过他的关注点是落叶剂和凝固燃烧弹毁坏森林、增加了野生鼠与家鼠的接触，担忧由此会加剧疫病问题。③

1970 年，戈登·奥里恩斯（Gordon H. Orians）和 E. W. 法伊弗（E. W. Pfeiffer）著文探讨了越南战争的生态后果，其主要关注点是各种树木和庄稼的受损面积、程度和方位，动物受到的毒害也有研究，但因材料受限并不深入。文章谈及人员的伤害，但仅限于落叶剂带来的心理问题。④

从 20 世纪 70 年代开始，随着越南军民和美韩老兵陆续出现健康问

---

① H. David Hammon, Eugene C. Bovee, "Botanist Protests", *BioScience*, Vol. 14, No. 8, 1964.

② Stewart N. Blumenfeld, "U. S. Activities in Viet Nam", *BioScience*, Vol. 14, No. 11, 1964.

③ Society for Science & the Public, "Science, Ecology and War: Defoliation Escalates Scientists' Public Concern over Environment", *Science News*, Vol. 92, No. 22, 1967.

④ Gordon H. Orians and E. W. Pfeiffer, "Ecological Effects of the War in Vietnam", *Science*, New Series, Vol. 168, No. 3931, 1970.

题、特别是后代先天缺陷的几率飙升，科学界对落叶剂的生态危害研究终于加入了人的维度，① 阿瑟·H.韦斯汀（Arthur H. Westing）是最突出的代表。韦斯汀于耶鲁大学获得林地生态学博士学位，五六十年代在普渡大学、温德姆学院等高校讲授林学和植物学，七八十年代在汉普郡学院任生态学教授，期间受斯德哥尔摩国际和平研究所以及奥斯陆和平研究所之邀任高级研究员。其对越南战争期间落叶剂问题的研究，影响着和平学研究和环境研究的青年学者，也对美国国内的反战运动有深刻影响，被称为"研究战争对环境影响的先驱"（pioneer on the environmental impact of war）② 以及"现代持续关注战争对环境之影响的奠基人"（father of the modern, continuous interest in the environmental effects of war）。不过包括其代表作《越南战争的生态后果》和《战争中的除草剂：生态和人类所受的长期影响》③ 在内，许多写得像新闻报道，缺少原始材料的出处，但即便如此仍值得尊敬。④

1983年1月13—19日，来自多个国家的学者参加了在越南胡志明市召开的"与战争有关的除草剂、落叶剂的国际讨论会"，其中一个议题就是"给人类和自然带来的长期影响"，汇集了当时的代表性成果。

关于1991年海湾战争的生态灾难，科学家在战后初期主要的关注点是石油引发的海洋污染和大气污染（详见本书第四章第一节）。此后，美制贫铀武器在海湾战争、波黑战争、科索沃战争和伊拉克战争中的使用是否造成了辐射污染，以及贫铀武器是否致病、影响程度如何，又成为典型的环保议题，而且与石油污染不同的是，欧洲影响力较大的反对贫铀武器组织有拉卡基金会（Laka Foundation）和国际黄十字

---

① 详细的进展参见吕桂霞《牧场工行动——美国在越战中的落叶剂使用研究（1961—1971）》，前言，中国社会科学出版社2011年版，前言第4—7页。

② Arthur H. Westing, *Pioneer in the Environmental Impact of War*, New York: Springer, 2013, preface.

③ Arthur H. Westing, *Ecological Consequences of the Second Indochina War*, Stockholm: Almqvist & Wiksell, 1976; *Herbicides in War: The Long–Term Ecological and Human Consequences*, London and Philadelphia, Taylor & Francis, 1984.

④ Jurgen Brauer, *War and Nature: The Environmental Consequences of War in a Globalized World*, Lanham: AltaMira Press, 2009.

（International Yellow Cross），在美国国内则有 40 多个反对贫铀武器组织，其中最具代表性的是国际行动中心（International Action Center，IAC），该组织于 20 世纪 90 年代频繁召开集会、组织游行，要求美国政府公布真相，并且出版有论集《不光彩的金属：贫铀武器戕害军民实录》。[①] 但由于基本立场、研究对象和研究方法等方面的差异，目前对贫铀武器的危害研究存在较多论争，研究有待进一步深入（详见本书第四章第二节）。

（二）环境史

2004 年，理查德·P. 塔克（R. P. Tucker）和埃德蒙·P. 拉塞尔（E. P. Russell）合编的论集——《作为敌人和盟友的自然：战争环境史论》，首次提出了"战争环境史"概念。[②]

塔克毕业于哈佛大学，历史学博士，曾任美国密歇根州立大学自然资源与环境学院（后更名为环境与可持续发展学院）教授。塔克在美国高校较早地开设了《世界环境史》课程，侧重点在于资源消耗与污染积累的全球化潮流，同时也最早开设了《战争与环境》课程探讨战争的环境影响。20 世纪 90 年代，塔克主要关注的是印度殖民地的森林史，其后关注热带雨林的植被退化问题，代表作是《贪得无厌：美国与热带世界的生态退化》。[③] 新世纪初，塔克开始思考战争与环境的关系，并且将此作为其退休前后的研究主题，除《作为敌人和盟友的自然：战争环境史论》之外，还主编了三部有影响力的论集（详见本书第二章）。

拉塞尔毕业于美国密歇根州立大学，曾执教于弗吉尼亚大学和堪萨斯大学，现为卡耐基梅隆大学历史系教授，主要研究领域为战争环境史、科技史、美国环境政策史等，其著述集中研究了战争与环境变化之间的历史联系。拉塞尔的代表作《战争与自然：化学战与杀虫剂——从一战

---

① John Catalinotto, Sara Flounders, eds., *Metal of Dishonor – Depleted Uranium*：*How the Pentagon Radiates Soldiers & Civilians with DU Weapons*，2nd edition，New York：IAC, 2005.

② R. P. Tucker and E. P. Russell, eds., *Natural Enemy*，*Natural Ally*：*Toward an Environmental History of Warfare*，Corvallis：Oregon State University Press, 2004.

③ R. P. Tucker, *Insatiable Appetite*：*The United States and the Ecological Degradation of the Tropical World*，Berkeley：California University Press, 2000.

到寂静的春天》① 源于其博士学位论文，探讨了从第一次世界大战到蕾切尔·卡森出版《寂静的春天》期间，化学战和害虫控制之间的复杂关系。他指出，学者们过于简单地将战争与控制自然视为毫无联系的活动，同时断言化学武器和杀虫剂在 20 世纪的军事斗争、技术与工业的交叉点存在着"共同进化"。相同的技术、运输系统和机构——即我们所知的军工复合体——被用来消灭昆虫和敌人，在第二次世界大战之前、期间和之后都是如此。而且，对化学药剂的依赖有时会产生意想不到的后果。例如，美军在越南喷洒滴滴涕控制疟疾，也说服了当地居民。但是这一努力适得其反，除了杀死蚊虫之外，杀虫剂还杀死很多有助于避免农作物被鼠类毁坏的猫。②

两人在《作为敌人和盟友的自然：战争环境史论》的序言中写道："尽管军事史家早把自然、特别是地形和天气视为战略或战术障碍物，但却很少思考战争对它们的影响；尽管战争在科技发展史中愈发醒目，但战争的思想及其工具对自然的影响却还只是轮廓；尽管文明史家从很多方面阐述了战争如何塑造国内社会关系，但又很少将其研究延伸到人与自然的关系上。"③ 在此，他们明确指出了原有军事史研究的不足，以及从人与自然关系角度重新诠释战争的意义。

塔克在《战争对自然世界的影响——历史回顾》一文中，进一步指出了这一研究的任务、价值和面临的困难。他将"全面审视人与自然的复杂互动"作为战争环境史的中心任务，认为"这种新的史学尝试，或许可以帮助建立一个当代主要社会议题的语境"。同时指出，这种研究尚处初级阶段，研究客体的复杂性使得研究者面临着许多困难，并受到许多困扰：要理解战争及其导致的自然世界的变化，需要考察其与人类历史主要趋势之间的系统联系，如人口波动、人畜共患的流行病等。这

---

① E. P. Russell, *War and Nature：Fighting Humans and Insects with Chemicals from World War I to Silent Spring*, New York：Cambridge University Press, 2001.

② 拉塞尔其后曾担任美国环境史学会主席，并在两部著作中进一步阐发了"共同进化"的思想，参见 Edmund Russell, *Evolutionary History：Uniting History and Biology to Understand Life on Earth*, New York：Cambridge University Press, 2011；Edmund Russell, *Greyhound Nation：A Coevolutionary History of England*, *1200 - 1900*, New York：Cambridge University Press, 2018.

③ R. P. Tucker and E. P. Russell, eds., *Natural Enemy*, *Natural Ally：Toward an Environmental History of Warfare*, intro.

样就产生了诸多反命题——某些情况下战争事实上减轻了人对自然的压力，使一些物种得到暂时的恢复与繁荣；政府在战后往往会加大对资源的保护和管理力度；战争对环境的影响会因生态系统的不同而有差异。①

这部论集的探讨主题包括印度莫卧儿王朝战争与耕作模式的关系，美国内战葛底斯堡战役中的有机环境，一战期间与战后的全球森林砍伐，二战对芬兰能源利用的影响，以及二战中的日本环境史等等。这部论集表明，现代战争极大加速了地球生态系统的破坏，人们需要从历史的角度全面评估战争对不同生态系统造成的影响，而且这种研究不应只谈战争本身，还需要审视冲突各方的工农业生产。

在2012年出版的《全球环境史研究手册》一书中，塔克对战争与环境的关系进行了更为深入地思考。他指出：关于战争和大规模暴力冲突的环境史，在过去十年里已经成为环境史学的一个维度。虽然这是一个新的综合学科，但它吸收了许多为人熟知的学科：从国家组织、社会结构和经济的历史，到军事史、人口史和疾病史，以及历史地理学。军事史家通常会写地形和天气对于策划和发动作战行动的重要性，此外他们还常常探查军事决策者们如何费力地用自然资源实现自身的战略意图等。但他们几乎只是对人类发挥的作用感兴趣；他们将自然视为大规模暴力活动的背景，而非结果。与此相反，环境史学家常常探讨构成战争史的元素，例如军事设施的地点。但直到最近，他们的研究重心也很少放在影响大规模暴力冲突的各种力量上，以及军事组织与国家、社会、经济和生态的关系上。②

通过对狩猎采集和定居农耕文明、国家体制下的城市文明、中世纪及近代早期的欧洲、现代早期的全球性帝国、工业时代的战争、第一次世界大战、第二次世界大战和20世纪后期的战争特点的梳理，塔克分析了不同时期、不同文明阶段战争与环境的关系，并从全球环境史的长远视角给予了总结：战争和战备在一个社会、国家、经济体中是中心要素。

① R. P. Tucker, "The Impact of Warfare on the Environment", in R. P. Tucker and E. P. Russell, eds., *Natural Enemy*, *Natural Ally*: *Toward an Environmental History of Warfare*.

② R. P. Tucker, "War and the Environment", in J. R. McNeill and Erin Stewart Mauldin eds., *A Companion to Global Environmental History*.

在工业时代，技术和社会制度的快速推进给人类带来许多益处。但是这些福利需要付出巨大的代价，并且这种代价呈现出不断扩大的趋势。这一研究领域的框架尽管正在形成，但是对世界历史上战争的生态后果的审视，仍有待进一步全面和深入。①

尽管塔克从未明确使用"军事环境史"的概念，而且直到 2020 年主编的最新论集仍以"战争环境史"命名②，但其上文关于"战争和战备在一个社会、国家、经济体中是中心要素"的表述，在时段和内容上已经超出了战争本身的范围。总体而言，"战争环境史"的概念稍显狭隘，容易使人们将关注点集中在战争对环境的影响上，一方面缺乏对于二者之间相互影响的考察，另一方面也很容易忽视在和平时期国防战略制定、武装部队建设、武器装备研发以及军事训练等活动中体现出的人与环境的互动关系。

塔克曾经总结过战争环境史的诸多困难，其中对历史学者最为主要的一个方面或许恰恰在于"群体性暴力是贯穿于人类历史的典型行为方式，因而将其造成的环境影响同日常生产生活造成的环境影响区分开是很困难的"③。时间节点的不清晰，是对历史研究的极大障碍。也正是因为战争只是军事活动的一个阶段，对其与环境之关系的独立审视难以进行，"战争环境史"走向更为广义的"军事环境史"，成为一种客观的需求。从学科建设的角度来看，以"军事"替代"战争"也可以避免歧义，更为准确地向学术共同体展现这一研究的视域。

第三节　军事环境史理论架构初探

讨论军事环境史的理论与方法，提出军事环境史的理论架构，是本

---

①　R. P. Tucker, "War and the Environment", in J. R. McNeill and Erin Stewart Mauldin eds., *A Companion to Global Environmental History*.

②　Thomas Robertson, Richard P. Tucker, Nicholas B. Breyfogle, Peter Mansoor, eds., *Nature at War: American Environments and Wald War Ⅱ*, Cambridge: Cambridge University Press, 2020.

③　R. P. Tucker, "The Impact of Warfare on the Environment", in R. P. Tucker and E. P. Russell, eds., *Natural Enemy, Natural Ally: Toward an Environmental History of Warfare*.

书最重要的写作目的之一。本节将提出并回答三个问题——何为军事环境史？（界定其内涵与外延）；军事环境史有何价值？（明确其研究意义）；如何研究军事环境史？（探讨其研究方法）。

一　军事环境史的内涵外延

何为军事环境史？回答这个问题，首先要明确其研究客体是什么。环境史的研究主题大体可分为三类：一是环境因素对人类历史的影响；二是人类社会变化与环境变化之间的互动关系及其互动方式；三是人类环境思想史，主要涉及自然观如何塑造了人们影响环境的行为。军事环境史作为环境史的一个分支，其内涵与外延同样可以用上述界定与分类加以明确。

（一）军事环境史的内涵

军事环境史，是聚焦于军事而对人与环境间互动关系历史的研究。军事与环境的关系，从纵向来看是张力不断增大的历史，从横向来看则是不断趋于复杂的历史。之所以这样说，是因为军事与环境的关系是人与环境间互动关系的一个方面，既体现着这一互动关系的共性，又有自己的特性。其共性在于，人从对环境的恐惧和臣服，逐步走向对环境的适应和改变，在有了可以从根本上摧毁环境的能力的同时，又始终超脱不了环境的影响和反作用；其特性在于，自然环境和社会环境对军事的影响是全方位的，而军事对二者的依赖程度以及影响程度，不仅会因日常和战时的军事活动烈度不同而有差异，也会在经历相同烈度的军事活动的情况下，因不同地区的自然环境和社会环境的差异而有所不同，从而呈现出极为复杂的特点。

国家的地缘环境与国防建设之间的关系，就集中体现着上述共性与特性。岛国、内陆国和滨海国，不同国家的地理位置与地缘战略影响着各自军事建设的重点。在空军出现之前，这种影响主要表现在各国对陆海军的侧重程度和投入大小上。在空军出现之后，尤其是随着各种武器在速度、射程与威力上几乎接近物理极限，太空军事力量甚至可以环绕地球作战，信息传递时间又较少受到时间与空间的限制，使得地理位置、地缘关系不再像以往那样极大地左右各国的军事建设。尽管其影响与作用渐趋弱化，但仍然是一种不可忽视的因素。①

（二）军事环境史的外延

军事环境史有两方面研究内容：一是环境因素与人类军事活动之间的相互影响（下文以"客体Ⅰ"表示）；二是这种双向互动过程体现出的人类社会的生产力发展和自然观变化（下文以"客体Ⅱ"表示）。

前文所及军事环境诸学科，主要思考的问题是如何利用环境和改造环境，使本方在军事活动中提高效率、减少损耗，并且在部队调动、部署和作战等方面形成对敌优势。环境在此过程中受到的影响甚至破坏，在大多数情况下并不被考虑，核生化武器的影响或许是个例外。相比之下，环境史更加关注环境受到的军事影响，如约瑟夫·P. 胡比（Joseph P. Hupy）在《战争的环境足迹》一文中将此种影响分成三类：一是武器对环境的扰动与破坏，二是军队直接消耗的资源——如木材、水和食物等，三是和平时期军工复合体间接消耗的资源。②

需要注意的是，环境本身并非完全被动的一方，也对军事活动施加着影响：比如环境影响着武器的运输供给和维修保养，也对武器威力的发挥有着正面或负面影响；木材、水和食物等资源的分布特点、充沛程度，都直接影响着军队的行军路线和作战效率；军工复合体需要的各种战略资源，同样影响着产品研发种类与实际产能，甚至会影响到国家的能源战略和军事战略。

突出体现这一复杂互动关系的例子，是"拉斯普蒂查"——俄国人对大草原季节性沼泽的称呼。沙皇尼古拉一世将1月和2月称作"俄国可信赖的两位将军"；1941年3月和10月的"拉斯普蒂查"证明对苏联是更好的将军，因为这两个月的季节性沼泽时间较以往都有延长，无法承重的地表使德军装甲集群无法按预定计划推进。③ 此间德军的停滞不

① 梁必骎主编：《军事革命论》，第352—354页。

② Joseph P. Hupy, "The Environmental Footprint of War", *Environment and History*, Vol. 14, No. 3, 2008.

③ ［英］约翰·基根：《战争史》，第99页。

前消耗了更多的资源，增加了后勤负担；德军营垒和阵地的构建则改变了当地地貌，其对木材的获取更毁掉了生长缓慢且极为珍贵的林地。因此，对客体 I 的研究需要保持双向互动的视野，并以此为前提对军事与环境之关系展开全面和深入的研究。

客体 II 中的社会生产力发展，是军事与环境关系中最根本的物质因素，而自然观变化则是来自人类物质活动、同时又影响物质活动的精神因素。二者与军事活动有直接或间接的种种联系，并关系到经济、社会、思想文化等多方面内容。将其作为客体之一，是历史学者审视军事与环境关系的必然选择，这些思考和见识，与地理学或生态学既有联系又有区别，其双向互动的视野也不同于以往的军事史和新军事史。将二者纳入研究客体的军事环境史，将有助于人们更为深入地认知军事与环境的互动关系。

二 军事环境史的研究意义

在我国大力推进生态文明建设的大背景下，在西方霸权主义以及强权政治依旧威胁世界和平与稳定的现实中，从事军事环境史的理论探索与实证研究，可以为全面审视人类生存与发展问题提供新的视角。

以环境史的理论与方法审视军事活动，并不是为了取代、同时也不可能取代传统的军事史研究，这是由不同的研究性质和目标决定的。对于军事院校以及国防科研机构的学者而言，"谋打赢"是他们最为本质也最为重要的职责，因而在其军事史研究中，抑或对军事环境的研究中，将目光集中于战略制定过程、战役战术指挥、信息搜集处理、后勤诸项保障等方面，是非常必要的，这也是地方学者的知识短板。地方学者研究军事史的目标，主要在于全方位审视军事活动的历史，促进人们对于战争与和平这一永久主题的认知。这两类研究并不存在孰优孰劣或是替代关系，而是研究者的职责使然。

军事活动内涵的复杂性，前文已有论述，这使得全面和客观地认识军事活动存在很大困难。尤其是包括历史学者在内的当代人不大可能像希罗多德、修昔底德那样亲历战争，更不可能像凯撒、鲁登道夫和施瓦茨科普夫那样以统帅或是高级将领的身份发起战争、指挥战争和回顾战争——其实包括他们自己也只是了解战争的一部分事实而已。事实上，即便是当代传媒几乎在"直播"战争的情况下，人们对于战争的认识也都是碎片，甚至会受到精心剪裁的电视画面的误导，形成扭曲的、不真实的历史认识和记忆。①

军事环境史在很大程度上是要完成一幅信息量巨大、关系复杂的拼图，尽力完整地重现军事活动，并且分析其背景、经过和影响。在这一过程中，三个拼图"助手"非常重要：更广阔的时空，更根本的要素，以及更全面的知识。

"更广阔的时空"构建了历史记忆的场域：时间分为战前、战时和战后三部分，空间分为战场、战区、大洲和全球等不同维度，排列组合之后成为人们认识战争、记忆战争的场所。"更根本的要素"扩展了历史记忆的内容，这些内容不仅包括政治精英之间、精英与平民之间的博弈，也包括以往被忽视的、更根本的人与环境之间的关系，以及这些关系对人们之间关系的反作用。"更全面的知识"磨砺了历史记忆的工具，这些知识不仅包括以往历史学者熟悉的内容，也包括了他们必须加以学习才能掌握的学科内外的新知识。

由此我们说，军事环境史研究的意义在于弥补了传统史学（政治史、军事史）、乃至于"新军事史"所遗漏的最为基本的内容——人与环境的关系，这种补充对于史学本身和国防建设都是有积极意义的。

军事环境史通过对军事活动全面和深入的认知，有助于更好地发挥史学的镜鉴作用。在它之前，新军事史的出现和发展是史学的一大进步，扩展了军事史研究的视野，丰富了研究方法，标志着"孤立于史学领域之内的军事史已经消亡，代替它的是更多思想交汇的、对军事史的跨学科研究"。但是也存在着两方面问题：一是新军事史在研究战争方面反

①　美国未来学家托夫勒夫妇明确指出：海湾战争中有两场空战在同时进行，一场是人们所熟悉的第二次浪潮战争模式，一队队有30年历史的轰炸机执行地毯式轰炸，造成大规模伤亡、破坏，打击敌军士气，这场战争在电视屏幕上没有什么出现；另一场是用第三次浪潮文明武器进行的战争，目的是以精确的命中率执行摧毁计划，以及最低的附带破坏，这场战争在电视上广为报道。参见［美］阿尔文·托夫勒、海迪·托夫勒《未来的战争》，阿笛、马秀芳译，新华出版社1996年版，第73—74页。

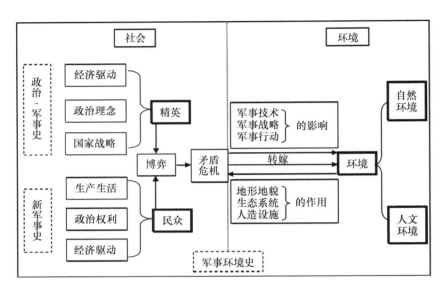

图 1-8　军事环境史拼图

而失去了其应有的方向，二是许多所谓的"新"在很多情况下并不新，只是一种模糊的界定和并不恰当的标签。① 同时，新军事史的视野仍停留在人类事物内部。正如查尔斯·E.克罗兹曼所指出的："他们致力于探索军队与社会之间的联系，考虑的是诸如妇女在战争中的作用、士兵对阳刚之气的认识、非裔美国人在美国海军中的困境等问题。但对于自然资源上的矛盾如何引发战争，以及战争对林地、农场和其他环境方面的长时段影响，都罕有研究。"② 可见，新军事史的主要贡献在于替下层军民发声，镜鉴作用不突出，对指导国防建设意义不大，而军事环境史兼顾了这些问题。

　　可见，军事环境史尽管是本身也很年轻的环境史大树上的一支新芽，但其得以产生的基础是雄厚的。它通过更广阔的时空、更根本的要素、

　　① Peter Paret, "The New Military History", *Parameters*, *Army War College Quarterly*, Vol. XXI, No. 3, Sep. 1991.

　　② Charles E. Closmann, "Landscapes of Peace, Environments of War", in Charles E. Closmann ed., *War and the Environment: Military Destruction in the Modern Age*.

以及更全面的知识，全面审视军事活动，深刻分析其背景、经过和影响，是对军事革命推动下战争模式变化的适应，是对时代呼唤的回应，也是对传统史学以及新军事史的继承与发展。

三 军事环境史的研究方法

历史研究的本质是研究主体以特定目的、通过特定认识结构和方法，力求无限接近客观历史事实的过程。这一过程包括了信息获取、储存、加工、变换、反馈等环节。史料作为连接研究主体与客体的中介、同时又是一定程度上的人类思维活动的产物，与研究客体是难以完全重合的，只是对研究客体的能动反映。军事环境史研究客体的复杂性，使得史料在来源和形式上存在着多样性，而且内容存在着不确定性。由此，也带来了跨学科挑战，研究主体需要发挥其主体意识积极应对。

（一）史料的多样性与不确定性

军事环境史研究所依托的史料，首先在来源上日益呈现出多样化的特点。古代的史书、地理志、官府文档和私人文献等，为认识当时的人与环境的关系提供了史料基础。近现代民族国家兴起后，包括军队文献在内的政府档案使详细考察战略、战役和战斗中的人与环境的关系成为可能。在对当代高技术战争进行环境史视角的重新诠释时，史料来源的多样性特点体现得更加明显：从战争的决策者和亲历者群体来看，相关的史料来源包括官方档案、报告、战地记者稿件、参战人物专访等，为研究战前和战时的宏观、微观历史事件提供了较为直接的材料；从研究者群体来看，相关的史料来源包括军事史著述、环境监测数据、实地调查数据、医学著述等，提供了各领域专题研究的成果。

其次，史料的形式也具有多样化特点。19世纪下半叶以来，随着摄影摄像技术的发展，史料形式除了传统的文字和图画史料之外，也出现了照片和视频等影像史料。影像史料既有直观、及时的优势，也有不能体现拍摄过程、丧失语境的劣势，还有为了主观意图进行修改、剪裁和拼接的可能。特别是1991年海湾战争以来的几场高技术战争，几乎都是媒体，尤其是西方媒体进行直播的战争，新闻播放的内容既及时又直观，塑造着公众的战争记忆。但是需要注意，抛却媒体的政治倾向不谈，仅从影像史料的技术角度来看，摄影师并不可能参加每一场战斗、捕捉战场的每一个细节，因而不可能完整地体现战争进程，社会公众能够看到的也只是其中的一部分。同时，单独的静态或动态影像并不能体现出拍摄过程，就像几段摘抄的文字不能体现上下文的语境一样，容易引起歧义。

除了多样化特点，军事环境史的史料往往还有很强的不确定性，这在很大程度上体现了军事活动的特殊性。

首先，军事活动始终存在着战争迷雾，完全掌握敌人的军事情报是不大可能完成的任务。军事情报的获取往往是谍报及参谋人员通过多种途径获取信息并进行分析的结果，难免会有误判。

其次，"兵者，诡道也"。军事活动中的虚假情报和心理战材料尽管都是"一手"的官方及军方文本，但作为史料却是最危险的，需要谨慎地辨别。

再次，军事活动的亲历者（包括军人和平民）对军事活动的记忆，往往受主客观条件的影响而具有不确定性，小到数字，大到事件的起因，都有可能出现较大的矛盾之处或者变动。比如科索沃战争结束之后的一年多时间里，人们在谈及北约盟军使用的精确制导武器比例时，大多使用"占90%以上"的说法，实际上这个比例只是战争初期一两周的情况，从整个战争的情况来看，精确制导武器只占北约部队全部弹药消耗量的35%左右。

史料的多样性和不确定性，要求研究主体具备辨别和使用史料的本领，这也是研究主体在应对跨学科挑战时需要首先解决的问题。

（二）研究主体面临跨学科挑战

还原历史事实，分析和解释历史过程，是历史学者的研究任务，也是"史学家的技艺"。战后、特别是20世纪80年代以来，历史学的界限日益模糊，表现为历史学和各人文学科间的联系日益密切，广泛采用其他学科的理论、原则和方法，① 历史学家也跨越了经济学、政治学、军

---

① 于沛：《历史学的"界限"和历史学的界限何以变得越来越模糊了》，《历史研究》2004年第4期。

事学、社会学等学科的疆界。

就军事环境史而言，历史学家还需要跨越自然与人文社科的疆界。这既体现了历史学的性质，又是时代的产物，还是军事史的必然要求：首先，"社会科学的各学科不是彼此封闭的，而是在内容与方法上相互联系与渗透的，作为研究人类过去社会全部生活的历史学尤其如此"①。其次，历史学科界限的模糊，体现了在人类社会历史发展过程中，许多涉及人类社会诸方面的综合问题涌现出来，仅从历史学的角度不仅难以回答问题，甚至都难以认识问题的性质，跨越学科疆界成为必然选择。再次，广义的军事史既包括战争和陆、海、空作战方式的历史，也包括了以下各种历史研究：如各类军事人员、军事机构，以及它们与政治、经济、社会、自然和文化形态的各种交叉，这些构成了军事史研究的重点或命题。这个定义也意味着，最好的军事史研究必然跨越抽象的学科疆界，尽可能地使对过去的认识更为丰富和丰满。②

上文所述史料的多样性和不确定性，加大了对研究主体知识结构的要求。应该说，历史学家对跨学科研究并不陌生，只是这种跨学科研究主要是在人文社会科学领域进行的，面对军事环境史研究提出的跨学科要求，则需要历史学家跨越更多的学科疆界，挑战也由此产生，主要体现为以下三点。军事环境史的研究方法，在很大程度上也是为了应对这些挑战。

1. 如何恰当运用理论

军事环境史研究的客体，对历史学家而言是相对陌生的；生态学和地理学的相关理论和方法，对历史学家而言同样是相对陌生的。扩展知识结构，是跨学科研究的主体认识研究客体的必由之路，而相关知识并不深奥也不枯燥，相信历史学家经过系统的学习是可以掌握的；不过这里的挑战并不在于知识结构的扩展和相关知识的掌握上，而在于如何恰

① P. Hudson, ed., *Living Economic and Social History*, Glasgow: Economic History Society, 2001, pp. 288 – 291.

② Stephen Morillo, Michael F. Pavkovic, *What is Military History*, Cambridge: Polity Press, 2006, pp. 3 – 5.

当地使用跨学科理论与知识，进行有效的研究实践。毕竟任何理论都是有其特定对象和出发点的，历史学者拿来生搬硬套是于事无补的。

2. 如何体现自身特色

历史学家在多学科合作研究中，面临着两方面挑战：一是如何发挥自身优势、体现自身特色，二是如何发挥史学的社会功用。从方法上来看，似乎史家在探讨人类社会内部问题时有着自身的优势，但如何在多学科的合作研究中扬长避短、体现自身特色，仍是富有挑战性的问题。欧洲环境史学会（ESEH）英国分部负责人菲奥纳·沃森（Fiona Watson）同样明确了这一挑战："英国环境史学界（欧洲也一样）明白无误地把环境史看成是交叉学科研究领域，但并不意味着历史学家的特色要减弱，而是希望能与用不同方法研究同样问题的其他学科进行交流。……我更希望大多数历史学家关注环境和人类之间的相互影响，而不是要出现一批环境史学家。"①

3. 如何构建理论框架

在跨学科合作研究过程中，历史学家参与建设组织机构，以及在高校历史系或与相关院系共同设置环境史专业，难免会遇到问题，但这些问题基本不会从根本上影响学科的存在和发展。真正主要且难以解决的问题，是理论框架的构建——多元的研究主体、复杂的研究客体，以及在基本理论、方法、环境史定义和研究取向上的不同，都使军事环境史研究只是个跨学科研究领域，而不具备学科的基本特征。

但是在现实中，除去存在正常学术争议的著述，还有一些贴着"环境""生态"标签，缺乏生态理论和历史主义精神，偏激地强调所谓"原罪"以及科技负面效应的"文化"快餐——不仅扭曲读者的人地关系认知、导致悲观主义和虚无主义，也影响读者对环境史的认识和态度。由此观之，军事环境史的学科性又是急需和可贵的。

如果阻碍理论体系构建的，是且仅仅是学者在学科属性、基本知识和研究方法上的具体分歧，那么抽象的、揭示普遍规律的哲学体系就有

---

① 包茂宏：《英国的环境史研究》，《中国历史地理论丛》2005 年第 2 期。

可能避开这一问题，进而发挥理论架构的指导作用。因此，唯物史观在军事环境史研究中有其不可动摇的地位，既可给军事环境史研究以理论指导，又要求研究主体在具体的研究中活学活用、进一步发展和完善唯物史观。

（三）研究主体的应对思路

有学者指出：正如"国际"不是复数的"国家"，而是存在于国家之间的关系中一样，"跨学科"也不意味着复数的"学科"。它是一种对已有关系的重新组合，需要在自我否定的基础上打破主体的自足性想象，并不断保持着否定与更新的流动性。① 这实际上强调了跨学科研究的基本前提，即研究主体需要考虑自身学科和其他学科的关系，找到立足点。

不过，"自我否定"的对象是、也只应是"自足性想象"，即在相关研究中，必须认识到自身知识结构和研究方法等方面的不足，但同时又不否定这个学科本身。

在笔者看来，历史学家应对跨学科挑战的基本思路是：巩固和发展历史学科自身的优势，同时发现和借鉴其它相关学科的优势。这一思路在本质上其实是"专"与"通"的问题。"专"与"通"在很大程度上塑造着学者进行跨学科研究的方法特点，同时也决定着其跨学科研究的水平，成为解决其他相关问题的关键所在。

1. 优化史料基础

历史学者应对跨学科挑战，需要巩固并发展历史学家在跨学科研究中的优势，以优化史料基础。跨学科研究对历史学家而言并不算新鲜事物，况且当代就涌现出了埃瑞克·霍布斯鲍姆（Eric Hobsbawm，又译艾瑞克·霍布斯邦、埃里克·霍布斯鲍姆）和伊曼纽尔·沃勒斯坦（Immanuel Wallerstein）这样成功进行了综合性社会科学研究的代表人物。

霍布斯鲍姆是当代英国史学大师，英国新社会史学派的代表人物，强调"总体史"研究。以19世纪三部曲为例，霍布斯鲍姆明确表示他写的不是"这一时期发生了什么"，而是"解释19世纪及其在历史上的

---

① 孙歌：《跨学科的悖论》，《郑州大学学报》（哲学社会科学版）2003年第6期。

地位，在过去的土壤上追溯现代的根源"①。前者可以通过查阅数量庞大且有价值的文献资料来解决，而后者则是历史学家妥善处理树木与森林的关系、将"过去视为一个凝聚的整体"进行研究的成果，不再是国别史、政治史、经济史、文化史的集合。

在《极端的年代：1914—1991》中，霍布斯鲍姆从全面战争和经济恐慌两方面勾勒"短促的 20 世纪"，报刊和调查报告是其资料的主体，在探讨政治、经济、战争和艺术等内容时，霍布斯鲍姆还借鉴了其他学科的研究成果，将其有机地融入自己的史学著述中。

沃勒斯坦是美国历史学家，全球史观、世界体系论的主要代表人物。在《现代世界体系》的各卷中，他从世界经济、政治和文明三个方面论述了世界体系的起源、发展和基本特征。在第一卷的导言中，沃勒斯坦提出："当人们研究社会体系时，社会科学内部的经典式分科是毫无意义的。人类学、经济学、政治学、社会学以及历史学的分科，是以某种自由派的国家观及其对社会秩序中功能和地缘两个方面的关系来确定的。如果某人的研究只集中在各种组织，其意义是有限的；如果研究集中在社会体系，其研究将一无所获。我不采用多学科的方法（multidisciplinary approach）研究社会体系，而采用一体化学科（unidisciplinary approach）的研究方法。"②

二者的共性在于，他们都希望通过整合起来的人文社会科学知识进行历史学研究，而且这种整合不是单纯的学科之和，而是系统化的、有机结合在一起的思想、视角和方法。其间体现出的对各种史料的收集、辨析和引用，体现了历史学家在史料方面的基本功。这就是历史学家在跨学科研究中优化史料的过程。

对于军事环境史的研究主体来说，史料来源进一步扩大、形式更趋多样，如果不对史料进行有效整理与运用，就难以正确认识客观的历史

①　［英］艾瑞克·霍布斯邦：《帝国的年代》，贾士蘅等译，国际文化出版公司 2006 年版，序言，第 1 页。

②　［美］伊曼纽尔·沃勒斯坦：《现代世界体系》第一卷，尤来寅、路爱国、朱青浦等译，高等教育出版社 1998 年版，第 11 页。

进程，毕竟史料是史学研究的根本，即使有了先进的史学理论，也并不意味着能够自动结出先进的研究成果。具体来说，媒体报道、史学著述、口述材料、官方档案、田野调查、实验报告等，都是对客观事实的纪录，但也都经过了人类意识的塑造，只是程度不同而已。

从媒体报道特别是影像资料的优势和劣势来看，研究者可以通过它们了解发生了什么事，但在研究这件事的过程和结果时则要依靠其他来源，以弥补影像资料丧失语境的劣势。

从各类文本史料来看，官方档案和报告可以提供历史事件的官方纪录，详言战略制定、战术执行、军力配置等方面内容，研究者需要评估政府隐瞒或修改关键数据的可能性；参战人物专访记录了历史事件当事人的叙述，但要求研究者一方面注意时间地点等要素的严谨性，因为当事人可能会有口误，另一方面注意剖析当事人的社会地位、战争经历以及思想理念等要素；军事史著述是前人对战争的研究成果，研究者需要对比其与官方档案的异同，通过对比确认事件的时间、地点等基本要素；田野调查、实验报告、医学著述等内容，是自然科学家的相关研究成果，可以提高史学著述的数量分析水平，要求研究者进行谨慎的对比，对其中趋同的结论可以大胆引用，对相互矛盾的结论则要仔细比较和分析，特别是要分析作者的背景及其研究方法，如选址、技术、过程等，既不能随意挑选，也不能因噎废食。

2. 夯实哲学基础

历史学者应对实证研究的跨学科挑战、建构军事环境史的理论框架，都需要重视史学理论的学习、思考与运用，夯实哲学基础。

史学理论是历史研究的重要组成部分，没有理论就没有历史科学。英国史家巴勒克拉夫在 20 世纪 80 年代指出，唯物史观从五个方面影响着历史学家的思想：它既反映又促进了历史学研究方向的转变，从描述孤立的（政治）事件转而研究复杂且长期的社会和经济过程；使历史学家认识到需要研究人们生活的物质条件，把工业关系当作整体而不是孤立的现象，在这个背景下研究技术和经济的历史；促进了对人民群众历史作用的研究，尤其是在社会和政治动荡时期的作用；社会阶级结构观念和对阶级斗争的研究，对历史研究产生了广泛影响；重新唤起了对历史研究的理论前提的兴趣，以及对史学理论的兴趣。①

因此，提高哲学素养、夯实哲学基础也为历史学家跨越学科疆界所必需。在军事环境史研究中，尽管历史学家要跨越学科疆界，但终究是在历史时空里徜徉的。唯物史观对其的指导和促进作用，是客观存在且不容忽视的。

首先，辩证唯物主义和历史唯物主义不仅反对割裂人与自然的历史，而且强调二者之间的互动关系，为历史学家研究军事环境史提供了辩证法武器。

马克思和恩格斯在《德意志意识形态》中指出："全部人类历史的第一个前提无疑是有生命的个人的存在。因此，第一个需要确认的事实就是这些个人的肉体组织以及由此产生的个人对其他自然的关系。当然，我们在这里既不能深入研究人们自身的生理特性，也不能深入研究人们所处的各种自然条件——地质条件、山岳水文地理条件、气候条件以及其他条件。任何历史记载都应当从这些自然基础以及它们在历史进程中由于人们的活动而发生的变更出发。"此外，"人对自然以及个人之间历史地形成的关系，都遇到前一代传给后一代的大量生产力、资金和环境，尽管一方面这些生产力、资金和环境为新的一代所改变，但另一方面，它们也预先规定新的一代本身的生活条件，使它得到一定的发展和具有特殊的性质……人创造环境，同样，环境也创造人"②。

在此基础上，他们强调："生产力、资金和社会交往形式的总和，是哲学家们想象为'实体'和'人的本质'的东西的现实基础……迄今为止的一切历史观不是完全忽视了历史的这一现实基础，就是把它仅仅看成与历史过程没有任何联系的附带因素。因此，历史总是遵照在它之外的某种尺度来编写的；现实的生活生产被看成是某种非历史的东西，而历史的东西则被看成是某种脱离日常生活的东西，某种处于世界之外和

---

① ［美］杰弗里·巴勒克拉夫：《当代史学主要趋势》，杨豫译，译文出版社1987年版，第27页。

② 《马克思恩格斯选集》第1卷，人民出版社1995年版，第67、92页。

超乎世界之上的东西。这样，就把人对自然界的关系从历史中排除出去了，因而造成了自然界和历史之间的对立。"这种由于对立和割裂形成的历史观"只能在历史上看到政治历史事件，看到宗教的和一般理论的斗争，而且在每次描述某一历史时代的时候，它都不得不赞同这一时代的幻想"①。

恩格斯在《反杜林论》中进一步分析了割裂人与自然的弊端："把自然界分解为各个部分，把各种自然过程和自然对象分成一定的门类，对有机体的内部按其多种多样的解剖形态进行研究，这是最近400年来在认识自然界方面获得巨大进展的基本条件。但是，这种做法也给我们留下了一种习惯：把各种自然物和自然过程孤立起来，撇开宏大的总的联系去进行考察，因此，就不是从运动的状态，而是从静止的状态去考察；不是把它们看做本质上变化的东西，而是看做固定不变的东西；不是从活的状态，而是从死的状态去考察……造成了最近几个世纪所特有的局限性，即形而上学的思维方式。"② 前文已述，军事不仅涉及社会的方方面面，同时也涉及人与环境的关系，如果缺少普遍联系的观点，没有发展变化的观点，是无法对这些纷繁复杂的关系进行审视和研究的。

在《自然辩证法》关于"自然与社会"的阐释中，恩格斯对人与环境之关系进行了辩证地分析："政治经济学家说：劳动是一切财富的源泉。其实，劳动和自然界在一起才是一切财富的源泉，自然界为劳动提供材料，劳动把材料转变为财富……劳动创造了人本身。""动物通过它们的活动同样也改变外部自然界……动物对环境的这些改变又反过来作用于改变环境的动物，使它们发生变化。因为在自然界中任何事物都不是孤立发生的。每个事物都作用于别的事物，反之亦然，而且在大多数场合下，正是忘记这种多方面的运动和相互作用，才妨碍我们的自然科学家看清最简单的事物。"③ 军事与环境的关系，是人类社会与环境之关系的一部分，无论是战略的制定还是战役战斗的展开，既是以客观的物

---

① 《马克思恩格斯选集》第 1 卷，第 93 页。
② 《马克思恩格斯全集》第 26 卷，人民出版社 2014 年版，第 23—24 页。
③ 《马克思恩格斯全集》第 26 卷，第 759、767 页。

质世界为舞台，又是通过相应的生产力水平和自然观对物质世界施加影响的。

其次，恩格斯辩证地审视了科技的作用，为人们探讨不同时期军事科技、武器伦理以及战争影响等问题提供了基本的立场。

恩格斯在《反杜林论》中对暴力进行了深刻思考，尤其对科技在战争形态演进中的作用做出了精辟论断："军队的全部组织和作战方式以及与之有关的胜负，取决于物质的即经济的条件：取决于人和武器这两种材料，也就是取决于居民的质和量以及技术……一旦技术上的进步可以用于军事目的并且已经用于军事目的，它们便立刻几乎强制地，而且往往是违反指挥官的意志而引起作战方式上的改变甚至变革……总之，在任何地方和任何时候，都是经济条件和经济上的权力手段帮助'暴力'取得胜利，没有它们，暴力就不成其为暴力。谁要是想依据杜林的原则从相反的观点来改革军事，那么他除了挨揍是不会有别的结果的。"①

另一方面，恩格斯在《自然辩证法》中提出的警示至今仍旧振聋发聩："我们不要过分陶醉于我们人类对自然界的胜利。对于每一次这样的胜利，自然界都对我们进行报复。每一次胜利，起初确实取得了我们预期的结果，但是往后和再往后却发生完全不同的、出乎预料的影响，常常把最初的结果又消除了……因此我们每走一步都要记住：我们决不像征服者统治异族人那样支配自然界，决不像站在自然界之外的人似的去支配自然界——相反，我们连同我们的肉、血和头脑都是属于自然界和存在于自然界之中的；我们对自然界的整个支配作用，就在于我们比其他一切生物强，能够认识和正确运用自然规律。"②

这些思想涉及科学伦理和军事伦理问题，特别是在二战后，国际社会对于核、生、化武器的种种限制，对于试图改变天气、人工制造飓风、地震、海啸等作战方式的限制，以及近些年来对使用地雷和集束炸弹的限制，都是科学伦理和军事伦理的直接体现。

---

① 《马克思恩格斯全集》第26卷，第179—180页。
② 《马克思恩格斯全集》第26卷，第769页。

再次，马克思和恩格斯的军事问题研究探讨了军事活动中人与环境的关系，为研究军事环境史提供了基本史料、理论指导和方法指引。

19世纪五六十年代，马克思和恩格斯密切地关注和审视他们所处时代的战争，并写有大量文章评论了克里木战争、印度反英大起义、第二次鸦片战争、中国太平天国运动、美国内战、普奥战争和普法战争等。按照分工，曾有从军经历的恩格斯还投入了相当大的精力，深入研究军事史以及军事活动背后的经济社会要素，并为1858年版和1860年版《美国新百科全书》编写了大量军事词条，从军事领域一方面充实和完善了唯物史观，另一方面也检验了唯物史观。

1862年3月26日和27日《新闻报》第84号和第85号，马克思和恩格斯分析了美国内战双方的形势并指出："在人口稠密并且或多或少地实现了集权制的国家，总有这样一个中心，这个中心一经敌人占领，全国的抵抗就要停止。巴黎是一个明显的例子。但是各蓄奴州却没有这种中心。它们人口稀，大城市很少，而且都在沿海一带……当同盟军握有肯塔基和田纳西的时候，全部地区曾是一大块紧密相连的土地……在联邦完全征服田纳西以后，联系蓄奴州这两部分的仅有的道路便经过佐治亚……佐治亚一旦丧失，南部同盟便被切成彼此失去一切联系的两部分……战局的结果全系于目前驻在田纳西的肯塔基军团。一方面，这个军团离决定性的地点最近，另方面，它又占领着脱离派的国家无此即不能生存的一片疆土……它的下一个攻击目标应当是田纳西河上游的恰塔努加和多耳顿，即整个南部最重要的铁路中心。占领它们以后，脱离派诸州东西两部分的联系就将仅限于乔治亚州的一些联络线。以后的任务应当是夺取阿特兰塔和乔治亚州，以切断另一条铁路线，最后则是攻占梅肯和戈登，破坏东西两部分之间的最后联系。"① 其后，美国联邦军队西战区司令谢尔曼"向海洋进军"得以控制并摧毁南方的经济命脉，继而北上与格兰特部汇合，以"总体战"手段加速了美国内战的结束。这是马克思主义哲学综合运用于军事研究的典型事例，其对于经济腹地的

---

① 《马克思恩格斯全集》第15卷，人民出版社1963年版，第521—523页。

分析，对于决胜方式和战略方向的确定，都体现出这一哲学体系的科学性。

在战略方面，恩格斯通过分析巴黎和伦敦的地理特点，分析了法英两国的国防战略方向。

在《1852年神圣同盟对法战争的可能性与展望》中，恩格斯指出："如果莱茵河成为法国的边境，那么从这条边境上的不再以阿尔卑斯山脉为屏障的那点起一直到北海止，巴黎大约与这一边境的任何一点都是等距离的。这样一来，以巴黎为中心的法国的军事体系和它全部的地理条件就相适应了。由尚贝里到鹿特丹的这条单弧线，使法国边境上唯一暴露的最靠近首都那段上的各点，到巴黎的距离相等，约为70德里，或者14日的行程，同时这段边境又可以为广阔的河流所掩护。""但是莱茵河的这种特殊的地形，又使它成为一切向巴黎分进合击的出发点，因为要使各路军队能够同时到达巴黎并同时由各方面威胁它，就必须从与巴黎等距离的各个地点同时出动。当集中的地点位于敌军的势力范围内，甚至在敌军的作战根据地内，这种分进合击行动是非常危险的。"①

由此恩格斯将视线投向由尚贝里或者伊泽尔河到北海一线和位于该线和巴黎之间的那部分领土上，因为"法国的这一部分领土的地形，好像专为防御而设，同时在这里山脉和河流的分布从军事观点来看恐怕是再好没有了。"他尤其高度评价了塞纳河流域，那里有"许多条几乎成平行的弧形流向西北的河流……它们中的每一条都有许多流向同一方向的支流。所有这些弧形的河谷都在彼此相去不远的距离内会合，而巴黎则位于这些会合点的中央……防卫巴黎的军队常常可以比进攻的军队在较短的时间内集中起来并且由一个受威胁地点调动到另一地点……拿破仑在他1814年著名的战争中能以少数兵力牵制全部联军于塞纳河流域达两月之久。"②

在《不列颠的国防》中，恩格斯批评了1860年的英国国防计划——该计划，"建议把全部经费用于巩固港口和某些次等工事，只要能保卫

① 《马克思恩格斯全集》第10卷，人民出版社1998年版，第675页。
② 《马克思恩格斯全集》第10卷，第676—678页。

国家最大的港湾不受敌人不大的分舰队的袭击即可，还用于在杜弗和波特兰建立大的坚固的堡垒，保证区舰队和单艘船只有设防的停泊场所。预定把全部经费用在保卫国家边缘，即易于受敌舰袭击的海岸线上，而既然不可能加强全部海岸线，为此便选择了几处重要的据点，主要是海军兵工厂和港口。国家的内地则完全听天由命"①。

他认为，法国或西班牙容易受到来自陆地边界方面的入侵，也同样容易受到来自海上的袭击和陆战队在沿海地区登陆，所以不得不把海军基地变成头等要塞。但这对英国并不适用，因为"入侵的军队在不列颠的领土登陆之后……将不可能采取正规的围攻；即使它能够采取围攻，任何一个头脑健全的人也不会估计侵略者会安然呆在朴次茅斯面前，把它的武力消耗在长期围攻上，而不趁着自己精神上和物质上的优势达到最高峰的时候直取伦敦，力求解决主要任务。假如有朝一日敌人能够无阻碍地使足够进攻伦敦之用的部队在英国登陆并运去足够进攻伦敦之用的武器装备，同时包围朴次茅斯，那末英国就要处于灭亡的边缘，这时朴次茅斯周围的任何岸防炮台也不能拯救它了。其他的海军兵工厂也同朴次茅斯的情况一样。海上防线可以尽量加以巩固，但是陆地防线的一切设施，凡不包括在制敌于相当远的距离之外，使港口不受轰击并使之不受两个星期正规围攻这个任务之内的，都是完全多余的"②。

由此，恩格斯指出"巩固港口的事实本身便是削弱伦敦。这个事实迫使入侵的强国集中自己的全部兵力力图一下子占领伦敦……如果希望建立国防，那就立刻着手巩固伦敦吧……堡垒至少得有整整 20 个……没有绵亘的筑垒工事也行；如果防御计划事先有了妥善的安排，那末这种防线可以卓有成效地用巩固村庄和市郊住宅组的办法来代替……如果伦敦这样来巩固，而各港口从海上来加强，并且防备陆上猛烈的、非正规的进攻，甚至短时期的围攻，那末英国就可能不必担心遭到任何入侵。""在任何情况下，敌人都将是被迫行动的；在伦敦的巨大筑垒地域的吸引力面前，即使他想站也不可能站住，他没有别的选择，要末向它攻击，

———————

① 《马克思恩格斯全集》第 15 卷，第 105 页。
② 《马克思恩格斯全集》第 15 卷，第 105—106 页。

从而遭到失败，要末等待，从而一天天增加自己处境的困难。"①

从上述战略思想不难看出，恩格斯立足英法两国的国防地理特点，对两国防御重心进行了分析和判断。他并没有忽略人在军事环境中的主观能动性，而是从攻防态势的诸多可能性入手，提出了相应的结论，既没有脱离现实空发议论，也没有局限在环境决定论中接受命运。

在战役战术方面，恩格斯不仅编写了有关会战、攻击、炮击、露营和野营等词条，还写有《装甲舰及撞击舰和美国内战》《步枪和步枪射击》和《志愿兵工兵，他们的作用和活动范围》等文章。

1857 年 1 月，恩格斯先后写了两篇《山地战的今昔》：第一篇回顾了 14 世纪以来山地战的演变，探讨了地形与军队攻防双方的辩证关系，基于"铁甲骑兵和行动不便的长矛手绝迹了；战术经过了多次的革命化变化；机动性成为军队的主要素质"的现实，以法国革命军的战术为例，指出"波拿巴将军在 1796 年越过卡迪博纳山口，楔入奥军和撒丁军分散配置的纵队中间，从正面击溃了他们……自从这个时候起，就诞生了新的山地战技巧，瑞士固若金汤的看法也就随之告终了"，进而指出"在山地战中，进攻对防御占有决定性的优势"的论断。恩格斯还认为，山地国家作为防守方并非毫无胜算，其防御"不应当只是消极的，而应当从机动性中寻求力量，只要有机会，就应当采取进攻行动。在阿尔卑斯山区，几乎很难进行战斗；整个战争就是一连串的小的行动，进攻者不断试图在这一点或那一点上楔入敌方阵地，然后向前推进。双方军队都只能分散行动；双方都可能随时遭到对方有效的攻击……防御者可以利用的惟一的有利条件，就是找出敌人的这些弱点，急速地插入敌方被分隔的纵队之间。这样，单纯消极防御所惟一依靠的那些坚固的防御阵地，就变成了可能诱使敌人冒险进攻的许多陷阱，而防御的主力却指向了敌人的迂回纵队，使每一支迂回纵队都可能反而被迂回，而陷入它原来想使防御者陷入的那种绝境"②。

第二篇首先重申了这一现实，即"现代军队的机动性使军队已完全

---

① 《马克思恩格斯全集》第 15 卷，第 107—109 页。

② 《马克思恩格斯全集》第 16 卷，人民出版社 2007 年版，第 4、7、9—10 页。

能够在像瑞士那样的山国克服或绕过阻碍他们进行机动的一切天然障碍"。由此指出"假定在普鲁士国王和瑞士之间真的爆发了战争，瑞士人为了确保本国的安全，除了依靠他们自鸣得意的'山地要塞'之外，自然还需指望其他的防御手段"。恩格斯认为："瑞士人有几道可以扼守的防线：第一是阿勒河和利马特河一线，其次是阿勒河和莱斯河一线，第三是阿勒河和埃默河一线（且不说中间交叉的那些阿勒河的小支流），第四是阿勒河上游一线，左翼的前面是一片从纳沙泰尔湖延伸到该河的沼泽地。"同时，"进攻战略和防御战略一样要受到地形的制约……与阿勒河平行的纵向山谷使军事行动难以展开。这些山脊障碍当然不是不可逾越的，然而，在这种地形上集中大部队往往需要被迫在敌人眼皮底下进行十分复杂的机动，任何一个将军都不会轻易这样做，除非他对自己和他的部队有充分的信心"①。

在军事技术方面，恩格斯不仅编写了有关鹿砦、棱堡、掩障、垛墙、崖路、防弹工事、军用桥和桥头堡等军事工程词条，以及明火枪、马枪、炮座、刺刀、弹药、爆炸弹、霰弹、燃烧弹和药筒等武器装备词条，还对筑城、军队、步兵、步枪、线膛炮和海军等历史进行了专题研究。其对军事工程的考察，视野不仅仅局限在设计意图和几何原理上，还包括了施工用料的种类与用法，并结合历史讨论了攻守双方可能受到的各种影响。

比如"军用桥"，首先介绍了古代军队架设浮桥的技术与材料，继而比较了19世纪欧美军队浮桥技术的异同，最后强调："目前，在敌人的有效火力控制下是很少建造军用桥的，但必须始终为敌前建桥创造条件。所以，桥通常在河流的凹进地段修筑，这样左右两边的火炮就可以射击到对岸的桥头附近，借以掩护架桥。此外，凹进地段的河岸一般高于对岸的凸出地段，所以在大多数情况下，它兼有交叉火力的优点和制高位置的优点。步兵可乘船或浮桥船划到对岸，立即在桥头占领阵地。有时也可以建一座浮桥来渡运少量的骑兵和一些轻炮。把河分成几条支

---

① 《马克思恩格斯全集》第16卷，第12、15—16页。

流的一些岛屿，或紧靠小河汇流点的地方，都能提供有利条件。在后一种情况下，有时在前一种情况下，都可以在河流的隐蔽地带把各个桥节造好，然后顺流浮运下去。"在桥修好之后，攻守双方面临着不同的态势："进攻的一方通常可以在很长一段河流上的许多有利地点之间作出选择，因而容易以佯攻迷惑敌人，然后在另外一个很远的地点真正渡河；而防御者在很长一段河流上分散兵力是非常危险的，所以，目前多半是在离河较远的地方集中兵力，一旦查明真正的渡河地点，立即在敌军全部渡河之前，将全部兵力投向真正的渡河地点。自从法国革命以来，在任何一次战争中在欧洲任何一条大河上架桥都没有遇到严重抵抗，其原因就在这里。"①

又如"鹿砦"，"指用砍倒的树木构筑的障碍物，经常用于简单的山地战中。在紧急情况下，把树纵向放倒，树枝朝外，以阻碍敌人前进，树干则用做防御者的胸墙。如果事先构筑鹿砦，例如当作防守山隘的手段，就要把粗大树枝去叶削尖，把树干埋进土里，再把树枝编成一种类似拒马的东西"②。

再如"崖路"，即"某一工事的壕沟内岸和胸墙外斜面之间的一条横面土堤。它通常约有 3 英尺宽。它的主要用途是：加固胸墙和防止胸墙的泥土因暴雨、解冻或其他原因而坍塌到壕沟里去。崖路有时也能当作工事周围的外部通路使用。然而不可忽视，崖路也是强攻部队和攀城部队休息和集中的最合适的地方，因此在很多永备工事体系里完全不采用它，而在另一些工事体系里，则用形成步兵射击时的掩护线的齿形墙来保护这种崖路"。恩格斯尤其强调了第一个用途的意义："在野战筑城中或在构筑前面带有壕沟的攻城炮台时，通常是非有崖路不可的，因为壕沟的内岸几乎从来不砌面，而如果没有这种空间，那末无论内岸或胸墙一受到天气变化的影响就会很快地崩坏。"③

由此可见，马克思和恩格斯的军事思想既有史料价值，又有理论和

---

① 《马克思恩格斯全集》第 16 卷，第 359—360、363 页。
② 《马克思恩格斯全集》第 16 卷，第 211 页。
③ 《马克思恩格斯全集》第 14 卷，人民出版社 1964 年版，第 255 页。

方法意义。我们不仅可以从中了解 19 世纪中叶的欧美军事状况，包括武器装备、军兵种历史以及战术的发展和变化，同时也可以在唯物史观的指引下，遵循其基本思想与方法，开展军事环境史研究。

例如在对高技术战争的认识上，西方军界和学界大多认为"战争性质已经改变"，并且认为高技术战争是人道的、"干净的"战争。事实上，战争的暴力属性并未有根本的改变，而且与以往的战争模式相比，高技术战争的烈度甚至还大大增强，使得战时和战后人与环境的关系更为紧张，其破坏程度很有可能超过自然环境自我恢复的能力，以及人类重建家园的能力。

而且，阶级分析等方法同样为军事环境史研究所需，否则就难以对西方所谓高技术战争的"零伤亡"和"可控性"有正确的认识——其立场是西方国家自身，而非战场上的敌人，此方的"零伤亡"是建立在彼方的巨大伤亡基础上的；此方的"可控性"绝不是为了人道地对待彼国人民，说到底是为了尽快实现政治目的和控制战争费用。当前信息化、智能化武器平台及其背后的人工智能技术，一方面饱受伦理争议，另一方面使占据技术优势的一方可以通过对特定目标的定点清除而快速达成政治诉求，但这种"让领导先走"的作战思路既降低了战争门槛、增加了军备竞赛升级和爆发不同规模武装冲突的风险，又存在情报失误导致误伤平民的可能性，其对核生化目标的袭击还有可能导致次生灾害的发生，大国之间是否可以用此类"干净的"作战方式控制规模、解决争端、实现战争背后的政治诉求，仍然存疑。

当然，"马克思大部分研究过去具体方面的著作，不可避免地反映着他那个时代所能够利用的历史知识"①。这是所有历史认识的共同属性，因为人及其思想都不可能超越历史。所以，唯物史观也需要进一步发展，军事环境史的实证研究和理论结构，也可作为发展唯物史观的一个途径。

总之，在研究军事环境史的过程中，历史学家重视史学研究的理论思考、主动提高史学理论和哲学水平，在唯物史观的指导下开展研究，

---

① ［英］埃里克·霍布斯鲍姆：《史学家：历史神话的终结者》，马俊亚、郭英剑译，上海人民出版社 2002 年版，第 185 页。

慎思与深耕：外国军事环境史研究

不仅可以在理论的指导下进行高水平的研究，也可以在实践中对理论进行检验，对其落后于时代的内容进行更新，实现理论的与时俱进，为历史学家回应环境史的跨学科挑战提供精神动力和智力支持。

3. 扩展学科基础

历史学者应对跨学科挑战，还需要发现和合理借鉴相关学科的优势，扩展学科基础。

扩展学科基础，既是军事环境史研究的特殊要求，从学术发展的角度来看则又不是。因为学术出现之初便是一体，所以学科的分与合并不是绝对和对立的。霍布斯鲍姆早已指出："所有的历史学家都是某些方面的专家（或者说在某些方面也更无知），除了相当狭隘的领域以外，他们基本上必须依赖其他史学家的工作。"①

有学者认为："无论环保工作者，还是普通大众，只要他愿意，只要他有心去做，并遵循一定的叙述规范，他都可以成为环境史的不凡的叙述者。对于他们所发表的有关作品，即便是专业史家，也应该给予足够重视。"② 这涉及如何看待历史学家以外的历史认识主体及其历史认识的问题：历史学家是历史认识的主体之一，另一主体是历史学家之外回顾历史的人；一般而言，历史学家正确认识历史的能力远高于后者。

研究军事环境史，要求历史学家不仅需要从同行们的研究中汲取营养，还需要从与环境、社会、科技、经济等领域相关的学科中汲取营养。也就是说，研究者在接受史学训练和具备军事学知识的基础上，进一步扩展自身的学科基础，如政治学、生态学、医学、地理学、经济学、人类学、社会学和环境科学。正如前文所述，战争本身就是经济学问题，也是人类学、社会学问题；研究环境问题，也需要具备生态学、医学、地理学和环境科学的知识。同时，国际政治理论也不可或缺，它有助于我们从宏观和微观层面理解战争的起源和分析国际政治格局，并有可能提供解决思路。在这里，地理学和生态学是重中之重，可以为历史学者

---

① ［英］艾瑞克·霍布斯邦：《革命的年代》，王章辉等译，国际文化出版公司2006年版，序言，第2页。
② 梅雪芹：《环境史：一种新的历史叙述》，《历史教学问题》2007年第3期。

提供更多理论与方法的帮助，同时也要关注军事运筹学在数量分析上的突出作用。

前文已经详细介绍过军事地理学以及地形学等学科的研究内容与方法，此处无需赘述。这里主要谈谈将生态学和军事运筹学用于应对跨学科挑战、从事军事环境史研究的意义。

（1）生态学

20世纪上半叶，美国环保主义先驱、《土地伦理》和《沙乡年鉴》的作者奥尔多·利奥波德（Aldo Leopold）就已经批评了社会科学与生态学的割裂："现代生态思想的一个怪异之处是：它虽然由两个群体共同创造，但其中一方对另一方的存在似乎一无所知。一个群体几乎把人类社会当作独立实体，并将其发现称为社会学、经济学和史学；另一个群体研究动植物群落，并轻松地将政治中的种种问题归入'文科'。"他认为二者的结合是大势所趋，并很有希望"带来本世纪引人注目的进步"①。

20世纪80年代初，美国环境史家唐纳德·沃斯特探讨了生态学对于历史学家的意义："生态环境观点不能处理历史学家想要解决的全部问题，但可以使其注意自己忘记或从未注意过的一些事情……即便生态学观点不能使我们解决所有的历史学问题，也至少可以使我们对周围世界的过去展开遐想、进行深入认识。而且，地球自身的生存同样需要我们持有这种观点。"②

因此，历史学家一方面需要借鉴生态学的理论与方法，同时则更要注意借鉴的合理性，必须明白这种理论和方法的优点与局限有哪些，以及能否将其运用到军事环境史研究当中。

我们在之前分析西蒙斯的环境史研究特点时就已注意到：西蒙斯对生态学理论和方法的应用，使其环境史研究特点既不同于地理学家，也

① Curt Meine, *Aldo Leopold*：*His Life and Work*，Madison：University of Wisconsin Press，1988，pp. 359 – 360.

② D. Worster，"History as Natural History：An Essay on Theory and Method"，*Pacific Historical Review*，Vol. 53，No. 1，1984.

不同于历史学家；但同时也因为生态学注重群落、整体的特点，使其著述中的"人"成了一个抽象整体——既没有对任何一个具体族群的政治、经济、文化等内容在不同时空下的特点进行描述，也没有对各族群的上述特点进行比较——在"树木"与"森林"的关系上失去了平衡。

由此我们说，历史学家对生态学理论与方法的合理借鉴，首先需要将人与环境间的互动作为研究客体，同时又不忽视人们之间错综复杂的社会关系，因为这种关系最终也体现到了人与环境的关系上。因此，对军事环境问题的研究，不仅需要用生态学的理论和方法来审视人与环境的互动关系，还应通过阶级分析法、政治经济学等视角，利用各类文献对人类社会内部的关系进行多维审视，使军事环境史中的"人"既在环境面前有集体群像，又在人类社会中有个体肖像。

（2）军事运筹学

军事运筹学，是系统研究军事活动的定量分析和决策优化的理论和方法的学科。它以概率论和数理统计为工具，由实验或观察数据建立经验或预测模型；针对专门类型问题建立确定性模型或随机性模型寻求有效求解；根据内在机制和外部行为的因果关系建立模型并进行仿真分析。[①] 军事问题的定量分析，通常包括武器系统性能量化、战场环境量化、人的因素量化及作战行动量化等。武器系统性能量化，是确定一系列的数量指标来定量描述武器系统的性能水平，比如用武器系统在战场上的生存概率来描述其生存能力等。战场环境量化，是选用一系列的数量指标来描述对军事行动有直接影响的、由各种情况和条件构成的战场形态，主要包括战场的自然环境量化、人工环境量化和社会环境量化。人的因素量化，是对构成人的素质结构的诸因素进行数量化分析，确定影响军人活动效能的指标体系及其数值。作战行动量化，是选用一系列的数量指标来描述作战单位的运动、搜索、射击及战果等。[②]

这些分析有助于提升军事环境史研究的计量水平，深化对于战略制定以及战役战斗进程中各种影响要素作用的理解，为运用生态学理论与

---

① 《中国大百科全书·军事》，中国大百科全书出版社 2005 年版，第 434—435 页。
② 《中国军事百科全书·作战》，中国大百科全书出版社 2014 年版，第 220 页。

方法，尤其是从能量流动的视角进行历史叙事提供数据支撑。显而易见，军事运筹学对于军事影响因素的量化研究，是值得军事环境史研究者借鉴的：通过已有模型或者自建模型，了解不同情况下军事行动受到的影响程度，知晓某场军事行动释放的能量、排放的污染物种类与数量，从定量分析的结果支撑定性分析的结论，对于传统上一直接受文献分析和定性研究训练的历史学者而言，是非常必要和有益的补充。

综上所述，历史学家从其他学科谦虚地学习自身不擅长和不熟悉的知识，以取长补短为目的、对相关内容加以分析和应用，非但不会削弱其研究和著述的历史学属性，还可以丰富其对复杂世界的认知，有利于军事环境史研究的进一步发展。

第二章　军事环境史在欧美的进展

　　2009 年 8 月 4 日至 8 日，第一届世界环境史大会在丹麦的哥本哈根召开，在初露端倪但又较为狭隘的"战争环境史"概念之外，出现了"军事环境史"的概念，并成为大会的 13 个讨论组之一。这一领域出现了三个新变化：首先，对战争与环境的关系的认识进一步深化。一般情况下，环境在战争动员、军队的供应、战争的胜败等方面都发挥着重要作用，反过来，战争也对环境产生了深远影响。一些文章不但在相互作用的具体内容上有所拓展，还进行了一些理论思考和升华。其次，军事训练营地成为研究新热点。再次，战争中建立的独特商品链拓展了资源环境边疆，把遥远的资源产地变成了参战国家的资源腹地。世界大战要求提供充足的战略物资供应，对铝的需求导致加拿大铝产地的环境大变，战时形成的巨大生产能力根据路径依赖原理迅速在战后转化为满足消费市场的生产。①

　　2014 年 7 月 7 日至 14 日，第二届世界环境史大会在葡萄牙的吉马良斯召开，有 5 个讨论组与军事环境史有关。2019 年 7 月 22 日至 26 日，第三届世界环境史大会在巴西的弗洛里亚诺波利斯召开，军事环境史讨论组有 2 个。来自美国环境史学会（ASEH）和欧洲环境史学会的会员，是相关议题的主要参与者。近年来，有关美国内战环境史、两次世界大战环境史和冷战环境史的成果较之以往有了大幅增加，充分体现了时代的呼唤，反映了欧美历史学者、特别是环境史学者对军

---

　　① 包茂红：《国际环境史研究的新动向——第一届世界环境史大会俯瞰》，《南开学报》（哲学社会科学版）2010 年第 1 期。

事议题的关注。

本章将以专题加编年的形式，对军事环境史在北美和欧洲的进展加以概述，介绍有代表性的学者及其著述，总结欧美军事环境史研究近年呈现出的趋势与特点，同时展现学术源流的变化，供有兴趣的读者进一步研读。

第一节　北美的军事环境史研究

回顾2000—2019年北美学者的军事环境史研究，我们大致可以总结出以下基本特点：环境成为经济史家探索军事史时的维度之一；森林史是较早与军事史交叉的环境史研究领域；军事环境史研究队伍在2009—2019年迅速壮大，其中对美国内战环境史的研究最充分，对当代高技术战争的环境史研究仍显不足。

一　经济史家的军事史探索

人们选择通过武力来获取经济利益、降低成本或解决经济领域分歧的历史，比意识形态、联盟体制等因素要久远得多。经济投资、生产、消费诸环节，贯穿于军事能力的形成与维持过程始终。在战争状态下，经济行为的决策、实施和影响，又与和平时期有所不同，呈现出一定的特殊性。军事经济学作为军事学术的一部分，长期聚焦于人类社会内部，和平时期的军队建设和战争状态下的经济行为是其主要研究的对象。21世纪初，两位美国经济史家将环境纳入研究维度，对军事史进行了新的探索，也带给历史学家一些启发。

于尔根·布劳尔（Jurgen Brauer）长期从事军事经济学的研究工作，从20世纪90年代起先后与人合著了《裁军的经济议题》（1993）、《冲突与和平的经济学》（1997）、《区域安全经济学》（2000）、《武装南方：发展中国家军事开支、武器生产和武器贸易的经济学》（2002）和《武器贸易与经济发展：武器贸易抵消交易的理论、政策和案例》（2004）。①

2008 年，布劳尔与历史学家休帕特·蒂尔合著了《城堡、战争与炸弹：军事史的经济学解读》②，分别用"机会成本""逾期边际成本和收益""替代""边际效益递减""不对称信息和隐匿特性""隐匿行动和激励一致"六个经济学原理，分析了中世纪城堡与战争机会成本，雇佣兵和军事劳动力，成本收益与战争发动决策，美国内战与信息非对称，二战对德战略空袭的边际效益递减，以及资本—劳动替代与法国核力量等六个案例，雄心勃勃地提出要通过这些尝试影响整个军事史领域，因为传统军事史日益成为军队的历史而非军事史，所谓新军事史则因为渗入了性别、种族、文化、后殖民理论等并未得到传统军事史学者欢迎。

书中有关二战对德战略空袭的边际效益递减的分析，突出体现了这一尝试的价值。布劳尔指出，战略轰炸并未对德国的战时生产造成严重的不利影响，武器生产不减反增。数据还显示加大轰炸实际上会造成预期的轰炸效果的递减，有时甚至还有负回报——被轰炸人群的士气不仅没有消减，反而因为轰炸的增强而得到了增强。

2009 年，布劳尔在《战争与环境：全球化世界战争的环境后果》③一书中，从经济史的视角对人类战争及其带给自然环境的影响进行了研究。他指出，战争、自然和全球化以无数种方式交织在一起，以下问题都是需要探讨的：世界上的国家和非国家武装力量消耗了哪些自然资源；

① Jurgen Brauer, Manas Chatterji, *Economic Issues of Disarmament：Contributions from Peace Economics and Peace Science*, London：Macmillan, 1993; Jurgen Brauer, William Gissy, *Economics of Conflict and Peace*, Burlington：Avebury, 1997; Jurgen Brauer, Keith Hartley, *The Economics of Regional Security：NATO, The Mediterranean, and Southern Africa*, Amsterdam：Harwood, 2000; Jurgen Brauer, J. Paul Dunne, *Arming the South：The Economics of Military Expenditure, Arms Production, and Arms Trade in Developing Countries*, New York：Palgrave, 2002; Jurgen Brauer, J. Paul Dunne, *Arms Trade and Economic Development：Theory, Policy, and Cases in Arms Trade Offsets*, London：Routledge, 2004.

② Jurgen Brauer, Hubert van Tuyll, *Castles, Battles, and Bombs：How Economics Explains Military History*, Chicago：University of Chicago Press, 2008. 中文译本于 2016 年由经济科学出版社出版，译者陈波等。

③ Jurgen Brauer, *War and Nature：The Environmental Consequences of War in a Globalized World*, Plymouth：AltaMira Press, 2009.

核试验和核战争对环境有哪些影响；淡水稀缺或气候变化是否会增加战争爆发的可能性；石油、木材，或者宝石与全球生产和消费模式之间的关系等。

在研究方法上，布劳尔提出了评估环境影响的重要作用与现实困难。评估是记录和记分的方法，帮助人们记忆并进行纠正，使人们认识到随着时间推移而产生的变化。评估战争对环境破坏的一种方法，是将这种破坏分为物理的、化学的和生物的。另一种可能的分类，则要满足环境法和战争法的需要。第三种分类是攻击者的意图：直接故意损害、偶然损害和间接无意损害。第四种方法是根据生态被破坏的严重程度，用"破坏""退化""耗尽"和"毁灭"等词描述。但是寻找和利用数据，查明战争中自然界究竟发生了什么，不是一件易事。评估如果要可信，往往是危险、复杂和昂贵的，因此通常并不完整。特别是早期评估，往往是推测性的，极不可靠，大部分内容都是轶事、传言和偏见。

在后续章节中，布劳尔以越南战争、海湾战争、卢旺达内战和阿富汗的长期战争为例，运用比较视野考察了不同军事活动对环境的影响。越南战争是发生在热带森林、商业树木种植园和红树林环境中的漫长战争。海湾战争持续时间相对较短，发生在干旱的沙漠。他对这两场战争的环境影响逐渐减弱的趋势充满了乐观，并在注释中指出1999年科索沃战争几乎没有对生态环境造成任何有害影响——那些发生的，都是高度局部化的。尽管有报告说受到攻击的地点释放出危险的化学物质，或发现了贫铀，但几乎没有证据表明对环境和更广泛的生态过程造成实际破坏。

与上述国际战争相比，卢旺达内战带来的环境影响更为复杂和广泛：数百万难民涌入刚果东部和坦桑尼亚西部，在缺乏燃料和食物的情况下，人们进入森林收集地上的枯枝，折断容易触及的树枝，然后砍下整棵树，挖出树桩，几周时间就剥光了大片森林植被，导致野生动物陷入危机——一方面迁徙路线被打乱，另一方面被当作食物而猎杀。同时，水道被人类排泄物所污染。从定性和定量上看，这些影响与越南战争或海湾战争的结果都是非常不同的。

布劳尔引用了一些饱含悖论的观点作为小结：战争对自然的影响无疑是有害的这一论点，被证明是过于简单了。正如战争给自然带来代价一样，战争也会带来好处。20世纪50年代初的朝鲜战争导致了非军事区的建立，如今这里是朝鲜半岛其他地方看不到的野生动物的天堂。从安哥拉到柬埔寨，遍布世界各地的雷区限制了人类的重新安置，创造了野生动物苗壮成长的避难所。20世纪80年代，尼加拉瓜森林为武装部队提供保护，这也促使他们保护森林。事实上，对自然的最大威胁，很可能不是人类战争，而是伴随着和平而来的经济发展。国际自然和自然资源保护联盟的首席科学家杰弗里·麦克尼利写道："战争对生物多样性有害，而和平可能更糟。市场力量往往比军事力量更具破坏性。"

布劳尔最后指出，从自然的角度来看，人类的和平和人类的战争都具有破坏性。环保团体需要关注战争与和平的破坏性影响，并且重视战争对人类与非人类的破坏性影响。探讨战争对环境的影响，最好的逻辑链是从评估到估价再到责任：评估属于科学问题，估价属于经济学问题，确定责任属于法律问题。在21世纪，人们应进一步减少国家内部和国家之间的武装暴力社会冲突的发生率，另一方面要保护地球；不仅要减少人类之间的暴力，而且要减少对自然界其他部分的暴力。

整体而言，布劳尔明确了量化研究的重要意义，但在问题的分析过程中又过多倚重来源单一的数据，缺少了社会层面的丰富信息，特别是在高技术战争的生态环境影响上，忽视了伊拉克和南联盟一方的报告，只是依托美国和联合国相关机构的报告就得出了乐观结论，在史料的选择和运用上存在瑕疵。此外，其引用的"战争带来好处"的诸多例证，只谈及生态环境客观上得到的益处，却闭口不谈这种"好处"所依托的前提——人类社会遭受的痛苦。其对人类的价值判断不仅过于"理性"，甚至可谓冷酷。

日裔美国学者威廉·M.筒井（William M. Tsutsui）是另一位活跃在军事环境史研究领域的经济史家。2003年，筒井著文探讨了日本"黑暗谷"时期的景观。[1] 他首先提出一个有些令人惊诧的观点："虽然美国轰炸给日本留下了明显的伤痕，燃烧弹与核弹也确实造成了巨大损失（包括人的生命、从城市的大规模逃离、物质的彻底毁灭），但当从环境的视角进行审视，并考虑到广义语境下战争的环境影响时，轰炸日本城市所带来的影响与战争期间被砍伐清除的大片森林，以及被军事设施、矿井和工业污染的陆地与海洋相比是很小的，并且被摧毁的大部分区域在被攻击前就已经发生了严重的环境退化。战争、特别是战争中的经济动员带来的间接效应，对日本环境有更为深远的影响。"继而从渔业、农业、林业和工业四个方面论证了这一观点。

20 世纪 30 年代，日本政府为获取外汇而鼓励对金枪鱼和蟹类的深海捕捞，制作的海鲜罐头几乎被全部销往美国市场，捕鲸所获的鲸油主要输往德国的人造奶油厂和肥皂厂，到 1938 年其捕鲸量占全世界的 12%，仅次于英国和挪威。日本政府极力将日本的农业部门与帝国进行全面整合：朝鲜的农民被强迫种植水稻，虽然当地气候和农业基础设施并不是特别适合水稻的单一种植；大豆则被作为指定作物在中国东北推广。日本农民出口小麦，再进口中国东北的大豆以满足需要。

日本的森林在第二次世界大战中遭受了最明显的破坏。20 世纪 30 年代早期，日本所需的木料、木材和木浆有 1/3 靠进口来满足，其后则被迫减少对进口木材的依赖，国内的采伐迅速增加。太平洋战争期间，日本木材进口彻底停止，燃料的短缺（导致对木炭的大量需求），工业消耗的增加（特别是矿产消耗），以及战争最后几年重建受轰炸城市的急切需求，加速了对森林的砍伐。同时，日本政府还极力推动林地开垦，将造林计划中栽种树苗的苗圃和苗床，改为粮田。

筒井认为，松根油（the pine root oil）计划是对日本森林最具破坏性的一件事。战争后期，日本的石油供应锐减，战争机器迫切需要可替代的燃料来源。海军化学家发现，松树根部分泌的树脂经蒸馏可为发动机

---

① William M. Tsutsui, "Landscapes in the Dark Valley: Toward an Environmental History of Wartime Japan", *Environmental History*, Vol. 8, No. 2, 2003. "黑暗谷"（Dark Valley）译自日语"暗い谷間"，指日本 1945 年投降之前的 15 年军国主义和专制历程。

提供高辛烷值的燃料。这种树木炼金术，需要大量的人力，还会对自然造成严重的破坏。日本共建蒸馏炉 3.4 万座，每月可从"绿色油田"挤出 7 万桶"原油"。战争结束时，曾经茂密的松树林只剩下一片荒芜。最可悲和讽刺是，这种生态毁灭和共同牺牲没有任何价值——尽管官方在宣传，但日本的科学家从来没有完美地提炼出松根油，日本的轰炸机和战舰的油箱里也几乎从未使用过这种松根油。

此外，在战争动员体制下，日本工业和矿业的发展进一步加剧了环境退化。20 世纪 30 年代，随着工业备战的加速，空气和水污染更加严重。整个战争年代，地方当局常常报告与矿区、化学厂、淀粉厂和造纸厂相关的污染问题。仅 1937 年，农业省水产厅（Fisheries Agency of the Ministry of Agriculture）就记录了一千余起危害商业捕鱼的工业水污染事件。从关西地区（Kansai）轰鸣的工厂中排放的烟雾、灰烬和尘埃，弥漫在大阪（Osaka）和其他大城市的上空。太平洋战争期间，三井矿业（Mitsui Mining）在神冈（Kamioka）的冶炼厂，以及日本智索（Nihon Chisso）在水俣（Minamata）的综合企业迅速发展，二者后来都被证明是重金属废物的重要来源。

筒井最后指出，战时动员、混乱和战斗，在日本的景观和日本人与大自然的关系中留下了清晰的印记。在"总体战"的压力下，环境的管理体系、利用与认知（包括官方和非官方的，也包括经济、政治和文化上的），被彻底改变了。在战后很长一段时间里，许多战时的变化，从森林砍伐，到农村土地利用模式的转变，再到广岛、长崎的核辐射后果，都带来广泛而彻底的影响。想要更全面地理解日本复杂而引人注目的战时经历，就需要更密切地关注日本的战时环境政策，以及这场大战给日本带来的环境代价和环境影响。

布劳尔和筒井为军事环境史研究提供了经济史路径，筒井的视角和方法更带来许多启发：注重量化分析和比较研究，在报表与报道、数字与文字、经济数据与人们经历之间，达到了布劳尔并未实现的平衡，这是其突出的优点，也是可以作为军事环境史代表作、而不仅仅是经济史著述的重要原因。

二　森林史与军事史的交叉

森林作为战略资源的意义和作为步兵掩蔽物的作用，在古典史学与兵学叙事中已有记载。在军事环境史的视野下，森林、军事和社会之间的复杂关系得到了更加全面和深入的探究。

在美国军事环境史的萌生阶段，森林史是其主要议题——此间探讨军事与环境之关系的论文大多以森林为研究对象。这一方面体现了森林在传统史学与兵学叙事中的地位，正如前文所呈现的那样；另一方面则是两个学术组织合力推动的结果——森林史学会（Forest History Society）奠定了森林史研究的基调，环境史学会则扩展了森林史研究的范围。

森林史学会的前身——森林产品历史基金会（Forest Products History Foundation）成立于1946年，由一群森林工业高管和历史学家组成，从属于明尼苏达史学会（Minnesota Historical Society），通过档案和图书馆收集、出版、教育和服务等项目，为人类利用自然资源的相关问题提供历史背景。1955年独立后，该组织的兴趣领域从最初的关注森林产品史，转向了更广泛的关注森林和保护史，名字也经历了"森林史基金会"（Forest History Foundation，1955－1959）到"森林史学会"的变化。森林史学会长期致力于促进人类与森林环境相互作用的历史研究，主办《今日林史》（*Forest History Today*）杂志进行科普，在中学开展"如果树能说话"等环境教育课程。1974年美国环境史学会成立后，日益成为颇有影响力的学术组织，聚集了大批美国和加拿大的环境史学者和爱好者。1996年，森林史学会与环境史学会建立伙伴关系，共同主办刊物——《环境史》（*Environment History*），[1] 建立并壮大了北美的环境史学术共同体。相应地，森林史学会关注的领域也从森林及其保护史扩大到更广泛的环境史领域，但始终保持着森林史研究的基调。

在这一阶段，萨迪斯·桑瑟里（Thaddeus Sunseri）、约翰·麦克尼尔（John McNeil）、理查德·塔克（Richard Tucker）和大卫·比格斯

---

[1] 访问链接：https://foresthistory.org/about/history/，访问日期2021年6月1日。

（David Biggs）进行了具有开拓意义的实证研究和理论探讨。几位学者的共同点在于，他们将被人遗忘或忽略的林木重新纳入到了人类社群冲突的分析框架中，并且对于相互之间的关系与影响——人并非纯粹的施动者，林木亦非纯粹的受动者——进行了多角度审视。

桑瑟里对德属东非殖民地的马吉马吉起义（Majimaji rebellion，1905—1907）① 先后进行了社会史和环境史的审视，在一定程度上体现出世纪之交环境史对殖民史研究的影响。

1997 年，桑瑟里著文《饥荒和野猪：坦桑尼亚乌扎拉莫的性别斗争和马吉马吉战争的爆发》②，从社会史的角度解读了饥荒、性别权力斗争与马吉马吉战争之间的关系。他首先指出，坦桑尼亚的马吉马吉起义不应被视为20世纪50年代独立运动的前奏，尽管对于民族主义史家来说，这场战争是为摆脱德国殖民统治的民族之战，但是这种关注更多地反映了20世纪60年代的现实，而不是战争爆发时的现实。他认为，在地方层面，马吉马吉起义并不是为国家而战，而是家庭内部为克服殖民统治造成的问题而出现的一种斗争。战争爆发前，德国殖民当局的政策导致了乌扎拉莫地区发生饥荒，因为当地的男性劳动力大多被殖民地的工程招走，导致家庭经济瘫痪，殖民地的护林政策也抑制了农民用来保护土地和防止农业退化的社会控制能力。由于没有男人，野猪大量袭击毁坏庄稼，在家的妇女不得不处理产量下降的问题。在保护土地的努力中，女性承担了男性的既定角色，导致性别权力的转变，乌扎拉莫的首领们失去了在乡村社会的权威。因此，这场饥荒决定了乌扎拉莫的首领们对起义的反应——他们参加马吉马吉起义，是为了通过扭转德国造成饥荒的政策来重返地方权力舞台、恢复既往权力模式。对乌扎拉莫的妇女来说，饥荒是比战争更要优先考虑的事情。妇女通过药物保护庄稼来减轻饥荒的仪式，以及对农神的祈祷，被民族主义历史学家所利用，并转化

---

① 马吉马吉起义是金吉基蒂莱·恩瓜莱（Kinjikitile Ngwale）发起的反抗德国殖民东非的战争。"马吉"是恩瓜莱所谓的"圣水"。

② Thaddeus Sunseri, "Famine and Wild Pigs: Gender Struggles and the Outbreak of the Majimaji War in Uzaramo（Tanzania）", *The Journal of African History*, Vol. 38, No. 2, 1997.

为一种具有抵抗精神的原始民族主义意识形态。

2003 年，桑瑟里在《重新解读殖民地起义：1874—1915 年德属东非林业与社会控制》① 一文中，从环境史的角度详细分析了在上文提到过的"殖民地护林政策"的出台、内容与影响。1904 年，德国殖民当局将鲁菲吉河三角洲（Rufiji delta）以及一百多千米长的海岸红树林地划为森林保护区，严格限制非洲人进入，坦桑尼亚第一次出现了由国家管理的林业。1905 年，鲁菲吉盆地的人们攻击了德国殖民官员，以及许多参与宣布森林保护区的人，这也就是所谓的"马吉马吉起义"。桑瑟里指出，起义来自逐渐趋于严格的管控措施所形成的张力。在起义爆发前的十年里，德国殖民当局颁布了一些政策，严格限制非洲农民进入森林和获得森林产品的机会，使其远离传统的商业网络、物质和文化生活。此外殖民当局还颁布了狩猎禁令，削弱了非洲农民保护农田免受虫害的能力，也终结了数十年的象牙贸易。1904 年森林保护政策，则将农业经济与森林隔离开来，几乎禁止非洲人使用森林，通常要求人们迁移村庄和农场，放弃果树、祖传圣地和狩猎边界。森林保护区并不是像德国殖民时期的护林人所说的那样，仅仅是为了公共福利而保护森林景观，而是为国家提供了一种控制人民的机制。德国在东非的帝国科学林业，一方面切断了农村社会与森林的经济和文化联系，另一方面开创了 20 世纪强迫人口流动和社会控制的模式。

2003 年，麦克尼尔撰文指出"美国环境史的大多数著作，几乎都遗漏了军事维度"②，强调军事活动应被纳入环境史研究范围，对战争环境史的理论发展起到了推动作用。2004 年，麦克尼尔在《世界历史中的林木与战争》③ 一文中，指出环境史家研究军事问题的必要性，并且重新解读古典史学著作的历史叙事，探讨了历史上军事与森林的相互影响。

---

① Thaddeus Sunseri, "Reinterpreting a Colonial Rebellion: Forestry and Social Control in German East Africa, 1874 – 1915", *Environmental History*, Vol. 8, No. 3, 2003.

② J. R. McNeill, "Observations on the Nature and Culture of Environmental History", *History and Theory*, Vol. 42, No. 4, 2003.

③ John R. McNeill, "Woods and Warfare in World History", *Environment History*, Vol. 9, No. 3, 2004.

麦克尼尔认为，环境史家慢慢地认识到，他们的研究范围逐渐扩展到了战争和军事组织方面。在过去五千年的大部分时间里，大多数社会都相当认真地对待战争的可能性，并进行针对性的军事建设。在大多数情况下，国家的主要职责是保护臣民、抗击敌人入侵。正常情况下，保护的承诺使国家的沉重税收是可以被接受的。直到19世纪，国家的大多数税收都耗费在他们的军队上。从这个角度来看，战争和军事组织在环境史上经常扮演重要角色就不足为奇了。军事上的担忧和战争的前景影响了土地和资源的使用政策，如古代中国保护猎场，英属印度保护牧草，美国建立战略石油储备制度。这些担忧也对人口和疾病产生了意想不到的影响，影响了人们对自然界某些部分的认识，如铁、煤、马或蚊子。在军队和环境之间错综复杂的关系中，最重要的是森林和林地——森林和战争都是人类生活的基本因素，而且在很长一段时间内都是如此。人们一直在使用林地，在某种程度上也受林地环境的影响。战争，至少在小范围内，也可以延伸到人类的过去。

　　麦克尼尔提出，他的研究目标不是争辩战争在森林的历史中具有至关重要的作用，或是森林对军事史有重大的影响，而是努力表明在特定的时空里，军事和森林之间的联系是重要的，无论对战争或森林，还是对两者都是如此（图2-1）。同时希望森林史和军事史之间的一些交叉点，能够证明是有趣的和有启发意义的，即使它们并非宏大叙事的中心和重点。

　　由此，麦克尼尔从四个不同方向探讨了森林史和军事史之间的联系。首先，森林是战争物资的来源，武器、防御工事、战船等的建造过程都需要大量木材，依赖防御工事或海军的国家和社会，必须努力实现能够可靠地获取森林资源，而且海军还需要特定年龄、特定种类的树木，他们的关注改变了森林的物种组成和森林的范围。其次，森林是战争发生的直接因素，影响着战争进行的方式，有时会阻碍军队行动，有时可以为军队提供掩护，甚至影响战争的前期准备，木材供应常常影响和制约着军事活动的部署。再次，战争本身对森林有直接影响，古罗马、中国和英帝国都曾为对抗躲在森林中的起义者而破坏森林。最后，日常的备

图 2 - 1　澳大利亚士兵在比利时伊普尔的森林中行进

资料来源：Chateau Wood Ypres，1917，Australian War Memorial，ID Number：E01220.

战也会对森林造成影响，并且这种影响与战争本身相比要更为持久，如出于战略考虑，对森林进行的清除或对林地进行的开垦。这四个方面显然是紧密联系在一起的，在实践中，它们有时会相互渗透。

麦克尼尔回顾总结了森林在军事史中的角色与地位。从建造最早的防御工事到 19 世纪末，森林木材都是战略原料。19 世纪末，新武器技术、新建筑材料和技术的出现，以及钢铁舰船的出现，降低了木材作为战争原料的重要性。但是，这并没有降低森林对战争的重要性——现代战争对森林的需求依然很大，即使木材不再像石油或铀那样具有战略意义。木质战车和战舰的时代似乎已经远去。今天的战争似乎依赖高科技，以至于不需要木材作为材料，2003 年和 2004 年的伊拉克战争对森林的影响很小，因为成为战区的是沙漠，没有森林。但事实上，战争和森林之间的联系仍然存在。游击战争在十几个地方继续进行，游击队躲在森林里，他们的敌人则试图使其失去掩护。在安哥拉或阿富汗，因战争而流离失所的难民们仍在其临时住所里消耗木柴。缅甸、泰国和直到最近的印尼军事集团，都通过（非法）伐木来筹措军费。下一次大规模战争可能会发生在与伊拉克完全不同的地形上，森林将再次成为战争的一个因素，战争也将再次成为影响森林命运的一个因素。而且，无论森林在军事上是否重新恢复其以前的重要性，只要战争是人类文化的一部分，那么自然就会一直和战争紧密联系，成为社会和环境之间持续的共同进化之舞的一部分。

可以说，这篇文章是美国军事环境史从无到有、从萌生走向兴起的重要成果。麦克尼尔对于研究目标的设定，对于森林史与军事史之关系的论述，以及对古典史学著述中森林地位与作用的梳理与总结，在很大程度上鼓舞和启发了学者将视线投向环境史以往并不大关注的军事领域。

同一年，塔克和拉塞尔合编的论集《作为敌人和盟友的自然：战争环境史论》出版，"战争环境史"作为一个概念得以确立。塔克有两篇论文被收入其中，其一对战争与自然环境的关系进行了纵向梳理和总结，其二则对两次世界大战与森林采伐的全球化进行了探讨。①

塔克指出，一战中，在欧洲乃至海外，森林都面临着前所未有的战争压力。前方战场的长时间轰炸摧毁了几个世纪以来精心管理的森林。后方的人们紧急砍伐了大量木材。只有俄罗斯的林区没有被过度开发，因为其运输系统还很不完善。英国、加拿大和美国甚至从北美乃至印度季风区森林大量运输木材。但这场战争只见证了热带雨林砍伐的开始，因为伐木和运输设施仍处于起步阶段，甚至对于英法的西非殖民地的森林也是如此。

两次世界大战之间，军事工业的进一步加速发展使军事强国能从世界各地调动比 25 年前多得多的资源，造成的破坏也可达到新的水平。二战中，欧洲的森林再次被战争严重破坏。后方木材砍伐的速度达到了当时劳动力水平下的极限，挪威和波兰的森林被掠夺一空。与一战相比，欧洲、北非和中东的战区更易得到其他大陆的木材资源，伐木机械和林区公路、港口设施与越洋货轮构成的运输网也有了很大进步，但是苏联乌拉尔山以东的广阔森林仍然难以利用。珍珠港事件后，日本迅速夺取

---

① R. P. Tucker, "The Impact of Warfare on the Natural World", "The World Wars and the Globalization of Timber Cutting", in R. P. Tucker and E. P. Russell, eds., *Natural Enemy*, *Natural Ally*: *toward an Environmental History of Warfare*.

了菲律宾、印度尼西亚等地具有战略意义的森林和橡胶资源，对森林和种植园进行了残酷的蹂躏，留下了严重受损的环境遗产。太平洋战争对岛屿生物群、沿海珊瑚生态系统和水生环境造成了影响，使得森林、沿海沼泽和珊瑚礁出现普遍退化。

塔克的这篇文章是从全球史和环境史的角度进行的军事史实证研究，与麦克尼尔的文章相互呼应。同时需要注意的是，论集所收录的十篇文章里，还有另外 2 篇与森林史相关，即筒井先前发表于《环境史》杂志的《日本"黑暗谷"时期的景观》，以及芬兰学者斯默·拉科宁（Simo Laakkonen）的《战争——和平的生态替代品？二战对芬兰环境的间接影响》[1]。

2005 年，比格斯在一篇长文中梳理了越南乌明森林景观近 60 年的历史。[2] 上乌明国家公园（U Minh Thuong National Park）2002 年的一场大火引起了全国的关注，但其损失的 2700 多公顷原始森林只是原因之一，更主要的原因是该地区曾是越南独立同盟（VietMinh，1941 - 1954）最早的南部基地之一，后来又是民族解放阵线（National Liberation Front, 1960 - 1975）的重要基地。比格斯认为，需要考虑革命和战争遗产如何造就了现在的乌明定居者，后者在 2002 年因引发火灾而受到很大的指责。

在比格斯看来，森林里的革命活动经常根据外界的行动而改变战略，革命不仅仅是军事斗争，而且也建立在与该地区以前生活过的人密切联系的基础上。生存意味着要与当地人民建立真正的联系：干部们会花时间在村里扫盲，组织农会，在人手不足时亲自收割水稻。1945 年之后，森林里的政治和军事设施扩展成为网络，包括游击根据地、医院、学校和武器作坊。总之，乌明森林的革命景观，是森林外部政府军与森林内部革命军之间反复对话的结果。

---

① Simo Laakkonen, "War, An Ecological Alternative to Peace? Indirect Impacts of the Second World War on the Finnish Environment", in R. P. Tucker and E. P. Russell, eds., *Natural Enemy, Natural Ally: toward an Environmental History of Warfare*.

② David Biggs, "Managing a Rebel Landscape: Conservation, Pioneers, and the Revolutionary Past in the U Minh Forest, Vietnam", *Environmental History*, Vol. 10, No. 3, 2005.

森林有时是进行激烈战斗和发生毁灭性破坏的地方，特别是在1968—1972年，美国和南越军队使用 B-52 轰炸机、凝固燃烧弹和橙剂，并发起由直升机支援的以营为单位的大规模进攻，留下了大片废墟。1972—1975 年，三角洲地区的解放政府管理范围逐渐扩大。1975 年之后，乌明成为重新安置战争退伍军人的新中心，并开展了大规模的运动，以修复受橙剂和轰炸影响的地区。到 1990 年，数千名新移民迅速清除了大部分剩余的森林，越南政府提名上乌明为森林保护区。

1990 年之后，越南政府与国际保护组织和国家机构合作，制定法律保护剩余的森林。不过这些法律的推行面临着两大困难：一是说服当地人接受保护乌明的森林——美国和南越军队曾经的轰炸目标，现在应该得到保护。二是机构职权的问题——森林保护部门几乎没有管理水资源的权力，而上乌明国家公园火灾后的报告一再指出，地下水位下降，特别是由于新的疏浚和灌溉造成的下降，是火灾的系统原因。

作为结论，比格斯提出，2002 年火灾后的修复工作提出了一个挑战，即要开创一种新的道德规范——保护范围不仅仅局限于树木和水，还包括对过去的修复（使乌明的水文恢复到更为自然的状态）。

与之前研究越南战争期间"牧场工行动"的著述不同，比格斯的研究视野并未局限在行动的酝酿、实施以及越南环境遭受的毁坏上，而是从人与环境的互动、不同人类社群之间的互动，探讨了越南战争摧毁的那片森林有着怎样的革命景观，这种景观是如何形成的，战争给这片森林留下了怎样的遗产，战后恢复过程中人与环境、人与人又有哪些互动。这一研究综合运用了环境史的理论与方法，双向互动的视角与思考非常鲜明，此外在时间上也契合于更广泛的"军事"而非较狭隘的"战争"。因此笔者将此作为美国军事环境史萌生阶段结束的标志。

2006 年以来，尽管森林已不再是最受关注的主题，但也仍是重要内容，不仅研究对象有所扩展，且相关研究也在走向深入。在近 15 年《环境史》杂志发表的军事环境史论文中，与森林史相关的有 4 篇，约占1/6，其中 2 篇与越南战争有关，另外 2 篇则涉及森林政策及其实施。

詹姆斯·G.路易斯（James G. Lewis）的《斯莫基熊在越南》①，以翔实的史料和幽默的笔触，回顾了美国林务局在越南战争期间的军事服务。斯莫基熊是美国林务局森林消防的吉祥物，也是美国文化中仅次于圣诞老人的第二大公认标志。1962年，斯莫基熊成为"牧场工行动"的非官方吉祥物，其海报上的口号"只有你才能防止森林火灾！"被人改成了"只有你才能阻止森林的形成！"（如图2-2、2-3）破坏森林而非保护森林，是美国林务局工程师们在越南战场上的工作内容：他们中的一些人为中情局工作、从事低空飞行作业，一些人参加了军方的落叶剂项目，还有一些人为美国国际开发署（USAID）负责伐木工作。

图2-2　美国林务局的宣传海报"只有你才能防止森林火灾"

资料来源：Smokey Bear Poster, 1964, U. S. Department of Agriculture － Forest Service, 65－CFFP－2a.

图2-3　美国军营里的海报被修改为"只有你才能阻止森林的形成"

资料来源：Ranch Hand Association Vietnam Collection, 1967, The Vietnam Archive, Texas Tech University, Slide VAS006661.

越南军事援助指挥部（MACV）主导了两次旨在引燃落叶制造火灾

---

① James G. Lewis, "On Smokey Bear in Vietnam", *Environmental History*, Vol. 11, No. 3, 2006.

的试验——舍伍德森林行动和粉玫瑰行动（Sherwood Forest and Pink Rose operations），林务局人员驻扎在前沿阵地监测落叶率，确定引燃时间。但是这两次实验都失败了——上升的热量引发了暴雨，最终浇灭了大火。

1967 年 1 月，随着越南战争的升级，林务局向美国国际开发署派出了一支由七人组成的队伍，在南越向当地人提供伐木、碾磨和造林的建议，以增加当地木材和胶合板的生产、减轻美军后勤压力，通过经济上的自给自足来削弱当地人对越共的支持。但是平民在战区进行伐木作业的逻辑存在极大问题，最终，伐木项目在政治和经济上都失败了：锯木厂里最好的操作员竟是执行渗透任务的越军成员，而嵌在树干里的弹片也屡次弄坏锯木厂的锯条。更为严重的问题是，军方在继续执行落叶和轰炸任务，轰炸区域离锯木厂的伐木作业区并不远，林务局有人建议军方停用落叶剂，但是遭到了拒绝。

在美国国内，雷切尔·卡森（Rachel Carson）的《寂静的春天》使美国的普通民众开始关注除草剂和杀虫剂的环境影响。到 20 世纪 70 年代，抗议者发起游行示威，反对战争中使用橙剂，转为反对林务局使用滴滴涕和其他化学物质在国家森林中杀死其认为不受欢迎的树木、植物和昆虫。印有斯莫基熊和"只有你才能阻止森林的形成！"的海报被用来表达对林务局的不满。不仅如此，环保人士还要求减少或取消国家森林的机械化活动和伐木活动，扩大荒野地区。林务局卷入了一场由成群的律师在法庭上发动的环境战。环保人士利用《国家环境政策法案》（1969）和其他新立法，要求在实施喷洒活动前必须提交环境影响报告，最终停止大量使用除草剂和杀虫剂。

路易斯对于越南战争的审视，是在诸多悖论中展开的，充满了矛盾和冲突。斯莫基熊的形象变化，是美国林务局从事军事服务、将林业知识和技能用于毁林而非护林的必然结果。美军要求林务局工程师参战服务，是基于军事、政治和经济上的多种需求，但预想和现实的分野，又充分体现了克劳塞维茨军事理论中的"摩擦力"概念。美国国内的环保运动，最终促使通过立法停止大量使用除草剂和杀虫剂，又是前线无心插柳、后方绿树成荫，偶然中蕴含着必然。

尼尔·S.奥茨瓦尔（Neil S. Oatsvall）2013年关于落叶剂的文章①则探讨了另一个层面的问题——考察和比较牧场工行动的军事效能与生态影响，判断化学落叶的手段是否取得了军方预期的优势：即用树木换生命，通过对越南环境的破坏，拯救美国军人的生命。

奥茨瓦尔认为，越南战争期间，美国的军事规划者错误地估计了化学落叶在战争和环境方面的作用。规划者期望落叶剂能提供一个独特的军事优势，但事实证明其军事效果充其量是模糊的。与此同时，化学落叶对越南森林的影响超出了人们的预期，对环境的破坏远远超过了人们最初的理解。不过那些只在越南待了几周、战前对越南环境不甚了解的科学家的评估也难以完全准确，他们只是凸显出军事领导人对化学落叶剂战争技术的生态影响了解太少，且缺乏试图了解这种影响的努力（因而这些研究占据了道德高地）。落叶剂一直受到道德谴责，但历史学家并没有适当地考虑到它们的军事影响，特别是为何会使用他们。

在他看来，橙剂等落叶剂之所以带来意外的军事结果，是因为美国军方过度依赖技术作为解决问题的最佳方案，而这一直是美国战争方式的一部分。与其说美军使用落叶剂是一种意识形态缺陷，不如说是其军事力量对一个民族及其地形施加政治控制的又一次失败的尝试。规划者将有缺陷的军事原则作为这些行动的基础。那些被贴上了恶名标签的技术官僚，实际上带有理想主义和对使命的优越感，他们相信像美国这样一个技术先进的社会可以管理和控制越南南部，通过数据的分析和处理，借助适当的现代工具——包括原本民用的除草剂——将自己的意志强加给环境及其居民。

奥茨瓦尔指出，越南战争清楚地表明，在一些战争中，几乎没有技术上的差异可以战胜对手根深蒂固的优势。因此，至少在工业化战争中，如果不了解战争、技术和环境之间相互联系的本质，就无法理解人类的冲突。化学落叶行动为研究这一现象提供了案例。自然特征几乎总是在战争中扮演着角色，人类必须做出决定，特别是使用、改变或抵消环境军事收益的技术。在越南，自然有着不同于其他国家的复杂身份。郁郁葱葱的丛林可以提供家

---

① Neil S. Oatsvall, "Trees Versus Lives: Reckoning Military Success and the Ecological Effects of Chemical Defoliation During the Vietnam War", *Environment and History*, Vol. 19, No. 4, 2013.

园、食物和战术优势——越共把大自然当作盟友来培育。当外国军队尝试高科技解决方案来对抗越南的地形时，越共军队把环境作为他们对抗技术更先进的军事力量的解决方案之一。美国军方认为越南的环境在被夷为平地时最为符合其目的，因而通过改变环境以适应它的战争计划和战斗方式。越共军队则通过改变他们的战争计划和战斗方式以适应（变化了的）环境。

奥茨瓦尔这篇文章的与众不同之处，即在于超越了道德评判，从战争、技术和环境之间的相互关系入手，回到最初的问题——分析了美军为何使用落叶剂，越共军队如何适应这种作战方式带来的环境变化。同时，文章也突出地展现了军事活动的复杂性——战争、技术和环境三者之间并不存在决定性的应然关系，而是充满了未知和变化。

约翰·T. 温（John T. Wing）的研究视野投向了 16 世纪的西班牙。[①] 随着西班牙帝国在 16 世纪的扩张，国王的目标是保障自己海军造船的木材，以保护新大陆的宝藏，从而将国家对几个关键森林地区的掌控力扩大到前所未有的水平。木材资源对维持控制着跨大西洋的西班牙帝国的舰队至关重要，尽管腓力二世为建造无敌舰队而砍伐森林的行为，在政治和生态上都具有破坏性，但将木材作为战争战略资源的需求，标志着西班牙森林系统管理的开始。它还将森林保护和重新种植被海军重视的物种，如橡树和松树，与军事化和官僚国家权力的扩张联系起来。

温认为，对许多历史学家来说，西班牙新世界帝国的丰富资源意味着它 16 世纪以来便不再倚重伊比利亚半岛的森林，而且确实也有能力这样做。然而西班牙王室将森林作为帝国防御的核心，发现潜在的木材危机后，首先确定问题的解决方案，其次实施保护木材的解决方案。通过对这一过程的仔细分析，可以发现一种欧洲独有的、有别于其他大西洋帝国的经验。整体而言，因为帝国需求的增加，西班牙王室在 16 世纪中期重新定义了它与森林资源的关系，增加了对国内木材供应的重视。王室的传统角色从防止市政普通法的滥用，转变为对木材通道日益集中的控制。王室颁布的森林立法，重点是从试图平衡地方利益的宽泛法规转

① John T. Wing, "Keeping Spain Afloat: State Forestry and Imperial Defense in the Sixteenth Century", *Environmental History*, Vol. 17, No. 1, 2012.

向旨在保护重要造船厂附近森林的更具体法规。负责执行森林法规的官僚机构以及森林监督员,是海军官僚机构的延伸,他们负责为国王提供资金和监督船只的建造,触角延伸到了原材料的来源,这些原材料主要位于北部海岸。

温还注意到,为了在不扰乱社会秩序的情况下为海军获取木材,马德里必须平衡当地利益和帝国需求。即使在国际冲突中耗尽了财政,消耗了物力和人力资源,西班牙国王仍重申当地社区长期享有获取森林资源的合法权利。与此同时,许多森林社区被召唤为皇家服务的号召所说服。他认为,平衡地方利益和帝国利益的斗争揭示了国家权力的局限性,但也证实了早期现代西班牙社会有能力保护森林以使西班牙顺利发展——无论是在公海上,还是在 16 世纪的欧洲政治舞台上。

帕特里克·J. 卡弗里(Patrick J. Caffrey)探讨的是日本在伪满洲国的森林政策。[1] 这篇文章解释了为什么日本作为在中国东北的殖民统治者,在 20 世纪 30 年代早期转向了可持续产量的林业,以及为什么在不到十年后又放弃了这一努力。日本军队试图通过森林管理,将其在中国东北建立的伪满洲国转变为殖民体系的基石,其目的是在被全球萧条和日益紧张的局势所分裂的世界中维护日本帝国的安全。由此军队将森林管理从破坏性的掠夺转向了可持续的产量管理,但仅仅几年,当日本扩大侵略、陷入与美国及其盟友的绝望战争时,他们又改变了方向。日本在掠夺中国东北森林的同时,也继续在人口稠密的地区提倡植树造林,以支持大东亚共荣圈的宣传,以及"日本帝国"将从西方帝国主义的统治下拯救亚洲。这场征伐的轨迹与伪满洲国的森林管理轨迹相同。1945 年战争结束,日本失去了之前 50 年攫取的领土,也失去了曾经控制的森林。

卡弗里认为,中国东北木材的损失究竟是 7000 万立方米还是 6400 万立方米,对得出结论并不重要,因为文章的目的是揭示日本如何管理伪满洲国的森林:日本在中国东北的林业实践随着日本的扩张而改变。在他们认为那里的森林是其永久财产之前,他们采取的措施是不可持续的采伐;

---

[1] Patrick J. Caffrey, "Transforming the Forests of a Counterfeit Nation: Japan's 'Manchu Nation' in Northeast China", *Environmental History*, Vol. 18, No. 2, 2013.

在确认那里的森林是其永久财产之后，便试图逐步走向可持续产量的林业。而日本不断扩大的战争使日本帝国陷入危机，并以毁灭而告终。

温与卡弗里的森林政策研究，都聚焦于殖民主义体系的构建过程。二人不仅探讨了问题的产生，即如何确保木材这一战略资源的供应，也探讨了宗主国和殖民当局制定的森林政策有哪些特点，变化来自何处，又有哪些收益和损失。同时，二人对森林政策及实践的研究，又未局限于帝国史或殖民史的框架之下，而是与海军建设、战争走向等军事史问题紧密契合，提出并回答了在传统军事史领域不大受关注的问题，也体现了军事环境史的研究价值。

除《环境史》杂志外，森林史学会的《今日林史》杂志也曾刊登过几篇军事环境史文章，题目涉及木材与飞机制造，一战期间赴欧伐木的美军工兵团、在美国国家公园劳动的德国战俘等。① 近年来一些研究美国早期史、内战史和两次世界大战史的学者也有著述论及森林与军事活动的关系。② 这一方面体现了美国军事环境史的兴起与影响，另一方面再次证明了森林史在军事环境史中的地位。

三 研究队伍力量迅速壮大

美国环境史学会作为颇有影响力的学术组织，聚集了美国和加拿大的大批环境史学者和爱好者，与森林史学会一起建立并壮大了北美的环境史学术共同体。

从 2006 年到 2020 年，探讨军事活动与环境之关系日益成为北美环

① Sara Witter Conner and James G. Lewis, "History on the Road: Wisconsin's Flying Trees: Wisconsin Plywood Industry's Contribution to World War II", *Forest History Today*, 2005; Byron E. Pearson and James G. Lewis, "'We Are Hell on Cutting Down Trees': Unexplored Questions about the Forest Engineers' Experience in the First World War", *Forest History Today*, 2018; John R. Jeanneney, "The Impact of World War I on French Timber Resources", *Forest History Today*, 2018; Michael O'Hagan, "'Freedom in the Midst of Nature': German Prisoners of War in Riding Mountain National Park", *Forest History Today*, 2017 (Fall).

② David C. Hsiung, "Food, Fuel, and the New England Environment in the War for Independence, 1775 – 1776", *The New England Quarterly*, Vol. 80, No. 4, 2007; Lisa Brady, "Devouring the Land: Sherman's 1864 – 1865 Campaigns", in Charles E. Closmann ed., *War and the Environment: Military Destruction in the Modern Age*.

境史学界方兴未艾的领域。此间美国环境史学会年会共设军事主题讨论组或圆桌会议69个,与会人员共提交文章或发言231篇。居前三位的主题分别是核生化武器(34)、景观(33)、森林(16),居前三位的战争分别是冷战(42)、二战(28)、美国内战(16),居前三位的国家或地区分别是美国(59)、非洲(16)、越南(15)。[1] 同样是从2006年到2020年,《环境史》杂志共刊载军事环境史论文(不含书评)23篇,占比约为8.2%,为这一领域的兴起提供了重要的阵地。[2] 除论文外,三部论集的出版也体现了北美军事环境史研究队伍的日益壮大。因为论集不同于专著,往往会收录数位学者对同一专题的研究成果。

(一)麦克尼尔的贡献

前文所述的麦克尼尔,作为军事环境史的倡导者、实践者和组织者,对研究队伍的壮大发挥着重要作用。他先后被推举为美国环境史学会主席和美国历史学会主席,也反映出学界对其成就的充分认可。

2009年,麦克尼尔和大卫·佩因特(David Painter)发表论文《美国军队的全球生态足迹》[3],立足于美军的任务和规模,概述了1789—2003年美国军队的生态影响,提出"美国军队途径多样,或大或小地改变着美国国内和世界的环境"。19世纪90年代以前,美军的环境影响很少超出国界,其首要任务是为殖民定居提供支持,所有的生态变化都蕴含在这一过程当中。但是从19世纪90年代起,美国试图在世界政治中发挥更大的作用,其军队的生态影响日益全球化。这一过程开始于1898年后海外基地的取得,1941年后随着美军基地和设施在世界各地的蔓延发展达到顶点。直接的环境影响主要是与国内外的军事基地有关的,包括基地的基础设施,化学与核废物,以及训练和演习造成的破坏——所

---

① 数据经整理美国环境史学会的年会手册得来,访问链接 http://aseh. net/conference - workshops/conference - schedules - archive,访问日期:2021年4月30日。

② 数据经整理《环境史》杂志目录得来,访问链接 http://aseh. net/publications/journal,访问日期:2021年6月1日。

③ J. R. McNeill, David Painter, "The Global Environmental Footprint of the U. S. Military: 1789 - 2003", in Charles E. Closmann ed. , *War and the Environment: Military Destruction in the Modern Age.*

有这些受到的监管都极少，尤其是在海外。除了直接影响外，美军还推动形成了 19 世纪美国制造业效率的刷新、20 世纪早期的新工业（化学除草剂和杀虫剂）、1941 年以后新的区域布局模式，以及一种能源消耗规模空前的生活方式。尽管并不是只有美国在备战和战争中重塑了国内外生态，但是其所达到的程度是独一无二的，与过去六十多年美国军事力量的全球覆盖程度大体相当。掌控世界的雄心，似乎不仅要求美国军方，也要求美国社会设法掌控自然。

2010 年，麦克尼尔所著《蚊子王国：1620—1914 年大加勒比地区的生态与战争》[①] 出版，是审视双向互动关系的佳作。他在书中揭示了疟疾和黄热病对大加勒比地区军事行动、殖民扩张和政治局势的影响：疟疾由当地的按蚊传播，黄热病由非洲传来的伊蚊传播；17—18 世纪中后期，大加勒比地区的居民和西班牙殖民者与这两种蚊子长期共处，对其所携带的疾病有了较强的免疫力，而同西班牙在大加勒比地区抢夺殖民地的英国、法国、荷兰等国军队对黄热病和疟疾的免疫力较弱，这为西班牙防守其殖民帝国提供了有利条件，如果其他国家的军队不能在较短时间内取得决定性胜利，其军队就会被黄热病和疟疾拖垮；到了 18 世纪末，情况发生了变化——大加勒比地区开始爆发反抗西班牙殖民者的革命，殖民者不得不从西班牙本土抽调军队进行镇压，由于他们缺乏对黄热病和疟疾的免疫力，使革命者居于有利地位；19 世纪末，美国医生发现了蚊子传播疾病的秘密，有效遏制了黄热病和疟疾的传播，促成了其美洲霸权的取得。

同一年，麦克尼尔与 C. R. 昂格尔（C. R. Unger）合编的论集《冷战环境史》由剑桥大学出版社出版。[②] 论集作者共 17 人，其中德国 2 人，英国 1 人，中国 1 人，其余均来自北美（美国 12 人、加拿大 1 人）。相关成果在空间上以国家或地区为主，时间上则多为断代史，通过史例展现了战争与环境间的关系。

---

① J. R. McNeill, *Mosquito Empires：Ecology and War in the Greater Caribbean, 1620 – 1914*, Cambridge：Cambridge University Press, 2010.

② J. R. McNeill, C. R. Unger, eds., *Environmental Histories of the Cold War*, New York：Cambridge University Press, 2010.

麦克尼尔和昂格尔在导论中分析了冷战史研究的整体情况。[1] 他们指出,现实与研究间存在着悖论:在现实中,一方面冷战促进了研究和探索以前被忽视的角落和缝隙,如极地、海底和上层大气,扩大了人类对生物圈的经验,而且帮助改变了人类对生物圈的认识,激发了人们的雄心,如改变洋流的方向和改变天气等,另一方面制定战争计划的人对环境变化、特别是气候变化产生了浓厚的兴趣,他们认为环境变化可能从根本上影响他们的计划。但是在研究中,不仅战争对环境可能产生的影响还没有引起军事史家的很大兴趣,而且环境史家大多也不愿意考虑战争问题。于是,尽管冷战是在不断变化的生物圈背景下展开的,1945—1991 年的每一个环境问题都是在冷战主导的地缘政治背景下发生的,然而冷战史家和环境史家却忽视了彼此的工作,像夜里擦肩而过的两艘船,隐约意识到对方,却无法或不愿接触对方。因此需要探讨冷战与环境、环境变化以及人类对环境的认识之间的联系,将环境史和冷战史的关注集中起来。

　　在他们看来,环境史和冷战史至少在这些问题上存在着交集:代理人战争对环境的影响,农业和绿色革命,冷战的基础设施,军事基地,军工复合体,冷战环境保护主义,环保主义和外交,环境史、冷战和科学,对科学和环境的动员,控制环境,科学家与环保主义等等。由此不难看出,环境史视野下的冷战史超越了战略决策、国际关系这些传统的宏大叙事范畴,而是着眼于更为基础和具体的要素——或如农业,作为开展所有活动的物质基础;或如各类军用设施,作为实现宏大战略的具体措施和产物;或如科学家,作为个体微小但是作用巨大的人。

　　论集收录的文章是围绕三个主题展开的,分别是"科学与战争规划""地缘政治与环境"以及"环保主义"。"科学与战争规划"中的 5 篇文章均来自北美学者。在《作为冷战一部分的对自然的战争:苏联环境退化的战略和意识形态根源》一文中,科尔比学院的保罗·约瑟夫森(Paul Josephson)指出,第二次世界大战之前苏联与敌对的资本主义包

　　① J. R. McNeill, C. R. Unger, "Introduction: The Big Picture", in J. R. McNeill, C. R. Unger, eds., *Environmental Histories of the Cold War*.

围的斗争，其后与法西斯德国的斗争，以及冷战时期与美国及其盟国的
斗争，始终伴随着与反复无常的自然本身的战争。冷战使苏联的大片地
区被污染严重到无法恢复，成为"工业沙漠"或"工业荒地"。军工体
系能生产石油、煤炭、金属、木材和核武器，但效率很低，公众健康和
环境付出了巨大代价。[1]

多伦多大学的马修·法里什（Matthew Farish）在《创造冷战气候：
美国全球主义的实验室》中指出，冷战期间美国多个气候实验室汇集了
地理学家、生理学家、生物化学家、生物物理学家和心理学家，用一种
更基本的方法来研究人类环境关系——追踪温带、山区、沙漠、丛林、
北极和亚北极地区地面部队的日常饮食习惯，专注于士兵在战时的营养
和气候适应，为美国冷战时期的全球军事行动服务，日益成为"军事—
工业—学术复合体"[2]。

俄勒冈州立大学的雅各布·达尔文·汉布林（Jacob Darwin Hamblin）
长期关注冷战时期的核问题，出版专著有《海洋学家与冷战》《深埋之
毒：核时代之初海洋中的核废料》和《武装大自然母亲：灾难性环境主
义的诞生》。[3] 他在《全球污染区：冷战早期环境战争的规划》一文中，
探讨了冷战早期影响美国规划核战争及生物战争的政治和制度因素。他
指出，环境战争与战争对自然环境的附带影响是截然不同的——尽管一
些科学家将大规模武装冲突与环境灾难联系在一起，但环境战争要求有
目的地利用环境作为发动战争的手段，试图操纵生物力量、大气和大地
构造力量去伤害自己的敌人。朝鲜战争中，美国国会议员艾伯特·戈尔
曾建议将放射性武器视为解决朝鲜问题——以及放射性废料问题——的

---

① Paul Josephson, "War on Nature as Part of the Cold War: The Strategic and Ideological Roots of Environmental Degradation in the Soviet Union", in J. R. McNeill, C. R. Unger, eds., *Environmental Histories of the Cold War*.

② Matthew Farish, "Creating Cold War Climates: The Laboratories of American Globalism", in J. R. McNeill, C. R. Unger, eds., *Environmental Histories of the Cold War*.

③ Jacob Darwin Hamblin, *Oceanographers and the Cold War*, Seattle: Washington University Press, 2005; *Poison in the Well: Radioactive Waste in the Oceans at the Dawn of the Nuclear Age*, New Brunswick: Rutgers University Press, 2008; *Arming Mother Nature: The Birth of Catastrophic Environmentalism*, New York: Oxford University Press, 2013.

潜在解决方案，因为钚加工产生的危险废料并非原子弹，既可以通过广播告知迫使其撤退、控制其行动，又不会直接杀死士兵或平民，因此总统可以避免使用原子弹的政治影响，并使美军在战场占据主动。军方出版物还强调了放射性武器的人道性，其依据是人们可以选择通过疏散来避免辐射的积累——死亡的、被污染的景观可能是一种更为人道的战争风格的标志。这一计划最终未能实现，与道德或伦理限制没有多大关系，相反，是因为在实际操作中战术价值不大，生理效应会被推迟，这些武器将主要产生心理效应。①

在《冷战中的环境外交：1966—1967 年的天气控制、美国和印度》一文中，佛罗里达州立大学的克里斯汀·C. 哈珀（Kristine C. Harper）和罗纳德·E. 多尔（Ronald E. Doel）回顾了美国将人工降雨技术作为武器和外交手段的历史。1947 年，美国海军和空军为气象控制研究提供资金和材料，因为它有可能成为一种相对便宜的进攻性和防御性武器，既无污染，也无放射性沉降物，而且其部署永远无法被证明。美国科学院大气科学委员会谴责出于军事目的的人工降雨，但 20 世纪 60 年代中期，约翰逊政府还是使用了它——一方面使用先进的天气控制技术来解决印度的水和粮食问题，另一方面也在使用同样的工具来破坏北越的补给线。事实上，约翰逊将改变印度环境作为美国南亚外交政策的一个可行的秘密方案，通过控制天气为印度干旱的土地带来降水，以便将南亚牢牢地置于美国的影响范围内。②

密歇根大学的理查德·P. 塔克在《通过拦截河流遏制共产主义：美国的战略利益和冷战早期高坝的全球传播》一文中，揭示了冷战地缘政治议题与世界各地大坝建设热潮之间的联系与影响。在冷战中，大坝具有实用价值和象征意义，公路和铁路等其他形式的大规模基础设施也是

①　Jacob Darwin Hamblin, "A Global Contamination Zone: Early Cold War Planning for Environmental Warfare", in J. R. McNeill, C. R. Unger, eds., *Environmental Histories of the Cold War*.

②　Kristine C. Harper and Ronald E. Doel, "Environmental Diplomacy in the Cold War: Weather Control, the United States, and India, 1966 – 1967", in J. R. McNeill, C. R. Unger, eds., *Environmental Histories of the Cold War*.

如此。出于对冷战的担忧，美苏两国分别建立了国防高速公路系统和铁路系统，重新定义了土地使用的模式。这些冷战配套设施影响了定居点、商业场所以及资源开采等方面，伐木、采矿和农耕在以前无法进入的地方变得可行。交通线路也抑制了陆地野生动物的迁徙，就像水坝抑制了水生野生动物的迁徙一样。①

"地缘政治与环境"中的4篇文章有2篇来自北美学者。夏威夷大学的马克·D. 梅林（Mark D. Merlin）和里卡多·M. 冈萨雷斯（Ricando M. Gonzalez）合作探讨了1946—1996年大洋洲核试验的环境影响。他们指出，冷战期间，原子弹和热核炸弹试验经常被用来展示军事和科学实力，大多数试验都带有明确的政治意图，并且往往很少考虑生态后果。在遥远的大洋洲进行核试，是冷战时期地缘政治紧张局势的体现。美英法决定在太平洋上的小型孤岛上引爆核弹，看中的是热带太平洋中部地区面积广阔、气候温和且人口有限的特点。统治精英集团认为西方资本主义的命运取决于这些实验，因而并不关注环境影响。核试和放射性污染对大洋洲有直接和间接的影响，且时间有长有短。除核试之外，相关准备和清理工作同样扰乱了当地生态，产生了不同程度的影响。因此，他们建议有关政府应提高公开性，以便充分评估和处理那些已经或者可能受到核试影响的人们的健康风险，同时认为研究和公布包括人类在内的所有生物受到的环境影响，可以为遥远的大洋洲生境带来重大利益。②

美国国务院的历史学家大卫·齐勒（David Zierler）在《违背日内瓦议定书：1969—1975年生态灭绝、缓和与越南化学战问题》一文中回顾了旨在禁止使用生化武器的《日内瓦议定书》，在美国外交政策中的尴尬地位。作为1925年提出议定书但并未缔约的唯一大国，美国长期坚持

---

① Richard P. Tucker, "Containing Communism by Impounding Rivers: American Strategic Interests and the Global Spread of High Dams in the Early Cold War", in J. R. McNeill, C. R. Unger, eds., *Environmental Histories of the Cold War*.

② Mark D. Merlin and Ricando M. Gonzalez, "Environmental Impacts of Nuclear Testing in Remote Oceania, 1946 – 1996", in J. R. McNeill, C. R. Unger, eds., *Environmental Histories of the Cold War*.

将非致死性毒气和落叶剂等排除在生化武器之外，并在越南战争期间大肆使用落叶剂，造成了严重的环境与社会后果，直到 1975 年才有所保留地成为缔约国。他进而指出，与许多国际条约一样，《日内瓦议定书》依靠模糊的语言鼓励各国采纳并遵守其条款。结果随着时间的推移，缔约国的数量在增加，但代价是议定书明确指导原则的能力被削弱了。尼克松政府对《日内瓦议定书》的狭隘解读并非唯一：在议定书的 133 个缔约国中，有 92 个对禁止报复性使用化学和生物武器持正式保留意见。越南在 1980 年 12 月批准了该议定书，其保留意见与美国在 1975 年提交的保留意见几乎相同。这在某种程度上背离了该议定书对"窒息性、有毒或其他气体，以及所有类似液体、材料或装置"的绝对禁令。①

"环保主义"中的 3 篇文章有 2 篇来自北美学者。东北大学的 R. S. 迪斯（R. S. Deese）著文《实力的新生态：冷战时期的朱利安和奥尔德斯·赫胥黎》，指出在评估生物学家朱利安·赫胥黎（Julian Huxley）和小说家奥尔德斯·赫胥黎（Aldous Huxley）对冷战时期全球环保运动兴起的影响时，需要考虑硬实力与软实力之外的第三种力量，即经济学家肯尼思·博尔丁（Kenneth Boulding）首先提出的"综合实力"，它的历史与帝国和民族国家的战略和经济抱负交织在一起。

迪斯认为，20 世纪的危机迫使赫胥黎兄弟从根本上重新诠释祖父 T. H. 赫胥黎（T. H. Huxley）在维多利亚时代末期提出的进化论和伦理学观点。大英帝国的鼎盛启发 T. H. 赫胥黎以帝国本身的形象，为人类创造了一种道德宇宙论，而几十年冷战则启发赫胥黎兄弟去寻找一种新的范式。作为公共知识分子，赫胥黎兄弟用生态学语言阐述他们对冷战时期社会和政治问题的看法，生命科学的隐喻和术语避开了共产主义和反共产主义的当代词汇。随着冷战时期各种跨国保护努力地发展，到 20 世纪 60 年代汇集成为全球环保运动浪潮，赫胥黎兄弟在这一过程中都发挥了重要作用。1963 年奥尔德斯去世时，人们开始关注工业文明对环境的影

① David Zierler, "Against Protocol: Ecocide, Détente, and the Question of Chemical Warfare in Vietnam, 1969 – 1975", in J. R. McNeill, C. R. Unger, eds. , *Environmental Histories of the Cold War*.

响。1975 年朱利安去世时，栖息地的丧失和人口过剩的危险已为流行文化所认知。在 21 世纪初紧密交织的生态危机和政治危机中，正因为他们强调全球权力和影响力竞争的生态背景，使他们关于冷战时代的当代论述保持了持久的，甚至是预言性的突出地位。他们比同时代的人更早意识到新的实力生态的出现——地缘政治的短期策略和全球生态的长期趋势将不可避免地结合在一起，因为生态和国际事务在 20 世纪就已经彻底交织在一起，任何地缘政治学的学者都不能忽视生态学，认真研究生态问题的学者也不能忽视地缘政治的普遍影响。[1]

在《冷战时期美国大气层核试与风险论争：1945—1963》一文中，乔治敦大学的樋口俊博指出，冷战不仅仅是一场隐喻性的战争，军事活动在冷战环境史上发挥了巨大作用。作为拥有最长、最广泛的大气层核试验记录的核大国，美国处于放射性尘降物争议的中心。1953 年艾森豪威尔政府上台后，美国的国家安全战略已牢固地建立在核力量上。但具有讽刺意味的是，对国家安全的追求导致以放射性沉降物形式产生的环境风险。为了控制这种风险，美国试图对放射性沉降物带来的风险进行评估，作为本国公民和国际社会的标准。确定放射性沉降物污染的风险，在科学和政治上都存在争议。争议集中在两个问题上：什么是可接受的风险？谁来仲裁这一风险？大气层核试验提出了一些道德和政治问题——特别是在冷战军备竞赛中对旁观者造成伤害的问题——超出了通常科学调查的范围，由此科学界分歧渐大。美国政府试图通过运用科学、外交和宣传相结合的手段赢得国际社会对其风险评估的认可。随着国际上对限制或禁止大气层核试验的支持增加，美国在确定核试验风险方面的权威地位受到了科学和政治的挑战——科学家和草根联盟共同挑战政府自封的授权，部分禁止核试验尽管在军备控制和环境方面只是部分成功，未能阻止超级大国之间的核军备竞赛，但在随后几十年里激励了科学家、政府官员和普通公民重新考虑，在追求国家安全的过程中将要面

---

① R. S. Deese, "The New Ecology of Power: Julian and Aldous Huxley in the Cold War Era", in J. R. McNeill, C. R. Unger, eds., *Environmental Histories of the Cold War*.

临何种环境风险。[1]

（二）和平之景战争之境

2009 年，北佛罗里达大学查尔斯·E. 克罗兹曼（Charles E. Closmann）主编的论集《战争与环境：现代军事破坏》出版，共收录 10 篇文章，北美与欧洲学者各居半壁江山，审视了战争与环境间的历史联系，反映了战争环境史和新军事史研究的新成果。

北美学者的文章有 2 篇总论，1 篇关于美国内战，还有 2 篇涉及二战及战后。

克罗兹曼开篇以"和平之景战争之境"为题介绍了北美军事环境史的研究历程和论集的内容与观点。[2] 他指出，军事冲突往往是环境恶化的原因和后果。例如在达尔富尔，气候变化和荒漠化加剧了牧民和农民之间的对抗，迫使超过两百万人逃离家园，成为在苏丹—乍得边境难民营中的难民，迅速耗尽水和木材资源，造成比以往更加糟糕的局面。军事行动以及占领会对自然资源产生破坏性的影响，这使研究战争与环境之间的关系极为重要——社会或能在将来避免冲突，并且创建一个从生态学视角来看更具可持续性的世界。

克罗兹曼认为，探讨战争、环境变化与社会之间的历史联系，需要对军事行动造成的环境后果有更为系统的认知方式，并回答三类基本问题：环境是如何随着时间的推移而被战争改变的，环境被定义为与人类群体互动的气候、景观、植物、动物、土壤、水和人造定居点；环境条件从哪些途径改变了战斗的特点，不仅包括对战略和资源使用的影响，也包括对人类经验和军事冲突记忆的影响；如何评估战争对生态系统、城市以及人类物质环境其他方面的影响。这一理论创建对军事环境史的研究者而言，具有极大启发意义。

另一篇总论文章即在上文提过的《美国军队的全球生态足迹》，麦

---

① Toshihiro Higuchi, "Atmospheric Nuclear Weapons Testing and the Debate on Risk Knowledge in Cold War America, 1945 – 1963", in J. R. McNeill, C. R. Unger, eds., *Environmental Histories of the Cold War*.

② Charles E. Closmann, "Landscapes of Peace, Environments of War", in Charles E. Closmann ed., *War and the Environment：Military Destruction in the Modern Age*.

克尼尔和佩因特纵向梳理了美军从 19 世纪到当代产生的生态影响。

博伊西州立大学的丽萨·M. 布雷迪（Lisa Brady）从特定地区和战役的角度，研究了美国军事活动对自然的影响。谢尔曼的"向海洋进军"发生于 1864 年，布雷迪描述了联邦军队如何在天气干燥、道路优良、乡野广阔的佐治亚狂欢，吃掉当地农场大量的猪、鸡、玉米和红薯。与此同时，谢尔曼的部队也故意破坏这种景观，以摧毁南部邦联的农业基础。谢尔曼认识到，邦联的成功依靠的是由农场、铁路和奴隶组成的"生态"网络；因此，为了破坏这些联系，谢尔曼对土地发动了残酷的战争——烧毁农场，拆除铁路，抢光物资——使人们认识到对敌方士兵和环境的战斗如何摧毁了躯体、景观与人文精神。①

犹他大学的马库斯·霍尔（Marcus Hall）认为现代战争是政府和非政府机构进行科学实验的实验室。他以二战期间抗疟疾运动为例，展现了满是战争疮痍的意大利低地如何成为新药品、杀虫剂和公共卫生政策的试验场。战争结束后，美国和意大利的抗疟专家在医院的病人身上测试新药物，并向撒丁岛遍布沼泽的低地喷洒新发明的化合物滴滴涕，无视可能会干扰其研究的伦理因素。在洛克菲勒基金会和联合国的资助下，意大利的公共卫生专家建立了一个简称 ERLAAS 的机构（the Ente Regionale per la Lotta Anti – Anofelica di Sardegna），为的是掀起对抗疟疾的战争。ERLAAS 斥资数百万美元，雇用了数千名当地农民，在整个岛屿喷洒滴滴涕。霍尔认为，这一举措成功地消灭了那里的疟疾，但也在不经意间减少岛上居民对疾病的自然免疫力，并使一些蚊子具备了抗药性。在疟疾被消灭后的很长一段时间里，ERLAAS 仍然证明了体制的惯性，以及战时公共卫生运动对撒丁岛上的人及其环境产生的意料之外的影响。②

雪城大学的罗伯特·威尔逊（Robert Wilson）回溯了 20 世纪 30—50 年代加州水禽政策的演变，以显示战争的力量如何驱动美国鱼类和野生

---

① Lisa M. Brady, "Devouring the Land: Sherman's 1864 – 1865 Campaigns", in Charles E. Closmann ed., *War and the Environment: Military Destruction in the Modern Age*.

② Marcus Hall, "World War II and the Axis of Disease: Battling Malaria in Twentieth – Century Italy", in Charles E. Closmann ed., *War and the Environment: Military Destruction in the Modern Age*.

动物保护局（FWS）将联邦野生动物的栖息地整合到国家的农业系统之中。第二次世界大战对于美国联邦土地管理机构的项目和工作有着或轻或重的影响。为了保证战争中的自然资源供应，国家公园管理局和林务局被迫放松了环境法规的管理，但政府内外有些人也竭力阻止这些已经多少有所成效的法规被弱化。环保事业艰难取得的胜利，在战争期间被轻而易举地破坏了。在他看来，二战中的美国西部有特殊经历：这一地区没有发生战斗，因此并没有因为战斗而导致的对森林和田地的直接破坏。然而美国政府动员并进行了多年战争，这对美国环境和野生动物管理机构造成了深远影响。尽管在 20 世纪 40 年代早期，战争并不是影响水鸟迁徙的唯一因素，但它确实在改变水鸟所赖以生存的湿地栖息地的过程中扮演了关键角色，表明了战争是如何对经济和政治进程产生强有力的、有时又是相互矛盾的影响，并最终导致了环境的改变。①

（三）美国内战环境史

美国内战是美国历史上最为惨烈、人员和物质损失巨大的一场战争，因而始终是美国史研究的一个重要领域。内战史长期成为美国史和美国军事史研究的重要题目之一，且开设《美国内战史》课程的大学亦不在少数。但在进入新世纪之前，美国学者对于内战史的研究主要还是传统的政治—军事史、经济史以及社会史层面的新军事史。美国内战的军事环境史研究，是 21 世纪初才出现的，这种研究动向反映出了环境史研究的日益扩大和深入。

在美国内战史领域，迈阿密大学杰克·T. 柯比（Jack T. Kirby）从实证研究到理论探讨，为确立美国内战环境史的书写范式做出了突出贡献。柯比生前曾担任美国南部史协会主席，其"既非课本、亦非综述、更非专著"的《嘲鸫之歌——美国南部的生态景观》② 2007 年获得了班克罗夫特奖。长期从事南部史研究的柯比，在 1991 年的《弗吉尼亚环境史概

---

① Robert Wilson, "Birds on the Home Front: Wild Life Conservation in the Western United States during World War II", in Charles E. Closmann ed., *War and the Environment: Military Destruction in the Modern Age*.

② Jack T. Kirby, *Mockingbird Song: Ecological Landscapes of the South*, Chapel Hill: University of North Carolina Press, 2006, p. xiv.

说》一文中，就已经用一定篇幅探讨了美国内战期间及战后，弗吉尼亚
的人类行为与鸟类遭遇以及谷物种植方面的变化。[①]

2001年，柯比著文倡导研究"环境史视野下的美国内战"。他指出，
非裔美国人的战争经历连同全面或局部的政治问题，直到20世纪60年
代才获得同情和关注。之后，女性与内战的问题也迎来了研究人员和读
者。但同样诞生于60年代的环境史，尽管一直很繁荣，直至2001年却
从未对美国内战史研究产生过明显影响：对战争和环境的史学研究是平
行的——军事史家专注于特定地形上的战斗，几乎是在做环境史，而有
环境意识的读者可能会从传统文本中推断战争的生态方面。他把这种平
行关系归咎于密西西比河，认为内战史是美国东部学界的课题，环境史
是美国西部学界的新兴史学领域，内战史和环境史各自成长在宽阔的密
西西比河两岸，地理分界使得东西学界很少相互借鉴研究成果，因而提
出环境史和美国内战史应当"联姻"。他幽默地指出，如果有一份美国
环保署关于内战的报告，可能会以这些概括开始：举例说明战争对士兵
（疾病和死亡）、动物、城市、农田和森林的环境影响。[②]

2002—2005年，有3位学者陆续实现了内战史与环境史的"联姻"。

2002年，泰德·斯坦伯格（Ted Steinberg）的《脚踏实地：自然在
美国历史上的作用》一书将环境置于叙事中心，揭示了对植物、动物、
气候和其他生态因素的关注如何能从根本上改变人们对过去的看法。他
通过考察诸如殖民时代、工业革命、奴隶制等传统话题，讲述了自然世
界如何影响了美国的历史进程，其中第六章《食物大战》分析了美国内
战期间的粮食生产与供应问题。他指出，内战中断了许多正常的日常生
活，但所有人都必须明白如何养活自己和他们赖以为生的动物。从食物
中获取所需的热量，对士兵、奴隶和工人同等重要。而生物的存在又依
赖农业，土壤、天气和无数其他自然因素使土地能够结出果实。南北双

① Jack T. Kirby, "Virginia's Environmental History: A Prospectus", *The Virginia Magazine of History and Biography*, Vol. 99, No. 4, 1991.

② Jack T. Kirby, "The American Civil War: An Environmental View", 访问链接：https://nationalhumanitiescenter.org/tserve/nattrans/ntuseland/essays/amcwar.htm，访问日期：2018年10月6日。

方的生死都取决于市场和经济作物种植。但北方多种多样的农业为士兵和公民提供了多样化的饮食，南方各州致力于生产棉花，阻碍了养活自己的能力——种植园主在自己的灭亡中扮演了重要角色，棉花大王被棉花反噬。于是不止一支南军部队从马匹嘴里抢饲料充饥，最终向饥荒而非敌人投降。此外斯坦伯格还讨论了南方的冬雨如何迫使北军在泥浆中行军，后者吸取教训，停止在冬季对南军发起攻势。①

马克·菲格（Mark Fiege）的文章《葛底斯堡与美国内战的有机属性》被收入 2003 年出版的《作为敌人和盟友的自然：战争环境史论》。菲格认为，葛底斯堡战役证明了环境条件是如何激发并影响大规模冲突的。美国内战是关于美国西部命运的冲突，南北双方对西部社会发展有着截然相反的愿景，而这些相互竞争的土地意识形态……促使南北双方陷入战争。南北之间的斗争主要是为了地理空间，无论是在西部还是在实际战场上，主宰和界定空间的一方，才是最终获胜的一方。②

2005 年，丽萨·M.布雷迪在《战争的荒野：美国内战中的自然与战略》③ 一文中，首先评价了斯坦伯格和菲格的研究价值。她认为，斯坦伯格书中有关美国内战的篇幅，超过了一战、二战、越战、冷战等环境影响更大的战争，这点是令人惊讶的。菲格的研究清楚地证明了军事史和环境史密不可分。战争并不仅仅在地表进行，它也在参与者的思想中进行斗争。正是在这里，在思想的领域，环境史可为人们对内战和更广泛的军事史的理解做出很大贡献。

布雷迪对南北双方战略部署，以及实行焦土政策的谢尔曼火烧亚特兰大、"向海洋进军"等战例进行了环境史审视。她指出，自然不仅仅是一个物质现实，它对人类社会也具有知识和心理上的重要性。人与自然在战时的关系是复杂的——有时是合作关系，有时又在对抗。在美国

---

① Ted Steinberg, *Down to Earth*: *Nature's Role in American History*, New York: Oxford University Press, 2002.

② Mark Fiege, "Gettysburg and the Organic Nature of the American Civil War", in R. P. Tucker and E. P. Russell, eds., *Natural Enemy*, *Natural Ally*: *toward an Environmental History of Warfare*.

③ L. M. Brady, "The Wilderness of War: Nature and Strategy in the American Civil War", *Environmental History*, Vol. 10, No. 3, 2005.

内战中，联邦和邦联的军队都在不断地处理这种关系，试图克服大自然的障碍，以便在战斗中打败他们的人类敌人。1864 年，格兰特、谢里丹和谢尔曼策划了他们对南部地区的进攻，谢尔曼率领联邦军队发动了一系列打击南部农业基础的战役。这不仅仅是为了控制叛乱地区，还利用美国人对荒野的恐惧制定了一项特殊的策略。这一策略造成的混乱，以及曾经富饶的土地遭到破坏，极大削弱了南部邦联的力量，南部对于景观的掌控能力下降，且形成了对荒野的恐惧。

布雷迪最后指出，尽管历史学家对战役或战斗通常都会进行地理学分析，描述战争摧残自然的图景，但自然的作用却是传统内战史研究所无视的。战争带来的持久变化，不仅在于自然环境的物质变化，而且更在于美国人思考战争的方式以及与景观互动的方式。整体而言，这篇文章理论与实证结合紧密，从环境史研究的三个维度明确了美国内战环境史的思考逻辑与价值取向，具有很大借鉴意义。

2010—2013 年，共涌现出 4 部美国内战环境史专著，其中 3 部出自女性学者之手，反映了一些学者、特别是女性学者正在积极投身这一领域。

安德鲁·麦克尔韦恩·贝尔（Andrew Mcllwaine Bell）在《蚊子士兵：疟疾、黄热病和美国内战的历程》[①]中指出，内战中死去的 62 万士兵里，大多数不是死于枪伤或刀伤，而是疾病。在困扰两军的各种疾病中，由蚊子传播的疟疾是最普遍的，仅北军士兵就有超过 110 万人感染了这种疾病。黄热病是另一种由蚊子传播的疾病，在历史上曾经几周时间就能消灭一支军队。他探索了这两种蚊媒疾病对 19 世纪 60 年代重大政治和军事事件的影响，揭示了微小昆虫携带的致命微生物，如何影响了美国内战的进程。他认为，南方庞大的蚊子种群是雇佣军，也是第三方军队，能够在不同情况下为任何一方效力，也可以反对任何一方。疟疾和黄热病不仅使成千上万的士兵患病，还影响了某些关键军事行动的时机和成败。一些指挥官认真考虑了南部疾病环境带来的威胁，并据此

---

① Andrew Mcllwaine Bell, *Mosquito Soldiers：Malaria，Yellow Fever，and the Course of the American Civil War*, Baton Rouge：Louisiana State University Press, 2010.

制定了计划，而另一些人则是在大批士兵患病后才做出了反应。南部城市居民在北军占领期间了解到卫生设施的价值，但是在战争结束后却又不得不忍受新的黄热病爆发的恐怖，而北军中携带疟原虫的军人，在战后又把疟疾引入了没有免疫力的北部地区。

贝尔聚焦于两种特定的疾病，从流行病学的角度重新解读了人们耳熟能详的内战战役和事件，肯定环境因素能够作为历史变化的动因，提出如果19世纪60年代美国南部没有出现蚊子传播的疾病，那么内战进程将会大不相同。他超越了军队医学史或军事医学史，用更为宽广的视野审视了战争中的人与环境的互动关系，不仅研究疾病本身，还探讨疾病的由来以及对战争的影响，所审视的时空也超出了战争与战场，具有突出的环境史特色。

梅根·凯特·纳尔逊（Megan Kate Nelson）的《毁灭之国：美国内战及其破坏》，回溯了内战中城镇、房屋和森林遭受的毁坏，指出伤残老兵就像被摧毁的城市、房屋和森林一样，是战时的废墟，是战争暴力的体现，成为"有感情的战争纪念碑"。尽管伤残老兵比战争中的其他废墟存活得更久，但最终被埋在远离他们失去的胳膊和腿的土壤的地方。同时，这些失去肢体和身心破碎的人成了令人厌恶、担忧、迷恋和同情的对象，在战争中的肉体损失成了医学和文化标本，作为战争碎片进行展示。她认为，这些碎片——人的碎片和其他战争碎片——是今天唯一存在的内战遗迹，与过去建立了联系，体现了战争的记忆。

纳尔逊还探讨了美国内战纪念景观的建设及其逻辑。对城市的围攻，对家园的残酷战术，大量消耗树木，撕裂人的身体等，都代表了战争的邪恶面，因此美国人处理遗留问题的方式是：将战场保持为美丽而原始的绿草地，并在很大程度上忽略了战争实际产生的暴力碎片，正如大卫·洛温塔尔（David Lowenthal）指出的，很少有人有品位或受过训练，能仅从残存的碎片中欣赏过去。碎片必须被重建、利用和净化才能被理解。美国人并没有将这些创伤性事件的废墟保存在原地，而是重新利用它们。尽管这片废墟的回声在内战的遗址中继续回响，但这些地方产生的是怀旧之情，而不是对过去的真正理解。这些包容、清洁和抽象的行为并不是要完全忘记过去，只是要记住一种感觉，而不是直接面对那段历史的复杂本质。①

布雷迪在《对大地的战争：美国内战中的军事战略与南方景观的变迁》②中指出，在四年内战中，南北双方交战超过一万次——既包括超过15万人参加的战役，也包括几十人之间的小规模冲突。战争将大规模的军事力量和工业技术与现代意识形态结合在一起，不仅在战斗发生的地方，而且在军队驻扎或收集资源的任何地方，都造成了广泛和大规模的破坏。军队携带的麻疹、天花和痢疾等疾病还会影响附近的人类和动物种群。内战军队本质上是流动的城市，他们所到之处都会影响当地的景观，都会吞噬一切，需要大量水、栅栏、林地、牲畜、猎物，以及果蔬和粮食。布雷迪大量运用内战时期的军人回忆录和家信，体现出新军事史的理论与方法，所不同的则是从环境史角度重新审视和解读这些材料，而且注意比较南军和北军的不同立场——上至总统和将军，下至普通士兵和平民，都在研究视野之内。

布雷迪最后回顾了美国内战诸多遗址公园的建立过程，指出虽然战争并没有调和美国人对自然的不同看法，但它确实建立了一种有利于保护国家自然遗产的人的机制。内战建立了一个强大的中央政府，在战争期间和之后以前所未有的程度扩大权力——联邦政府可将土地从经济发展中分离出来，设立机构监督和管理这些土地，为所有美国人建立一个永久的公园和荒野系统。由此，她认为这也许是美国内战最伟大的环境遗产。

凯瑟琳·夏芙丽·迈耶（Kathryn Shively Meier）在《自然的内战：1862年弗吉尼亚的普通士兵与环境》中，继承和发展了美国内战史对于普通士兵的研究。以往研究普通士兵的学者，调查了士兵的宗教、意识形态、政治以及在军营、行军和战斗中的经历，但却没有思考士兵们为

---

① Megan Kate Nelson, *Ruin Nation：Destruction and the American Civil War*, Athens：The Unversity of Georgia Press, 2012.

② L. M. Brady, *War upon the Land：Military Strategy and the Transformation of Southern Landscapes during the American Civil War*, Athens：University of Georgia Press, 2012.

何要仔细评估他们的周围环境。身体、气候、天气、季节、地形、植物群、动物群、水和空气之间的联系，在士兵的书信中非常普遍，它们在以前对普通士兵的历史研究中，一直作为背景而不是对象。她认为这种忽视是可以理解的，因为士兵对自然的阐述往往是战时叙述中最平凡、最乏味的部分。但她指出考察士兵信件的重要性——写信作为自我救治（self care）的重要组成部分，是人们应对痛苦的重要窗口，一些关于士兵士气的著作也指出环境恶劣是导致士气下降的原因。书信中反映的士兵的死亡观也需要深刻分析——士兵们非常关心他们将如何面对死亡，他们害怕死于疾病远不如死在战场上那么光荣，于是他们将控制导致疾病发生的环境作为首要任务。

她指出了环境史对于美国内战史研究的意义。南北双方都相信自然是影响他们身心健康的重要力量，有时甚至是决定性的力量。根据统计数据，内战中至少有 2/3 的死亡是由疾病造成的，这些被忽视的故事有助于回答一个学者们甚至都没有问过的复杂问题：内战中的士兵是如何保持健康的。学者们还未着手研究内战士兵的流行病学史，因为如果没有内战环境史这一新分支的审视，就不可能做到这一点。

她延续了对普通士兵的研究传统，强调士兵的相似性和他们在日常生活中的物质关注，但也超越了以往的研究，提供了新见解。第一，她将 1862 年的半岛战役和谢南多厄山谷战役作为案例进行比较研究。二者的相同点有很多：时间大致相同，相隔约 200 英里；半岛和山谷都靠近双方的首都，因此可以进行类似的政治干预，公众和陆军部的态度也更加严肃；东部战区处于最发达的后勤网络之中，双方有公平的机会获得充足的补给。二者的不同点在于环境的巨大差异：半岛因其遍布沼泽而被认为是一个致命的疾病的渊薮，而谢南多厄山谷则被称为健康的伊甸园。但事实证明，在战争期间这两个地方对士兵的健康和士气都不利，士兵们面对环境压力都养成了一套普遍的习惯，制定了相同的自我保护方案。

第二，她将南北双方士兵的故事编织在一起。以往对南北双方士兵的描述本质上是不同的，但是战争环境对士兵而言是普遍因素，南军北军以同样的方式感知和适应弗吉尼亚的环境，认识到同样的自然威胁和解决方法。她认为这种共性来自战前人们关于人体如何与自然互动的想法和经验。①

第三，她提出内战史学家可以从环境史中获益，环境史学者也应考虑为何与军事史的合作对追踪美国人的自然观演变至关重要。士兵们比生活在 19 世纪的任何美国人都更能与他们的环境产生深刻的亲密关系，平民和医学家也开始思考士兵身体与自然之间的战时关系，1862 年卫生委员会为《芝加哥论坛报》撰写的一篇文章即设想了体液论的衰落，转而支持对疾病的环境解释。② 美国内战前，从未有这么多普通人被迫在户外生存，也从未有这么多人在远离家园和家人的地方遭受疾病和忧郁的折磨，被迫依靠自己、彼此或专业人士。虽然日记和信件揭示了当时士兵经历的挣扎，但他们在 19 世纪最后几十年的回忆录却透露出一种持久的渴望，即理解和解释他们在战时应对健康和环境问题的经历。特别是，老兵们以反映蚊子和苍蝇传播疾病的新知识，重新塑造了他们与昆虫的对抗。

最后，她指出环境不是一成不变的，士兵们也不是被动的。虽然疏远自然的工业化进程推动了战争动员，但士兵们从离家向第一个营地进发的那一刻起，就与环境形成了一种近乎原始的关系。战争的环境一点也不自然——这是一种人类创造的怪诞现象。但事实证明，士兵的适应力非常强，为他们在内战中生存下来创造了最好的机会。

2015 年，布莱恩·阿兰·德雷克主编的论集《蓝色灰色与绿色：美国内战环境史论》由佐治亚大学出版社出版，上述三位女学者在论集里又有新的创见，展现了环境史对内战史研究的影响力，以及研究队伍力量的壮大。该书标题所指的蓝色和灰色，分别是北军和南军军装的颜色，绿色则是指环境史。序言可谓一语双关、意味深长——《新战场：自然、

---

① Kathryn Shively Meier, *Nature's Civil War: Common Soldiers and the Environment in 1862 Virginia*, Chapel Hill: The University of North Carolina Press, 2013.

② 体液论（Humoralism）是古希腊时期发展起来的医学理论，认为疾病是由于机体内部体液的整体平衡紊乱，或是在某个特殊部位体液的平衡被破坏导致的。

环境史与内战》，提醒人们关注内战史研究长期被忽略的环境因素，也吹响了在美国内战史这一老战场展开新战斗的号角。

德雷克回顾了美国内战史的研究进程，梳理了环境史对内战史研究的继承与发展。他注意到19世纪中后期至20世纪中期，传统军事史学者已开始关注环境问题，例如天气是内战史书写长久以来着重突出的因素；再如艾拉·隆（Ella Lonn）在1933年出版的《南军生活中的盐》一书中指出：盐的匮乏是阻碍南方胜利的主要原因之一。但是当时环境史的研究范式尚未产生，传统军事史学者仅将环境作为军事决策的影响因素之一，无视其与人类互动关系。直至21世纪初，才出现综合军事史、社会史和环境史等三方面的美国内战史研究成果，斯坦伯格的《脚踏实地：自然在美国历史中的角色》便是代表。[1]

德雷克指出美国内战环境史的研究价值。首先，任何战争都是在一定的时空范围内进行的，而非双方将领的纸上谈兵，因此要想构建战争的多元立体图景，就必须将能动的战场环境纳入考量之中。其次，士兵与战场环境的互动，是决定其生活质量、精神状态和战争记忆的过程，因此对该过程的研究亦是对新军事史的补充和完善。最后，尽管环境史或许不能如社会史那般给内战史研究带来巨大的变化，但其研究范式能揭示许多未知事物，并使人们能够重新评估其自以为了解的那些事物——正如环境史对其他史学领域所作出的贡献那样，它一定能在内战史领域发现并开启全新的研究课题，同时也能对一些老问题作出新解释。特蕾莎·L.杨（Theresa L. Young）在《内战史评论》中盛赞"这十个绝妙的章节帮助人们重新思考内战，不仅给读者带来了领袖人物和普通一兵的思想，也带来了他们的环境"[2]。

前两章探讨了环境对行军与作战的影响。肯尼斯·诺埃（Kenneth

① Brian Allen Drake, "New Fields of Battle: Nature, Environmental History, and the Civil War", in Brian Allen Drake, ed., *The Blue, the Gray, and the Green: Toward an Environmental History of the Civil War*, Athens: The University of Georgia Press, 2015.

② Brian Allen Drake, "New Fields of Battle: Nature, Environmental History, and the Civil War", in Brian Allen Drake, ed., *The Blue, the Gray, and the Green: Toward an Environmental History of the Civil War*.

W. Noe）的《致命的闪电——天气和气候在内战史上的意义》认为，尽管美国内战主要是在户外进行的，但是战争史家一直不愿意以任何系统的、至少是分析的方式来研究日常天气和长期的气候模式对冲突过程的影响。正如分析众所周知的南方"面包暴动"的原因时，往往只看到邦联州通货膨胀和物资运转不灵等原因，却对区域性干旱、洪水和霜冻所导致的粮食歉收视而不见。

为了思考战斗和天气条件之间更广泛的联系，诺埃建立了一个数据库，将82场战斗从更广泛的战役中分离出来，并用四个大标题中的一个进行分类：无影响、最小影响、显著影响和最大影响。其中"显著影响"包含了33场，占到40%，是四类中最大的。从原因来看几乎一半是雨水、高水位和泥浆造成的，冬季天气造成12起事故，严重的高温和令人窒息的道路灰尘造成了5起事故。高温和灰尘听起来没有体温过低危险，但是士兵的叙述会让历史学家接受现实——在夏日行军的每一条路线上，每天都有人因中暑而倒下和死亡。

在方法上，诺埃同样注意了科学性问题。他认为，士兵和平民对每日天气的描述都是至关重要的，但不能单独存在，必须补充更多的定期科学观测，特别是保存在国家档案馆的记录。虽然内战期间的结果并不完美，但理论上学者们应该能收集足够的信息，以全面解释对战争影响更大的天气模式，从而解释与天气有关的士兵和平民的文献。总而言之，内战史家需要分析气候对内战的塑造，以便更好地理解士兵的经历、战斗的过程、后方平民的生活以及邦联的崩溃。换句话说，必须考虑到伴随"可怕的利剑"而来的"致命的闪电"①。

梅根·凯特·纳尔逊在《"沙漠的困难与诱惑"：1861 年新墨西哥州的战时景观》中，利用与区域性气候相关的解释，挽回了一位蒙羞的联邦军官的声誉。北军将领艾萨克·林德（Isaac Lynde）率军进行了一场从菲尔莫尔堡到斯坦顿堡的时运不济的远征。当他的军队进入高原沙漠

---

① Kenneth W. Noe, "Fateful Lightning: The Significance of Weather and Climate to Civil War History", in Brian Allen Drake, ed., *The Blue, the Gray, and the Green: Toward an Environmental History of the Civil War*.

后，便放弃了对南军的追赶。其后林德承担了大部分的指责——历史学家认为，他的决定是不可解释的，尤其是考虑到他在美墨战争中的沙漠战斗经历，以及作为麦克莱恩堡指挥官的岁月。纳尔逊认为，菲尔莫尔堡、拉斯克鲁塞斯和圣奥古斯丁泉等都位于奇瓦瓦沙漠的最北端，奇瓦瓦沙漠是一个从墨西哥南部延伸到新墨西哥中部的干旱和半干旱的高海拔地区。考虑到菲尔莫尔堡的环境——地势低洼，土坯建筑，与该地区唯一水源的距离较远，林德放弃菲尔莫尔堡的决定似乎是合理的，因为土坯防御工事不是大炮的对手，水源太远也无法维持大量军队驻扎。是环境条件决定了林德在 1861 年 7 月底做出的每一个决定，并且将继续决定1861—1862 年新墨西哥战役中南北双方的作战方式——1862 年 3 月，约翰·奇温顿少校在格洛里塔城外摧毁了南军的马车辎重队，由于没有稳定的供给，南军开始了灾难性的撤退，共有三成士兵因中暑和脱水死去。

纳尔逊指出，对环境状况的深刻理解，可以促使人们对西部战争独一无二的生态背景产生更为广泛的认知。在西南地区，景观的力量以最极端的形式塑造了人类的行为。气温的波动、太阳辐射、水源的缺乏、城镇和要塞之间广袤而未经整饬的原野、灌木丛生的植被，所有这些因素都表明，它是一个特别不适合进行常规大规模战争的地方。这些并不只是有趣的琐事，因为联邦在圣奥古斯丁泉撤退和投降的环境史告诉我们，战争可能以政治和意识形态的名义发动，但它是由在空间中移动的身体进行的。"战争是在流沙中跋涉的靴子，是东方天际升起的一轮烈日，是在干裂的口中膨胀的舌头，是男人、女人和孩子们在一条鲜为人知的道路上跌倒在路边，是对军事荣誉的梦想在西南沙漠柔软的流沙上死去"。①

接下来两篇文章探讨了传染性疾病的形成及其在战争中扮演的角色。蒂莫西·西尔弗（Timothy Silver）的《扬西县步入战争：前线与后方的人与自然（1861—1865）》，首先指明了环境与食物短缺之间的密切联系——北卡罗来纳州扬西县山区，夏季的干旱和早期的霜冻，加剧了后

---

① Megan Kate Nelson, " 'The Difficulties and Seductions of the Desert': Landscapes of War in 1861 New Mexico", in Brian Allen Drake, ed., *The Blue, the Gray, and the Green: Toward an Environmental History of the Civil War*.

方劳动力流失所造成的困难。其他因素也导致了粮食危机，尤其是分配问题、种植问题，以及南方人不愿放弃经济作物，转种玉米、小麦和豌豆。物资匮乏，局面混乱，当地人在曾经繁荣的地方为生存而挣扎。战争结束前，南部山区许多居民面临着类似的麻烦，部分原因是"社会、经济和政治复杂性"，但许多困扰山区居民的问题是战争重塑自然世界的直接结果。

文章继而讨论了传染性疾病的影响——扬西县的士兵都成长在山区环境中，之前极少接触传染性疾病。当他们与来自南部拥挤肮脏的训练营和战场的士兵同处时，便成为传染性疾病的受害者。在 1862 年沼泽密布、闷热潮湿的半岛战役中，北军也面临着与扬西县南军相似的处境。不仅如此，连运输军队的骡马和提供肉食的家畜也饱受马鼻疽、猪霍乱和牛瘟的折磨。此后数年南方州的家畜数量才有所回升，这极大阻碍了相关地区的战后重建工作。

西尔弗在文末展望了军事环境史的前景，认为雨、泥、马、骡子、猪、牛、蚊子和麻疹终将会像约翰斯顿、李和麦克莱伦一样，成为内战史的一部分，丰富人们对战争的理解。①

凯瑟琳·夏芙丽·迈耶的《"那个人没有什么可失去"：1862 年弗吉尼亚环境对内战军队掉队问题的影响》指出，1862 年弗吉尼亚州多地盛行疫病，南北双方都出现了掉队（straggling）问题。双方士兵常会擅自离开队伍，寻求"自我救治"。患病的他们更希望留在医院中接受治疗，而且与逃兵不同，掉队者痊愈后还会返回军中。尽管指挥官们极少在意逃兵和掉队者的细微差别，将"掉队"归咎于懒惰、怯懦和底层民众的性格缺陷并且严惩，但极具讽刺意味的是，那些掉队者归队后精神和健康状况都有所改善，掉队就像灵丹妙药，让人战胜侵入的疾病，或者有机会减轻痛苦。掉队通过让士兵们从环境挑战中解脱出来以提高士气，就像休假一样。迈耶最后解释了原因：当被剥夺了资源，暴露在大自然

① Timothy Silver, "Yancey County Goes to War: A Case Study of People and Nature on Home Front and Batlefield, 1861 – 1865", in Brian Allen Drake, ed., *The Blue, the Gray, and the Green: Toward an Environmental History of the Civil War*.

的残酷攻击下，那个人没有什么可失去时，就会把对自己的名誉和安全的担忧抛在一边，为了逃脱死亡的魔爪，冒险是很值得的。①

　　第五、六两章，是内战环境史从思想史的角度进行的研究。亚伦·萨克斯（Aaron Sachs）在《荒野中的树桩》中，利用语言、文学和景观画，思索内战如何黑化并复杂化了美国人脑海中的荒野和自然的形象。在美国内战前的几十年里，美国人将遍地的树桩视为清理、进步、发展和扩张的象征，同时树桩也暗示着某种损失，它们可以折断犁，有时会绊倒人。而战争爆发后，树桩成倍增加，人们注意到受伤老兵与被毁坏的树木之间的亲密关系：截肢者在战争前只是一小部分，内战后成了整个国家跛行的象征，体现了挥之不去的战争恐怖；在乡村，从缅因州到佐治亚州，从弗吉尼亚到加利福尼亚，原始林地由于快速扩张和军事需要而遭到破坏。树桩与残肢交融，被玷污的人体与自然糅合在一起，使"荒野"一词有了新的释义：在 1861 年以前，"荒野"指那种虽神秘莫测却能令人身心愉悦的景观；1864 年 5 月之后，"荒野"指的是弗吉尼亚中部血流成河、众人衣衫褴褛的地方，指的是烧焦的木头和肉散发出的恶臭。这使美国人不再相信荒野具备抚慰灵魂和治愈精神创伤的能力，还促使美国人形成了环境保护意识，并在 19 世纪末期开展了荒野保护行动。然而，环境史学者很少将这场行动与美国内战联系起来。②

　　约翰·C.因斯科（John C. Inscoe）的《"山岭的力量"：作为内战避难所的阿巴拉契亚荒野》，利用当时和现代的文学作品，探寻阿巴拉契亚山脉南部地区作为避难所、防守阵地和道德高地的战时形象。他指出，废奴主义者约翰·布朗（John Brown）曾将阿巴拉契亚山脉作为逃离南方的路线，以及进攻南方种植园的基地，因为那里到处都是天然堡垒和很好的藏身之处。在战争期间，阿巴拉契亚的荒野吸引、接纳、有时驱逐了大批难民和逃亡者，当时和后来的一些作家讲述了在这片混乱的土

---

　　① Kathryn Shively Meier, " 'The Man Who Has Nothing to Lose' : Environmental Impacts on Civil War Straggling in 1862 Virginia", in Brian Allen Drake, ed. , *The Blue, the Gray, and the Green : Toward an Environmental History of the Civil War*.

　　② Aaron Sachs, "Stumps in the Wilderness", in Brian Allen Drake, ed. , *The Blue, the Gray, and the Green : Toward an Environmental History of the Civil War*.

地上进行的战争。1864 年春天，约翰·汤森·特罗布里奇的小说《库乔的洞穴》在波士顿出版，迅速成为战争期间最受欢迎的小说之一。因斯科在《库乔的洞穴》、几部短篇小说和回忆录的基础上，揭示了阿巴拉契亚山脉在文学中的"荒野"形象——占据道德高地、秉持废奴主义和统一思想的高山之"岛"，漂浮在尽显颓败之势、遍布奴隶监工的低地之"海"中。这个形象来自现实：阿巴拉契亚山脉南部地区有大量对邦联和种植园主满心怨恨或怀揣矛盾情绪的人，逃亡的联邦囚犯也居于山间并与山中居民成为伙伴和盟友，他们还在回忆录中赞颂着阿巴拉契亚山脉的地理环境。[1]

第八、九两章是关于农业的。德鲁·A. 斯旺森（Drew A. Swanson）的《战争是地狱，所以好好咀嚼烟草：内战期间山麓农业环境思想的持久性》，以种植在弗吉尼亚和北卡罗来纳山麓地带的烟草为例，揭示了为什么在联邦实施封锁，邦联急需人力、食物和饲料进行反封锁的情况下，战争反而推动了烟草业的发展。较高的市场需求带来了高额利润，引发生产者间的激烈竞争，生产者没有将烟草替换成粮食作物的动机，并强烈反抗邦联的命令。同时，适宜烟草生长的土壤并不适宜农作物的生长，在此后也削弱了关于增加食物产量的论争。因此，即使在面对邦联急切的粮食需求时，高额利润、人们对"最有价值"农作物的认定，以及烟草自身的生态特性，使烟草产业不容置疑。相较于战争在别处引发的环境变化而言，山麓地带的烟草产业体现出其对战争影响的顽强抵抗。

他同时指出，在战争前和战争期间培育的"最佳利用"观念以及对区域土壤的误解的推动下，持续的烟草种植最终耗尽了土壤的肥力，战后农民转而使用针对烟草的商业肥料，背上了债务。土壤侵蚀对该地区脆弱的山坡造成了严重破坏，由于砍伐森林为烤烟提供燃料，情况变得更糟：在几乎完全种植烟草的地方，存在着最明显的贫困，不仅仅是财富的贫困，还有文化和土地的贫困。烟草文化在战争期间持续存在，并

---

① John C. Inscoe, "'The Strength of the Hills': Representations of Appalachian Wilderness as Civil War Refuge", in Brian Allen Drake, ed., *The Blue, the Gray, and the Green: Toward an Environmental History of the Civil War*.

在战后成为南部山麓的中心问题，说明了环境思想的持久性。①

蒂莫西·约翰逊（Timothy Johnson）的《改造土壤：解放与美国化学依赖型农业的根源》，将环境史的研究方法运用到内战重建时期及后来的棉花产业中。他指出，内战后期谢尔曼所部"向大海进军"的行动，沿途解放了成千上万的奴隶劳工，掀起了一场社会关系革命，也带来了一场生态革命。阿波马托克斯之役后，种植园主们仍然拥有土地，但丧失了以往耕种土地的廉价可控的劳动力，而且许多土地的地力开始下降。内战后，化肥"创造了一种气候"，因为它能加速植物生长，让棉花在较冷的气候中种植。化肥首先在佐治亚州成为新常态，然后又成为整个植棉区的新常态。尽管压迫性的劳动制度结束了，使用化肥使土壤继续因侵蚀和连作而退化。内战帮助开创了投入密集型农业的新时代，南部农业在新的、不稳定的社会和生态基础上得到了重建。到20世纪50年代，化肥几乎遍及全国的每一个主要农业区。这种扩张是由于其他农业地区土壤肥力的减少，用拖拉机代替了生产粪肥的牲畜，以及美国化肥工业的成熟。②

第七、十两章对美国内战环境史的理论与方法进行了思考。丽萨·布雷迪在《作为摩擦力的自然：将克劳塞维茨融入内战环境史》中，以北军将领安布罗斯·伯恩赛德（Ambrose Burnside）1863年初诱捕李将军所部的行动为例，展现了意外出现的冬季旋风如何通过降水将弗吉尼亚的道路变成沼泽，并使伯恩赛德的部队在艰难的"泥浆行军"之后无功而返。她认为，分析伯恩赛德的巨大失败，除了战略的合理性和士兵的执行力之外，还需要考虑将领的领导力——伯恩赛德坚持雨天行军的决定并非毫无根据，除了战略上的需要，还有政治上鼓舞士气的需要，但他错误地认为大自然的障碍能够被克服，这正是克劳塞维茨所说的应

① Drew A. Swanson, "War Is Hell, So Have a Chew: The Persistence of Agroenvironmental Ideas in the Civil War Piedmont", in Brian Allen Drake, ed., *The Blue, the Gray, and the Green: Toward an Environmental History of the Civil War*.

② Timothy Johnson, "Reconstructing the Soil: Emancipation and the Roots of Chemical - Dependent Agriculture in America", in Brian Allen Drake, ed., *The Blue, the Gray, and the Green: Toward an Environmental History of the Civil War*.

对"摩擦力"失败的典型例子。她还援引多纳尔逊堡、艾尤卡堡和佩里维尔堡等三场战役，用声影（acoustic shadow）这一奇异的声学现象阐明了"摩擦力"既是一个环境问题，也是由人类弱点及错误共同导致的结果——声影通常由异常的天气事件或地形条件产生，使声音被抑制或放大，炮声有时可能会传播到15到50英里之外，也可能无法传播到2英里之外，使其他部队对战斗地点和是否有作战行动判断失误。她指出，如果把自然从克劳塞维茨所认为的仅作为一种偶然因素的存在，转变为环境史家认为的具有能动性的要素，那么克劳塞维茨的摩擦力概念就可以为军事史和环境史提供一个语言和概念上的桥梁，使这两个史学领域能够相互理解。①

马特·A.斯图尔特（Mart A. Stewart）在《向内战环境史步行、奔跑和行军》中，以步行、奔跑和行军来指代内战环境史研究的不同内容与层次，对这一领域进行了思考和总结。步行作为一种旅行方式和体验自然的方式，是人们与环境之间的互动活动，对步行的描述和分析，让人们对其与周围世界的体验产生一种基本理解。美国内战作为第一场现代战争，也是最后一场大部分参与者（包括战斗人员和非战斗人员）步行前往战场的战争。人们在田野和森林中寻找食物，去拜访当兵的亲戚，或去其他种植园看望亲戚，通常都是步行。历史学家终于开始研究内战环境史了，第一批有潜力成为未来学术巨著的著作已经出版。将环境史的方法和视角应用到内战史研究，人们可以了解到有多少新收获，以及还有多少事情需要做。

美国内战期间，非裔美国人更倾向于奔跑而不是步行，他们逃向联邦军防线的行为抹去了"奔跑"一词在战前的含义。成千上万的奴隶决定通过逃到联邦战线来加速自己的解放。在所有情况下，奴隶的环境知识都是至关重要的，历史学家称之为"斗争的地形"和"反抗的地理"，需要重新审视逃跑的环境维度——环境知识对这种行为有多重要。不少

① Lisa M. Brady, "Nature as Friction: Integrating Clausewitz into Environmental Histories of the Civil War", in Brian Allen Drake, ed., *The Blue, the Gray, and the Green: Toward an Environmental History of the Civil War*.

有关逃奴的文学作品反映了这一点：对周围环境的了解，以及他们可能要穿越的森林和沼泽的地形，赋予了奴隶们进行这一艰苦跋涉所需要的技能和信心。

行军教会了士兵在不同的地形上以不同的方式移动，同时以不同的方式思考。美国内战中的行军，以及铁路运输给部队提供的一些机动性，本身就促成了美国社会从前现代向现代的转变，同时也带来了对自然的控制。行进中的军队是巨大的生物流，以改变环境的方式移动，同时也改变了行进中的生物。

由此他指出，美国内战环境史要让参与者——非战斗人员和战斗人员——回到环境中，不仅要审视战场或偶然事件（这些事件可能会引起对参与者和环境的共鸣），也要审视与环境相互作用的基础——士兵和平民、白人和黑人——如何以不同的方式在环境中移动。①

2016 年，马修·M. 斯蒂斯（Matthew M. Smith）的《极端的内战：密西西比河两岸的游击战、环境和种族》出版，以堪萨斯州斯科特堡和阿肯色州史密斯堡之间的地区为中心，审视了那里的游击战、环境与种族，它们是跨密西西比河战区西部边缘非正规战争的例证。阿肯色州、印第安人领地、密苏里州和堪萨斯州在这里相遇，形成文化、种族和环境的边疆。严冬、干旱，以及为控制庄稼和牲畜而进行的持续斗争，使环境因素与社会冲突混合在一起，一种不同类型的战争出现了——这种战争不仅发生在密西西比河两岸的地理边缘，而且发生在许多学者称之为"硬仗"的极端边缘。印第安人、黑奴、士兵、德国移民以及来自南北各地的其他军人和平民间的冲突超过了独立战争，成为以平民参与和种族仇恨为代表的、具有破坏性的持久战。

他批评美国人对密西西比河两岸冲突的"大众失忆"，以及内战史学患上的"健忘症"，指出除了人口减少、家园被毁和黑奴解放，环境也是密西西比河两岸战争的一个重要因素。平民依靠自然的最基本方面

---

① Mart A. Stewart, "Walking, Running, and Marching into an Environmental History of the Civil War", in Brian Allen Drake, ed., *The Blue, the Gray, and the Green: Toward an Environmental History of the Civil War*.

来生存，南北双方的士兵和游击队同样依靠土地供养自己和牲畜，并常以牺牲当地农民的利益为代价。来自北方或南方的士兵和平民，无论是白人、黑人还是印第安人，都在崎岖的地形、难以预测的水道和容易出现的极端天气中陷入了残酷的战争，河流、山丘、森林、牲畜和庄稼都成了战争的工具，地形是游击队员的可靠盟友，严寒、酷热和令人恼火的潮湿天气也同样猛烈打击着士兵、游击队和平民。①

综上不难看出，环境史与内战史的"联姻"虽晚，研究者相比内战史的庞大队伍而言也只是一支小部队，尚不足以撼动军事史研究的传统，但是已经给这一领域注入了新的问题意识与研究方法，无论是宏观层面还是微观层面，无论是将帅决断还是士兵经历，都使有关这场战争的历史书写更为鲜活和深刻。由此取得的成果足以让人眼前一亮，提出的观点足以让人重新审视这场对美国历史有着决定性意义的战争。

同时也需要看到，与美国内战环境史的繁荣相比，北美学者对现代高技术战争的环境史审视仍然欠缺。与这种情况相对应的是，美国民间反战团体、退伍老兵和民权人士等更为关注美国的战争伦理和具体的武器与战法，且往往持批评态度。

从目前来看，对海湾战争以来的高技术战争的环境影响，以及人与环境在高技术战争不同阶段的互动关系，也只有前文提到的麦克尼尔和大卫·佩因特的《美国军队的全球生态足迹》有简要的论述：海湾战争到目前为止最引人注目的环境破坏，是伊拉克军队在科威特犯下的罪行，他们点燃了大约七百口油井，酿成了浓烟蔽日数月的大火，使地表温度降低了约十摄氏度。蓄意的石油泄漏在科威特形成临时性的石油河和石油湖，污染了该国四成水源，以至于现在依然无法使用。石油泄漏同样也破坏了波斯湾几百千米的海岸线……幸运的是，科威特是一个富裕的国家，能负担得起环境修复的费用——尽管地下水污染和那些油浸过的土壤是花多少代价都不可逆转的。美军还使用贫铀穿甲弹来打击他们的目标，向空中释放了氧化铀。这种弹药的健康影响还存在很多争议，但

---

① Matthew M. Stith, *Extreme Civil War: Guerrilla Warfare, Environment, and Race on the Trans - Mississippi Frontier*, Baton Rouge: Louisiana State University Press, 2016.

它可能要为先天缺陷和儿科癌症负责。①

相关议题迟迟未能在北美环境史学者中得到足够的重视并展开探讨，或许是因为史料不足或是矛盾之处过多，也可能是因为海湾战争和科索沃战争等高技术战争具有"人道"的一面，而且其与一战、二战和越南战争的环境后果不在一个量级，难以引起北美学者的关注。

第二节　欧洲的军事环境史研究

欧洲环境史学会正式成立于 1999 年，宗旨是"促进所有学科的环境史研究"，具体目标包括：鼓励从比较的角度研究欧洲环境史；促进欧洲各地环境史家之间以及与其他地方同事之间的交流；在中学和大学教育中进一步发展环境史；促进在学术课程中对环境史的研究和使用；加强环境史、政策制定和公众之间的联系。②

与美国环境史学会相比，欧洲环境史学会较为松散，各国在学会中的代表负责信息传递工作。英国的白马出版社（The White Horse Press）在此之前从 1995 年开始主办《环境与历史》（*Environment and History*）杂志，之后继续保持独立运营至今。尽管并非官方期刊，但该杂志从 1999 年起常设"欧洲环境史学会大事记"的固定栏目，整体反映着世界环境史学界、特别是欧洲环境史学界的最新动态。1995—2021 年，《环境与历史》杂志共刊载论文（不含书评）512 篇，其中与军事环境史相关的有 15 篇，约占 3%，作者分别来自英国（6）、西班牙（1）、葡萄牙（1）、意大利（1）、挪威（1）、美国（2）、加拿大（1）、新西兰（1）和印度（1），③ 欧洲学者占 2/3，且以英国学者居多。

---

① J. R. McNeill, David Painter, "The Global Environmental Footprint of the U. S. Military: 1789 – 2003", in Charles E. Closmann ed. , *War and the Environment*: *Military Destruction in the Modern Age*.

② 访问链接：http: //eseh. org/about – us/mission/，访问日期：2021 年 12 月 20 日。

③ 数据经整理白马出版社《环境与历史》杂志目录得来，访问链接：https: //www. whpress. co. uk/EH. html，访问日期：2021 年 12 月 20 日。

除上述特点之外，欧洲的军事环境史研究还具有突出的阶段性特点：从 20 世纪 70 年代阿诺德·J. 汤因比不带环境史标签的史学研究，到 2020 年前后的百花齐放，2000 年和 2010 年是关键节点。以 1999 年欧洲环境史学会正式成立为界，欧洲的军事环境史研究大体可分为两个阶段。在前一个阶段，探究军事环境问题的主要是地理学者，并形成了持久影响。在后一个阶段，欧洲的环境史学者积极跟进，特别是在 2010 年以来取得了明显的进展。

一　《作为环境史家的汤因比》

　　2013 年，麦克尼尔卸任美国环境史学会主席，题为《作为环境史家的汤因比》的演讲稿发表在了《环境史》杂志上，将英国史学巨擘汤因比与军事环境史的研究主题联系起来。他指出，汤因比（Arnold Joseph Toynbee，1889 – 1975）对环境的思考，始于他儿时对于地理尤其是军事地形的兴趣。这种迷恋伴随了汤因比一生——他在意大利和希腊的旅行笔记上写满了对路线、关隘、城堡等的评论，并曾经冒着倾盆大雨，在崎岖不平的路上多走了近 20 千米，只是为了查看公元前 479 年波斯人是否可能绕过塞姆皮雷山口。汤因比的最后一本书，也记载了地形在古代军事战役结果中的作用。当汤因比于 1975 年去世时，"环境史"（environmenthistory）这个术语刚刚被创造出来；但在某些方面，他是一位环境史家。在所有作品中，汤因比对地形和地理带给人类事务、特别是军事活动的影响表现出持久的兴趣。在几本皇皇巨著中，他偶尔但又直接地探讨了环境问题，这是塑造他的核心关注点之一——文明的崛起和发展轨迹——的一个因素。在抽象的层面上，他否认环境的重要塑造作用，但在具体案例中，他通常会将环境，尤其是气候视为很大的挑战，如果这些挑战不是太弱或太强，或者变化得太快，就可能会引发创造性的应对。①

　　麦克尼尔所指"汤因比的最后一本书"，即《人类与大地母亲——一部叙事体世界历史》（1973），这本书一方面延续了文明史观对世界历

　　① J. R. McNeill，"President's Address：Toynbee as Environmental Historian"，*Environment History*，Vol. 19，No. 3. 2014.

史的认知逻辑，另一方面又凸显出新的内容，体现了这位史学巨擘对于他所处的冷战时代的现实关怀。在"生物圈"一章中，汤因比首先指出，生物圈是目前人类和所有生物唯一的栖身之地，通过自我调节和自我维护获得的力量平衡现实存在并维持生存，人类和生物圈中的其他组成部分一样，依赖于各自与生物圈其他部分的关系。如果生物圈不再能作为生命的栖身之地，人类就将遭到灭绝的命运。人类物质力量的增长，已足以使生物圈变成一个难以栖身的地方。如果人类仍不一致采取有力行动，紧急制止贪婪短视的行为对生物圈造成的污染和掠夺，就会在不远的将来造成自杀性后果。在他看来，人类对核力量的掌握，使其成为生物圈中第一个有能力摧毁生物圈的物种。① 这一认识和判断，直接来源于他对美苏竞相升级核武库、达成"相互确保摧毁"的恐怖平衡过程的观察与警惕。

在后续章节中，汤因比还对各国历史上军事与环境的关系有所论述。

第一，在谈及苏美尔文明的诞生时，汤因比指出，如果人们不但利用强大的集体力量去征服、开发非人类的自然，而且将其用于组织严密、装备精良的各地人类"精壮力量"之间自相残杀的战争，那么人类战胜自然的成果便会毁于一旦。这是对科技与军事、战争与文明之间辩证关系的深刻思考。②

第二，在谈到中国的战国时代军事技术变化时，汤因比指出吴国是开挖运河的先驱者，直接目的是方便军事运输，但也促进了农业生产的扩大和增长。他还指出，战车曾经是中国主要的甚至是唯一的兵种，到了公元前 4 世纪末，战车的地位下降了。这一变化可能开始于南部的各诸侯国，因为那里的河、湖、沼泽阻碍了车辆的使用。这些河网水路，日后还对游牧民族的骑兵形成了巨大的障碍。③。

第三，在文末，汤因比谈到科学技术对于人类事务的双重影响。如

① ［英］阿诺德·汤因比：《人类与大地母亲——一部叙事体世界历史》，徐波等译，上海人民出版社 2001 年版，第 5—6、8、15 页。

② ［英］阿诺德·汤因比：《人类与大地母亲——一部叙事体世界历史》，第 46 页。

③ ［英］阿诺德·汤因比：《人类与大地母亲——一部叙事体世界历史》，第 193—194、287 页。

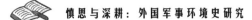

西方航空技术同中国人发明的炸药相结合，炸弹从天而降，好战者同文明人之间的区别荡然无存。人类需要保持人类共同体之间的和平，重建人类与生物圈其余部分之间的平衡，这种平衡已被人类物质力量的空前增长所打破，人类有可能自我毁灭。①

由此不难看出汤因比对人地关系的认知与批判性都是与环境史契合的，既体现了个人的史学素养与思想，也反映了他所处的时代精神与危机。

二 地理学者的军事环境研究

1992 年，贝特霍尔德·迈耶主编的论文集《环境退化：战争的后果和起因》② 反映了当时德国生态学与和平学（Peace and Conflict Studies）研究者对战争与生态危机的关注。论文集的作者们认为，环境破坏既是战争的原因，也是战争的后果，因而主张把解决环境危机的各个方面作为未来政治发展的关键。其后又有四位英国地理学者写了三篇有关军事环境问题的文章，研究对象分别涉及水资源的控制与利用，地理学与军事情报，以及战争期间的流行病，体现了地理学者对于军事环境问题的多元审视。

1995 年，英国布拉德福德大学的弗朗西斯·克利弗（Frances Cleaver）在《作为武器的水：津巴布韦恩卡伊地区供水发展史》中指出，很多对津巴布韦历史和政治的分析都忽视了一种重要的资源：水。恩卡伊（Nkayi）地区的数据表明，相对于土地而言如何获得水一直是当地人民定居和发展的关键因素。在解放战争之前的多年斗争中，水以及如何控制水，一直被作为一种武器和战术。比如在政治活跃的地方，当局拆除供水管道，拒绝派工程人员修复损坏的水井，而去报告水井损坏的居民也常被当作告密者而被游击队惩罚甚至杀死。在独立后，水仍然是一个重要的问题。为了抵制基于水的控制，人们要么在水开发活动中采取不合作运动，要么形成一种尽力省水和分享水的文化，这种文化使

---

① ［英］阿诺德·汤因比：《人类与大地母亲——一部叙事体世界历史》，第 519、523 页。

② Berthold Meyer, ed., *Umweltzerstörung*：*Kriegsfolge und Kriegsursache*, Frankfurt：Suhrkamp, 1992.

人们能在人为的干旱和水资源稀缺中生存下来，并围绕这种能力构建出团结的氛围。①

作为从事项目开发和设计的学者，克利弗对津巴布韦恩卡伊地区供水发展史的研究突破了自身专业的范畴，从人与环境的互动关系审视战争与和平，审视特定地区的资源供给、分配与利用，视野和方法具有突出的环境史特点。这也是《环境与历史》杂志发表的第一篇有关军事环境问题的论文。

1996 年，拉夫堡大学地理系的迈克尔·赫弗南（Michael Heffernan）著文《地理学、地图学和军事情报：皇家地理学会和第一次世界大战》，指出一战有个特别令人不安的特征，即对科技前所未有的动员，军政领导人可以利用一个多世纪以来科学快速发展的成果，这场战争也比以往任何时候都更清楚地揭示了现代技术可怕的破坏力。赫弗南注意到了三个现象：一是绝大多数英国地理学家积极参战；二是皇家地理学会与英国陆军部和海军部的情报部门紧密联系，制作了一份 1∶10000 的欧洲、中东和北非地图，在战争期间和战后和平会议上被用作重要的战略和地缘政治工具，是其最显著的成就；三是在 1915 年和 1916 年初协约国内部东线决胜和西线决胜两派的争端高峰中，皇家地理学会的成员们发挥了重要的作用。②

赫弗南的研究对象并非具体的战役或是军人的经历，而是和平时期在大学和研究机构任职的地理学家，详细回顾了其中一些重要代表在一战中的观念和行动。尽管其着眼点是地理学家，但作者探讨了科学运用于战争的机制，特别是地理学与战略制定之间的重要关联，对人们认知地理学与军事环境问题的关系，有着直接的启发意义。

1999 年，诺丁汉大学地理系的马修·S. 雷纳（Matthew S. Raynor）和安德鲁·D. 克利夫（Andrew D. Cliff）著文探讨了 1895—1898 年古巴

---

① Frances Cleaver, "Water as a Weapon: The History of Water Supply Development in Nkayi District, Zimbabwe", *Environment and History*, Vol. 1, No. 3, Zimbabwe, 1995.

② Michael Heffernan, "Geography, Cartography and Military Intelligence: The Royal Geographical Society and the First World War", *Transactions of the Institute of British Geographers*, New Series, Vol. 21, No. 3, 1996.

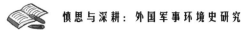

反抗西班牙殖民统治过程中的三种传染病（伤寒、天花和黄热病）的空间传播和传播速率。他们有四个发现。首先，在战前的定居体系之下，传染病与死亡率有着微弱的关联。起义的一个主要影响，是增加了定居点之间流行病学上的相互依赖，创造了一个高度整合的疾病活动系统（system of disease activity）。这是由古巴起义引起的人口混合增加造成的。其次，起义与疾病传播的空间过程加速有关。这与流行病学整合程度的提高相一致，也符合对战争流行病空间传播的早期研究结果。再次，尽管具体细节因疾病而异，但融合的增强和速度的加快，都超过了西班牙军队对黄热病的易感性和古巴平民对天花的易感性。最后，战时流行病的空间演变是由敌对行动地点的变化所决定的——随着起义的发展，中心逐渐从东南部地区向其他地区转移。因此，作者提出军事活动是造成古巴战争与和平时期流行病学经验差异的主要因素。[1] 这一研究构建了伤寒、天花和黄热病在19世纪末古巴的空间传播模型，与历史学家的研究相比，定量研究的特点更为突出。[2]

尽管这些地理学者的研究目标和方法都与环境史有所区别，但在军事环境问题上形成了一定的语境，客观上有助于吸引历史学者、特别是环境史学者思考同类问题，并且很有可能发挥自身的学科优势避免结构性叙述、只见数据不见人的弊端。

三 军事环境史学者持续跟进

2000年之后，欧洲的环境史学者愈发关注军事环境问题，不仅在

① Matthew S. Raynor and Andrew D. Cliff, "The Spatial Dynamics of Epidemic Diseases in War and Peace：Cuba and the Insurrection against Spain, 1895 – 98", *Transactions of the Institute of British Geographers*, New Series, Vol. 24, No. 3, 1999.

② 2001年时，二人继续合作研究美西战争期间美国军营中伤寒的空间传播和传播速率，依托1904年出版的《关于1898年西班牙战争期间美国军营中伤寒起源和传播的报告》内容，二人通过对89个团的军营进行地理标记，模拟伤寒扩散过程，在原有的传染病传播模型和分级传播模型的基础上，提出了一种新的传染病传播模型——传递扩散模型，而且对文本和数字信息的综合分析为疾病传播研究的方法有创新价值。Matthew S. Raynor and Andrew D. Cliff, "Epidemic Diffusion Processes in a System of U. S. Military Camps：Transfer Diffusion and the Spread of Typhoid Fever in the Spanish – American War, 1898", *Annals of the Association of American Geographers*, Vol. 91, No. 1, 2001.

《环境与历史》杂志发表论文与书评，还有不少成果刊登在《环境史》杂志和北美学者主编的军事环境史论文集里，在军事环境问题上提供了欧洲学者的视角。

2001 年，英国布里斯托大学约翰·威尔斯（John Wills）以"美国的核景观与非自然的自然"为题，比较了内华达试验场（Nevada Test Site）和约塞米蒂国家公园（Yosemite National Park）这两个看上去几乎没有共同之处的景观。内华达试验场是核时代的象征，混杂着扭曲的军事建筑、炸出的弹坑和残留了放射性的沙漠，是被蹂躏的土地。约塞米蒂国家公园则以野生自然和不朽的风景而闻名。威尔斯注意到，这两种曾经长期被认为是极端对立的景观之间，在近些年出现了一些意想不到的联系，尽管所谓的核公园不太可能成为 21 世纪后期的黄石公园或是约塞米蒂公园，但是一些核景观因为有珍稀的动植物物种落户扎根而受到赞扬，一些核设施所在地甚至成了自然保护区。

针对这一现象，威尔斯指出核问题有助于人们理解环境史，特别是在"自然"和"公园"的概念上：公园的吸引力主要在于荒野意象，这是未被人类触及的景观，而核景观由于其众所周知的军事需求和由此带来的缺少自然性而令人厌恶；核景观象征着人类统治和控制的危险，而公园则体现了自然纯净、不受文化污染的理想主义理念。然而从废弃的军用车辆到熙熙攘攘的特许商店，人类对核设施和国家公园的影响随处可见。威尔斯强调，"非自然的自然"曾被用于描述黄石公园的地质奇观，如今更适合形容后原子时代的荒野。"非自然的自然"不仅是自相矛盾的短语，而且在如何最好地解释现代地貌上也陷入了困境。① 威尔斯立足英国的景观史传统，从人的影响入手找到了废弃核设施与国家公园之间的共同属性，为人们深刻理解核时代的战争景观与自然荒野提供了思路。

2003 年，英国剑桥大学 A. 约书亚·韦斯特（A. Joshua West）以一战之后英美两国的林业政策为研究对象，著文探讨了国家安全与林业政

① John Wills, "'Welcome to the Atomic Park': American Nuclear Landscapes and the 'Unnaturally Natural'", *Environment and History*, Vol. 7, No. 4, 2001.

策之间的关系。他认为，英美两国林业在一战期间的经历，直接影响着各自林业政策在战后的发展方向。潜艇战使长期依赖外国木材的英国出现木材危机，于是林业政策成为与国家安全紧密相关的议题，议会 1919 年通过的《林业法》，积极采纳了林业专业人士的建议，主张政府大力参与造林和木材生产，而这些专业意见在战前是被政策制定者们所忽视的——战时木材危机使林业议程走上国家政策的中心舞台，而在战前，英国是从审美和休闲的角度看待林业的。尽管对于美国而言，促使英国制定政策的紧迫性并不存在，但战争的影响是存在的——20 世纪 20 年代早期，美国林务局局长威廉·格里利（William Greeley）与自然资源保护主义者吉福德·平肖（Gifford Pinchot）针对联邦与林业的关系展开辩论，最终以美国的战争经验为指导，促成了与私人土地所有者合作的联邦计划。森林从被忽视的公共土地、农业或许多其他产业的附属品，变成了联邦、州和工业需要共同承担的责任。

基于此，韦斯特认为一战并未彻底改变两国关于林业的基本观念，但它改变了政治环境，并最终改变了国家的态度和政策。战争对环境的影响可能首先会让人想起战场破坏的景象：中东沙漠燃烧的油田，东南亚被摧毁的丛林，或者西欧坑坑洼洼的战场——这些是最明显的影响，而且似乎是最直接相关的，但战争经验可能更长久、更深远地影响着使用资源的态度和环境政策的方向。[①] 韦斯特扩展了对于战争影响的传统认知范围，把战后资源政策也纳入考察的视野中，并且针对英美两国不同的林业特点与战争经历，进行了对比研究，在视野与方法上都具有参考意义。

2004 年，芬兰图尔库大学（Turku University）劳诺·拉蒂宁（Rauno Lahtinen）和蒂莫·乌奥里萨罗（Timo Vuorisalo）在《"这是战争，人人都可以随心所欲！"：战时芬兰城市的环境史》一文中，扭转了人们对于 20 世纪上半叶芬兰人环境意识的传统认知。通过研究主流的芬兰语报纸，两位作者发现在 20 世纪早期，污染就已是芬兰报纸上的一个常见话

---

① A. Joshua West, "Forests and National Security: British and American Forestry Policy in the Wake of World War I", *Environmental History*, Vol. 8, No. 2, 2003.

题，人们非常关注自身的环境质量。这种关注源自一战对芬兰城市环境的负面影响，因为一战带来了芬兰城镇农业和畜牧业的兴起，降低了城市及周边的卫生标准，蓬勃发展的军事工业又极大地增加了生产，严重污染了河流。由此两位作者指出：通常认为直到二战结束后，人们才逐渐意识到周围的环境问题，但是经过研究发现，事实正好相反——严酷的战时条件迫使人们忽视甚至隐藏他们曾经关心过的环境问题，人们花了十年甚至二十年时间才有能力重新考虑环境问题。在他们看来，这是因为二战引起了更深刻和消极的变化：城市农业破坏了城市卫生，工业蓬勃发展污染了河流，审查制度阻止了关于环境问题的辩论。而人类的苦难和战争的创伤经历也对人们的环境态度产生了持久的影响——当恐惧和谋生压力支配着人们生活时，环保主义和环保话题几乎被遗忘了。工业成为最重要的国家关切，工厂几乎不受监督或制裁就可以自由地污染环境，而习惯了战争环境变化的城市居民也没有再提出抗议。直到 60 年代，几十年前被战争打断的环境关切才重新得以恢复。[①] 两位作者深入探讨了两次世界大战、城市环境与芬兰民众环境观念之间的关系，扭转了既有的对环保理念的刻板印象和经验，从物质和思想两个层面彰显了战争带来的环境影响，并对环境思想史的理论与方法做出了贡献。

上节所述 2009 年出版的论集《战争与环境：现代军事破坏》中，有 5 位作者来自欧洲，其中英国学者 3 位，德国学者 2 位。他们通过与北美学者的对话，展现了欧洲学者的关注视野与研究逻辑。整体而言，这几位欧洲学者集中探讨了战争进程、战争记忆以及战争影响：现代战争对军事资源的利用规模前所未有，武器装备的破坏潜力几乎无限，作战不仅改变了景观和生态系统，也改变了战士的感受和记忆战争的方式，而战争的环境后果包括故意的和不可预见的，需要进行严格的调查和分析。

英国赫尔大学的格雷格·班科夫（Greg Bankoff）强调了战争对自然世界不可预见的影响。通过探究殖民扩张、武装冲突与菲律宾森林之间

---

① Rauno Lahtinen, Timo Vuorisalo, "'It's War and Everyone Can Do as They Please!': An Environmental History of a Finnish City in Wartime", *Environmental History*, Vol. 9, No. 4, 2004.

的联系，班科夫指出热带地区的森林史在很大程度上就是居于其中和周边的社会史。从前殖民时代到 20 世纪中叶，菲律宾向西班牙、美国和日本提供木材，用以修建堡垒、船舶、武器和其他军事装备。班科夫引用大量殖民地信件、人口统计数据和林业报告，从新的角度对这一主题进行阐释，认为只谈战争对森林的影响，不能揭示这种关系的复杂性。殖民地时期的菲律宾林木采伐者，大量获取柚木等硬木，由此造成的"基因侵蚀"（genetic erosion）不仅摧毁了树木的具体品种，而且也以不可预见的方式逐渐削弱了林地生态系统的基础。①

英国布里斯托大学的克里斯·皮尔森（Chris Pearson）审视了法国的二战老兵修改景观以示纪念或抹去战争痕迹的方法。其研究对象是法国东部的韦科尔堡——1944 年，法国游击队发动了一场短暂和血腥的反对德国占领军的起义。皮尔森通过分析石碑等文物，用以说明老兵如何将风景如画的高山、峡谷和该地区的山涧作为记忆他们反抗的"凭据"。然而，至早在 1945 年，非官方的开发威胁着据称是永恒不变的自然。这一过程说明，大部分景观自身都是文化的产物。②

英国新汉普郡大学的杰弗里·迪芬多夫（Jeffry Diefendorf）探讨了战争对城市地区的影响。他指出，战后的城市设计者将柏林、考文垂、东京和其他城市遭受的巨大破坏，视为按照现代主义范式恢复城市活力的契机。一个信念被广为接受——大城市是"病态的"，是没有灵魂的大片钢筋和混凝土。设计者乐于开放城市的核心区，让居民接触空气、光线和绿色植被。如在柏林和汉堡，盟军空袭摧毁了大部分城市景观，为战争前几十年就有的设计方案提供了一块白板。但是在更多的情况下是乱七八糟的、现代主义城市的重建，无计划的住房，历史遗迹保存的理想设计与财产权及其他事情发生冲突。总之，尽管所有工业化国家都在

① Greg Bankoff, "Wood for War: The Legacy of Human Conflict on the Forests of the Philippines, 1565 – 1946", in Charles E. Closmann ed., *War and the Environment: Military Destruction in the Modern Age*.

② Chris Pearson, "Creating the Natural Fortress: Landscape, Resistance, and Memory in the Vercors, France", in Charles E. Closmann ed., *War and the Environment: Military Destruction in the Modern Age*.

1945 年后进行了现代主义规划的尝试，但是炸弹落在哪里，就有更多和更迅速的变化。不论好坏，被轰炸的城市成为战后城市变化的实验室。①

德国慕尼黑博物馆的弗兰克·奥古特（Frank Uekötter）将研究对象从景观和士兵转向了组织机构，着重探讨了战争时期德国环保机构的影响。他对 2005 年出版的、将德国环保政策与种族主义意识形态联系起来的论集提出不同看法，认为德国官僚阻碍可能造成环境破坏的项目，并非出于意识形态上的关切，而是因为"有强制性的法律和规章，有等待命令的公务员，有在战前就已形成的惯例"。换言之，那些认为战争总会使官僚不再优先考虑环境的看法，是过于简单化的。②

德国柏林工业大学的多萝西·布兰茨（Dorothee Brantz）通过阅读士兵的日记、书信和回忆录，描述了军人在法国北部泥泞战壕中的经历，他们所处的环境充斥着死亡。她指出，环境的力量在每天的作战中发挥着决定性的作用，毕竟，前线士兵不仅被暴露在敌军眼前，也被暴露在自然的危险之中。尽管造成伤亡的是武器，但环境条件让战争变得格外令人痛苦。堑壕中的物理环境不仅令人不快，而且确实威胁着士兵的生命，尤其是在第一次世界大战期间，新式军事技术的破坏潜力开始对大量景观和整个地区所依赖的自然资源产生威胁。尽管历史学家通常认同第一次世界大战开启了战争的新纪元，但他们往往关注新技术的影响力，以及这些技术如何带来人与机器之间新的协同配合。事实上，是人、技术和环境的融合，释放出了现代大规模战争空前致命的力量。

布兰茨通过环境在士兵日常经历中的作用，以及人们对环境的影响这种双重关系，审视环境因素如何塑造了战争中的日常行为和士兵们对前线生活的感知，对堑壕期刊等战地出版物进行了新的解读。战争在人类和自然之间创造了一个新的命运共同体，他们既在战时相互威胁着对方，也形成一个有象征意义的新联合以防被一同消灭。恩斯特·托勒尔

①　Jeffry M. Diefendorf, "Wartime Destruction and the Postwar Cityscape", in Charles E. Closmann ed. , *War and the Environment*：*Military Destruction in the Modern Age*.

②　Frank Uekötter, "Total War? Administering Germany's Environment in Two World Wars", in Charles E. Closmann ed. , *War and the Environment*：*Military Destruction in the Modern Age*.

说："一片森林就是一个民族，一片被击毁的森林就是一个被暗杀掉的民族。"在她看来，这种文字并非来自士兵的闲情逸致，而是因为武器与环境的关联已经达到了前所未有的高度，战争不再只摧毁士兵，而是要无差别地消灭一切，重压之下，人与环境建立起了情感交集。①

布兰茨从景观与环境的基本概念出发，综合运用新军事史和环境史理论与方法，分析了"死亡的环境"何以产生，以及军人在其中的境遇与心态。这一研究直接激发了笔者对一战西线战地环境与老兵记忆的研究兴趣，本书第三章即是对这一问题的初步探讨。

2010年前后，受艺术与人文研究委员会（AHRC）资助，英国布里斯托大学环境人文中心开展了"20世纪英法美三国的军事化景观"项目研究，中心成员彼得·科茨（Peter Coates）、蒂姆·科尔（Tim Cole）、玛丽安娜·达德利（Marianna Dudley）和克里斯·皮尔森等人相继发表了有关军事化景观的成果，包括一部论集和四篇论文。

2010年，皮尔森、科茨和科尔主编的《军事化景观：从葛底斯堡到索尔兹伯里平原》②出版。论集共收录13篇文章，作者来自欧美和新西兰，专业则涉及地理、历史、景观建筑、美术和心理学。从欧洲环境史学者的贡献来看，主要体现在以下几方面。

首先，界定了军事化景观的属性。三位编者在导论中指出，战争和备战一般发生在户外，如田野、森林、草原、沙漠等环境中。因此军事化是一个需要积极部署和开发各种景观特征的过程，包括地形、植被和气候。同时，军事化又是贯穿社会、经济、文化和政治结构，并在其中留下印记的过程，不仅通过景观来运作，也在物理和文化意义上改变或维持着景观。

---

① Dorothee Brantz, "Environments of Death: Trench Warfare on the Western Front, 1914 – 1918", in Charles E. Closmann ed., *War and the Environment: Military Destruction in the Modern Age*. 布兰茨还从事城市环境史研究，尤其是自然在柏林从战时转向和平这一过程中的作用，主编了《野兽自然：动物、人类与历史研究》（Dorothee Brantz ed., *Beastly Natures: Animals, Humans, and the Study of History*, Charlottesville and London: University of Virginia Press, 2010）。

② Chris Pearson, Peter Coates, Tim Cole, eds., *Militarized Landscapes: From Gettysburg to Salisbury Plain*, London: Continuum, 2010.

其次，总结了军事化景观的特点。一方面，军事禁区所占空间远远超过了军事设施本身所需的空间，占用更多的土地是为了安全和保密，由此无意中维持着栖息地，与周围城市化、旅游业和农业景观不同。另一方面，尽管军事化景观可能看起来与它们周围的平民景观截然不同，但又很少是绝对不同的和不再变化的，正如一战堑壕中幸存下来的士兵所回忆的那样，云雀和其他鸟类在炮火中继续歌唱。①

再次，进行了跨学科的个案研究。达德利以索尔兹伯里平原训练场为例探讨了军事环保主义（military environmentalism）问题。她以稀有的仙女虾为例，描述了坦克履带和车轮辙如何形成了一个短暂的池塘，为仙女虾的繁衍提供了条件。同样的景观如果没有人类活动，池塘和仙女虾都会更少，因为以往虾卵是通过牛的行走来传播的。在她看来，国防部将仙女虾的存在作为环保主义宣传的例证，体现了索尔兹伯里平原训练场正在被"绿化"的事实：一方面是物质层面的绿化，军队聘请自然资源保护专家负责对大片土地进行日常管理，这些土地的生态价值得到了了解、重视和保护；另一方面是美化，军方利用自然景观来改善自身形象，努力将注意力从其他更困难但同样重要的问题上转移开。其宣传生物（如仙女虾）活力的新闻稿和教育倡议，提供了一种公共叙述，里面显然没有提及军事活动固有的暴力性质。同时，军事指挥官并不总会保护自然，但他们作为环保主义者偶尔会发挥作用。②

纽卡斯尔大学的蕾切尔·伍德沃德（Rachel Woodward）从两位摄影师的作品入手，探讨了军事化景观的主要特点。她指出：军事地理无处不在；在我们这个世界的每一个地方、每一块土地上的每一个角落，都以某种方式被军事力量和军事活动所触及、塑造和代表。这些景观中有许多被笼罩在神秘之中，普通民众很难看到。保密和不可见是军事机构

①　Chris Pearson, Peter Coates, Tim Cole, "Introduction: Beneath the Camouflage: Revealing Militarized Landscapes", in Chris Pearson, Peter Coates, Tim Cole, eds., *Militarized Landscapes: From Gettysburg to Salisbury Plain*.

②　Marianna Dudley, "A Fairy Tale of Military Environmentalism: the Geening of Salisbury Plain", in Chris Pearson, Peter Coates, Tim Cole, eds., *Militarized Landscapes: From Gettysburg to Salisbury Plain*.

的特点，也是许多军事景观的特征，当然不是全部——纪念性的军事景观是公开的，以呈现出可见的特定叙事。许多军事景观在平民视线之外，他们的军事功能变得不那么明显。这种不可见性、保密性和不可知性，有助于军事对空间的控制。军事景观的照片使揭示军事秘密成为可能，军事力量的破坏能力主要表现在相当平淡无奇的民事活动上，例如修建公路、建造建筑物、堆砌土方、清除植被等，这些细致的描述和那些在战争摄影中被充分记录下来的、明显且无所不在的军事破坏是不同的。因此，军事景观摄影避免了对军事及其影响的草率判断。这些照片并不是简单地解读为支持或反对军事的声明。它们有一种微妙的、有时模棱两可的性质。这种特性很有用，因为它让人质疑那里到底发生了什么。①

　　这部论集不仅有美国环境史学者大力参与，而且得到了较高的评价。战争环境史的提出者之一埃德蒙·拉塞尔为论集做了后记，认为这部论集是军事化景观研究的里程碑，并开启了跨学科对话。他总结了论集的两项重要内容：一是军事化景观成为自然保护区，是无心插柳之举。朝鲜半岛的非军事区、英国的索尔兹伯里平原和美国的落基山兵工厂，这些军事景观作为自然保护区与周边地区相比，拥有更丰富的生物多样性，原因即在于这三个地点——一个由两支陷入僵局的军队争夺，两个由单一军队控制——都为植物和动物提供了生存空间。或者说，两个极端情况——高度军事争议和完全没有军事争议——都可以帮助保护栖息地。二是军事化景观的定义，认为有必要把军事化景观的概念扩展到战场和基地之外，重新思考"军用"和"民用"世界之间的关系。高度文明化的景观与高度军事化的景观之间，存在着不同程度的军事化和文明化。历史记忆对理解这些是至关重要的，因为军事化和文明化之间的平衡随着时间的推移而波动。因此拉塞尔建议使用更广泛的军事化景观概念，把军事供应链看作食物链，审视军队与民用、农业和自然系统之间的间接和隐藏的、但绝对必要的联系，理解军事化的区域远远超出了战场和

　　① Rachel Woodward, "Military Landscapes: The Military Landscape Photography of Ingrid Book and Carina Hedén", in Chris Pearson, Peter Coates, Tim Cole, eds., *Militarized Landscapes: From Gettysburg to Salisbury Plain*.

基地，随着供应链的延长，其范围也在不断扩大。①

时任《环境史》杂志主编的丽萨·布雷迪认为，论集帮助阐明了军事实体同其所依托的环境之间复杂的关系，一方面围绕军队是作为破坏性力量还是作为军事景观生物多样性的保护者展开探讨，另一方面分析了由军事组织主导的景观的社会文化含义，有助于更为深入和广泛地理解军事化景观，并且对日益发展的军事环境史研究有重要的贡献。②

2011 年，科茨等四人发表的《"保卫国家，保卫自然？"英法美三国的军事化景观与军事环保主义》一文，总结了《军事化景观：从葛底斯堡到索尔兹伯里平原》一书的核心观点。文章指出，军事化景观是被全部或部分动员用于军事目的的物质和文化场所。文章之所以更加关注战备地点而非战场，是由于环境史家长期忽略了军事化景观，对战场以外的地方关注较少，而研究和平时期军事化如何改变物质和文化景观的，主要是地理学家和其他社会科学家，他们的工作很有价值，但常常言过其实，而且缺少对档案的运用。另一方面，还有些研究者不加批判地声称，从生态角度来看军事活动相对无害（在某些情况下实际上有利于环境），还有人认为军队有着极差的环境记录，所谓的军事环保主义是纯粹的"绿色粉饰"（green washing）。针对上述现象，作者指出：通过实证研究和比较可知，20 世纪 40 年代早期以来军事化景观的环境史，远比上述非此即彼、两极分化的模型复杂得多。文章对军事和环境之间不断演变的关系进行了分析，共有四个存在前后顺序关系的主题——通过驱逐实现军事化景观，然后又引起被驱逐者的抗议；军事环保主义出现，军队既要保护国家又要保护环境；军事化景观中非人类居住者的地位和角色；近来持续存在的平民和军队之间的合作现象。几位作者分别研究了英国索尔兹伯里、达特穆尔、威尔士等地的军事训练场，法国的拉尔

① Edmund Russell, "Afterword: Militarized Landscapes", in Chris Pearson, Peter Coates, Tim Cole, eds., *Militarized Landscapes: From Gettysburg to Salisbury Plain*.

② Lisa M. Brady, "Militarized Landscapes: From Gettysburg to Salisbury Plain", *Journal of Historical Geography*, Vol. 38, No. 3, 2012.

扎克营地和叙普营地，美国的落基山兵工厂和落基平原，对四大主题的异同进行了比较。文章指出，英国走在军事环保主义的前列，国防部在一个特别拥挤、狭窄和有争议的地理空间内运作，催生了集约和包罗万象的管理策略。英国军队也在独特的英国文化传统中发挥作用——至少可以追溯到 18 世纪乡村牧师吉尔伯特·怀特——对自然世界的好奇和对研究的热情。英国这种既有专业人士也有业余爱好者的自然历史传统，比在法国和美国扎根得更深更广。在经验丰富的平民同胞那里，一些英国军官的管理伦理赢得了土地管理价值观的共鸣。①

2012 年，已入职华威大学的皮尔森发表了《军事化景观研究：战争与军事化环境的文献综述》，对有关军事化景观（部分或完全动员以实现军事目标的地点）的文献进行了整理和评估。皮尔森认为，除了公众和媒体越来越多的关注外，军事化景观也是地理学、历史学、地学和考古学等多学科中新兴的研究领域，因而需要围绕共同的主题从不同的学科角度进行分析。文章分为三个主题，即准备战争、战场和后方。作者指出，未来的研究需要考虑军事化和景观间的复杂关系，而不是非此即彼的二分法。例如军事基地的某些地方可能受到严重污染，但也可能有一些稀有的动植物找到生存空间，还可能是士兵训练、工作和休闲的场所，是流离失所的平民失去的家园，以及准自然保护区。此外，军事化景观的某些方面有待进一步探究，如"军事环保主义"的历史根源，地缘政治和外交的环境维度，以及士兵居住和创造军事化景观的各种方式，战争、种族灭绝和气候之间的联系，野生动物和驯养动物在战场和军事基地环境中的存在和作用等。总之，军事化景观是平民与军队、士兵与环境以及人类与非人类之间的接触、对峙和谈判的场所。它们不同的文化和物质层面属性，也使不同学科的学者之间的交流富有成效。战争和环境不再可能被视为单独的领域，研究者需要回应战争和景观如何穿越时间和空间相互重现的挑战。而多学科中存在的共同主题，也表明了跨

---

① Peter Coates, Tim Cole, Marianna Dudley, Chris Pearson, "Defending Nation, Defending Nature? Militarized Landscapes and Military Environmentalism in Britain, France, and the United States", *Environmental History*, Vol. 16, No. 3, 2011.

学科研究是军事景观的潜在需求。①

2014 年，科茨发表了《边境、无人区与自然奇境：混乱的人类和平静的地球》，② 思考了一个具有讽刺意味的问题，即人类的冲突造成受困扰的人类与不受困扰的自然共存，对这一情况的审视，有可能为自然界的其他部分带来益处。他用冷战时期东亚和欧洲非军事区为例，描绘了人类的"死亡带"如何成为动植物群的"生命带"。由于边境通常是仅存的处女地，所以各种鸟类和植物都远离农业开发，获得了喘息的机会；从他们的角度来看，该区域以外的领土是不祥的棕色地带和混乱的地球。在军事化景观中，罕见的苔藓占据了放置机枪的废弃混凝土街区，与此同时，蝙蝠在废弃的地堡和瞭望塔中筑巢。他还思考了"回归自然"的过程中存在的"抹去"（erasure）现象。比如美国科罗拉多州废弃的核武器和化学武器制造设施，转变为由美国鱼类和野生动物管理局管理的正式野生动物保护区。在这里，有关人类流离失所、武器制造和残留毒性的令人不快和不安的故事正在被抹去，取而代之的是一种更令人愉快、麻烦更少、新鲜绿色的叙事。这里是动物的仙境。从肮脏和混乱的历史魔爪中解脱出来后，这些声名狼藉的地方通过重新进入纯粹的、闪亮的自然领域而得到救赎。在他看来，人们对于这种"抹去"的恐惧是不必要的，因为对自然的叙述和对历史的叙述并非不相容，保护区未来有望成为包容记忆和多重交叉叙事的空间。

同一年，科尔发表了《"自然在帮助我们"：森林、树木和大屠杀的环境史》③，对二战中的纳粹大屠杀进行了环境史审视。科尔认为，森林既是物质场所又是纪念景观，既是生活空间又是记忆空间。基于此，根据已出版和未出版的回忆录，以及对躲藏在中欧和东欧森林里的战争幸存者的口述历史采访，他研究了三种主要的紧张关系：首先，幸存者将

① Chris Pearson, "Researching Militarized Landscapes: A Literature Review on War and the Militarization of the Environment", *Landscape Research*, Vol. 37, No. 1, 2012.

② Peter Coates, "Borderland, No – Man's Land, Nature's Wonderland: Troubled Humanity and Untroubled Earth", *Environment and History*, Vol. 20, No. 4, 2014.

③ Tim Cole, "Nature Was Helping Us: Forests, Trees, and Environmental Histories of the Holocaust", *Environmental History*, Vol. 19, No. 4, 2014.

森林视为一个迷失方向的、陌生的、疏远的世界，但同时也是对森林外更腐败的世界的逃避；其次，自然既是一种可以利用和适应的东西，因为它扮演着仁慈的角色，但同时也存在不足，因此需要弥补以便让人在其中生存；再次，适应自然——或者像一些幸存者所说的成为"动物"——既是成功生存的主张，也是一种解释和远离森林中战时行为的方式。虽然幸存者讲述了人类战胜自然的故事，但也讲述了"自然"为他们牟利的故事。正如科尔所期望的，文章通过考察自然在大屠杀及其战后叙述中物质和想象力的复杂形式，探讨了环境史对大屠杀和种族灭绝研究领域可能做出的贡献，也探讨了种族灭绝的环境史对战争史领域可能做出的贡献。

整体而言，"20 世纪英法美三国的军事化景观"项目研究以军事化景观为中心，对欧美三国的军事活动与景观之间的互动关系进行了具有比较视野的研究，研究内容不仅涉及森林和山脉等自然景观和众多军事设施等人造景观，也涉及这些景观在历史时空中的变迁，以及人们对于这些变迁的理解与记忆。作者们广泛运用地理学和生物学知识进行军事史和社会史审视，把英国的军事环境史研究推向了新高度。项目结束后，达德利在布里斯托大学历史系开设了本科生课程《战场之外》（Beyond the Battlefield），探讨了河流、石油、有毒物质、气候变化等因素的军事史意义，实现了军事环境史科研与教学的相互促进。

2014 年，英国肯特大学的菲利普·斯莱文（Philip Slavin）发表了《14 世纪早期不列颠群岛上的战争与生态破坏》，[①] 指出 1296—1328 年英格兰和苏格兰之间的战争，与一系列的生态和生物危机同时发生（最显著的是 1315—1317 年的欧洲大饥荒和 1319—1320 年的牛瘟），武装冲突进一步加剧了危机，并在不列颠群岛的战区内造成了巨大破坏。战争破坏了可耕地、牧区和森林资源，切断了当地社区与他们熟悉的农业景观的联系，环境破坏远比军事胜利更具破坏性，不仅是因为其广泛的地理覆盖和时间效应，而且还因为其影响了所有社会阶层。由精心管理的耕

---

① Philip Slavin, "Warfare and Ecological Destruction in Early Fourteenth – Century British Isles", *Environmental History*, Vol. 19, No. 3, 2014.

地、牧场和林地覆盖的数十万英亩土地被毁，导致了灾难性的粮食短缺和当地社区的大范围贫困。作为研究中世纪史的学者，他对战争后果的认识有别于现代史学者，指出前工业化社会比现代工业化社会更容易受到与战争带来的环境危机的影响，这些"有机时代"的社会更直接地依赖于当地的土地和资源，由于没有先进的通信系统和发达的交通工具，因而在战争面前更为脆弱。文章还对饥荒成因的学术辩论进行了反思："制度主义"的观点指责人类和人类制度，"环境主义"的理论则将责任归咎于自然因素。然而14世纪早期不列颠群岛的战争和环境破坏的例子表明，如果分开考虑，这两种叙述都不能充分解释饥荒现象——战争虽占主导地位，但并非造成环境灾难的唯一因素。在许多情况下，军队破坏田地、焚烧树木、掠夺家畜的行为，与生态力量（如暴雨、寒冷天气、风暴和病原体）联合起来共同发挥作用。

2015年，西班牙巴塞罗那自治大学的圣地亚哥·格罗斯蒂萨（Santiago Gorostiza）、雨歌·玛驰（Hug March）和大卫·绍里（David Sauri）发表了《战火下的城市生态：西班牙内战期间马德里的供水（1936—1939）》。[1]文章以1936—1939年西班牙内战期间马德里和马德里水务公司为研究对象，调查了工人在提高城市供水服务水平方面的关键作用。文章指出，当城市受到攻击时，通过基础设施维持城市居民基本的生存，是一项至关重要的任务。从当时马德里的情况看，日常生活中关于城市水流的地理知识，可能对战争本身产生了重要的影响——供水工人在维持城市生态、确保复杂的城市新陈代谢的同时，也在对抗入侵力量的斗争中发挥了关键作用。当然，这也是战争双方围绕马德里水资源展开一系列互动的结果——马德里战时供水未中断，取决于多重因素：如马德里的供水系统是由西班牙政府建设的，投入的资源、公司工人和工程师的技术和管理技能都有深远影响；尽管这座城市遭受了空袭和炮击，但不同于在巴塞罗那，叛军始终避免对城市环境的无差别攻击；供水公司开源节流，一方面保护山区水库的战略储备水，另一

① Santiago Gorostiza, Hug March, David Sauri, "'Urban Ecology Under Fire': Water Supply in Madrid During the Spanish Civil War (1936–1939)", *Antipode*, Vol. 47, No. 2, 2015.

方面撤离非战斗人员，减少对水和其他供应的需求，提高城市对围困的适应能力。这一研究综合运用了军事、经济、管理档案和民众回忆等资料，不仅突出了马德里战时环境史的特点，而且也很好地解释了这一特点的成因。

2018年，英国利物浦大学的亚历山大·豪尔赫·伯兰（Alexander Jorge Berland）和乔治娜·恩菲尔德（Georgina Endfield）发表《革命时代的干旱和灾难：美国独立战争期间的殖民地安提瓜岛》，[1] 探讨了美国独立战争给英属西印度群岛带来的危机。文章指出，历史学家对叛乱者和效忠派领土之间的贸易禁运，美国海盗带来的损失，以及与其他欧洲国家的敌对早已进行了相当详细的研究，但往往集中在经济、社会和政治方面。虽然一些研究强调气候变化使某些地区的农业和生活问题复杂化，但气候的作用却很少受到同等程度的审视。文章将安提瓜岛及其在战争期间经历的严重干旱作为研究重点，通过对原始档案资料的广泛分析，研究了降雨不足对人们生计、财政稳定和政府危机管理的影响。通过补充18世纪末和19世纪初其他战争事件和极端气候现象的证据，文章指出，连续数年的干旱是造成美国独立战争期间安提瓜遭受严重的人员和经济损失的关键原因。然而，这一气象的作用不是唯一和绝对的，因为它与社会经济和地缘政治压力下的殖民政权存在着动态互动。这一研究将环境与人的作用进行统筹考察，避免了以往经济史研究的狭隘，也避免了简单片面的环境决定论。

挪威科技大学的于尔根·克莱因（Jørgen Klein），大卫·J.纳什（David J. Nash）和凯瑟琳·普里贝利（Kathleen Pribyl）等发表了《气候、冲突与社会：对19世纪祖鲁兰极端天气的反应变化》。[2] 文章指出，气候变化对人类社会的影响不同，取决于社会结构、文化观念及其脆弱

---

① Alexander Jorge Berland, Georgina Endfield, "Drought and Disaster in a Revolutionary Age: Colonial Antigua during the American Independence War", *Environment and History*, Vol. 24, No. 2, 2018.

② Jørgen Klein, David J. Nash, Kathleen Pribyl, etc., "Climate, Conflict and Society: Changing Responses to Weather Extremes in Nineteenth Century Zululand", *Environment and History*, Vol. 24, No. 3, 2018.

性和弹性。在此基础上，作者们探讨了 19 世纪祖鲁兰气候、冲突和社会之间的复杂关系。他们强调了不断变化的降水模式，特别是向更干燥的状况转变的模式，如何促成了社会反应的变化，包括关于降雨控制、社会迁移和解体、冲突和动荡等。他们认为，这些反应的时间差异，取决于领导者的角色、权力结构以及领导者产生这种权力的意愿和能力。这篇文章结合了来自传教士和其他观察者的一手文献，运用了口述史研究的理论与方法，对 19 世纪祖鲁兰地区冲突和社会经济的变化提出了新的解释。这种解释并非单向的、一元的、决定论的解释，而是充分考虑到了人与环境、人与人之间的复杂关系，对探讨特定社会文化背景下的社会动荡，有着启发意义。

格罗斯蒂萨发表了《"那里是比利牛斯山!"：佛朗哥时期西班牙的国家藩篱》。[①] 他总结了过去几年关于战争和环境的历史研究，注意到军事化景观成为热点，但同时指出像马其诺防线或齐格菲防线这样的大规模防御体系，作为两次世界大战期间流行的军事趋势的象征，在很大程度上被忽视了。他认为，这些军事障碍物将自然和国家价值交织在一起，构成了大规模的景观干预，旨在加强嵌入和依赖于地理特征的政治边界。文章的研究对象是 20 世纪 40 年代西班牙独裁政权在比利牛斯山脉边境建设的防御工事。在 1944 年法国解放之后，由于担心潜在的入侵威胁，佛朗哥政权致力于在比利牛斯山建立防御体系；到 20 世纪 50 年代初，已建成了拥有数千个地堡的比利牛斯防线。佛朗哥试图借此将西班牙法西斯主义者眼中的"精神墙"——与法国的政治边界——转变为真正的物理隔离。而事实上，这些防御工事是西班牙在二战后被孤立的物质废墟，当时佛朗哥政权封闭了自己，直到冷战时期成为美国的盟友。文章指出，比利牛斯山脉军事化的案例表明，墙壁、围栏和其他形式的防御工事，可以成为环境史探索文化和自然的混合，以及自然边界概念的政治影响的绝佳对象。这对于确定军事环境史的研究对象，扩展研究思路，无疑是具有启发性的。

---

① Santiago Gorostiza, "'There Are the Pyrenees!' Fortifying the Nation in Francoist Spain", *Environmental History*, Vol. 23, No. 4, 2018.

同一年，慕尼黑大学蕾切尔·卡逊中心组织出版了《冷战时期的冰与雪：极端气候的环境史》。[①] 三位编者——茱莉娅·赫茨贝格（Julia Herzberg）、克里斯蒂安·克尔特（Christian Kehrt）和弗兰奇斯卡·托尔马（Franziska Torma）——均来自德国高校和科研机构，他们在前言中指出了这一研究的视野与价值。极地地区是冷战时期的实验室，在那里可以测试新技术，开发科学家和士兵在极端气候条件下工作的方法。关于冰雪的知识，以及如何从技术上控制这些遥远而恶劣的环境，具有科学价值，但更重要的是军事和地缘战略意义。因此这本书集中讨论了寒冷环境的多重含义、功能和用途，并解释了为什么冰和雪在冷战期间成为一个重要的话题。所录文章的研究视野包括了科技史、文化史、冷战史和环境史，时间范围从 20 世纪 30 年代到冷战的最后几年。总之，寒冷地区是一种特殊的环境，使政治、文化、科学和环境过程以一种集中的、受地域限制的方式呈现出来。

瑞典皇家理工学院的斯维尔克·索林（Sverker Sörlin）认为，如果把冰雪不仅仅看作自然的，而且看作与全球和地方层面的人类社会、历史和政治有着内在联系的社会要素，就可以为审视人类与自然关系的变化史提供更广阔、更丰富的文化视角。许多具有全球重要性的紧迫问题都起源于冷战，要讲述这一新故事，需要超越学科和国家边界，把科技史、国际关系史、军事史和环境史等结合起来，从整个地球的角度来考虑地球。约翰·麦克尼尔也指出，科学以复杂多样的方式把冷战和环境联系起来，因此科学不仅是理解冷战问题的绝对中心，而且也提供解决方案，并且认为关于极地地区和极地探险的历史，以及冰川和寒冷气候的作用，是一个蓬勃发展的跨学科研究领域。

编者认为，对于相关问题的研究，仍然有较大的发展空间，因为冷战研究长期以美国为中心，对苏联和其他东欧国家，以及西欧国家的研究不足。尽管这种情况正在慢慢改变，但关于东欧、俄罗斯和苏联在北极和南极的活动，仍有很多研究要做。对印度、中国、智利、马来西亚

---

① Julia Herzberg, Christian Kehrt, and Franziska Torma eds. , *Ice and Snow in the Cold War: Histories of Extreme Climatic Environments*, Oxford：Berghahn Books, 2018.

和南非等国在极地地区的活动进行研究同样也是必要的。他们还为极端环境史研究划分了三个阶段：一是18、19世纪，对寒冷环境的探索起到了建立帝国和国家的作用，如对霜、冰、雪的科学探索成为沙皇俄国将遥远的地区融入帝国的一种手段，通过科学来驯服寒冷，同时将自己塑造成一个欧洲国家。二是20世纪30年代的苏联，北极环境与人类对抗寒冷自然的英雄故事紧密相连。三是20世纪50年代之后的冷战时期，新技术和军队将极地变成了战略关注和密集科学研究的场所，在冷战的环境中，新知识出现了，并且进行了新的政治合作和冲突，北极和南极作为全球公地的一部分，是冷战时期的遗产、假想和知识，而其军事和地缘政治意义至今仍然存在，为极端环境史提供了研究素材。

2019年，英国纽卡斯尔大学的弗雷德里克·斯蒂芬·弥尔顿（Frederick Stephen Milton）著文回顾了一战期间英国野鸟保护者、特别是英国最大的野鸟保护机构——皇家鸟类保护协会的工作，认为"后方"和战争对动物群的影响不应被忽视。[①] 文章利用皇家鸟类保护协会的期刊和年度报告，以及报纸文章和信件等，首先展现了皇家鸟类保护协会如何运用其优势反对羽毛用于装饰女帽，继而分析了战争压力给野鸟带来的生存问题，不仅公众不愿提供鸟食，而且还有更多的饥饿人口瞄准了它们，麻雀等物种也成了确保农业产量而需要消灭的目标。在议会斗争和舆论层面，农业利益集团和自然资源保护主义者之间的关系日益紧张。文章最后指出，在战争期间失去大批从事鸟类工作的工人，对皇家鸟类保护协会造成了沉重的打击，但无论如何，其在战争中督促议会和大众媒体改变了对鸟类的看法，坚守了保护鸟类的使命，可以说他们打了一场"正义的战争"。相对于此前有学者进行的森林政策的研究，这篇文章更加具体，"人"作为一个个鲜活的个体，并未被法律文本和环保行动所代替。

2021年，德国乌尔姆大学的菲利克斯·弗雷（Felix Frey）和安妮·哈塞尔曼（Anne Hasselmann）著文《战争中的石头：1946年车里雅宾

---

① Frederick Stephen Milton, "'Pursued steadily, quietly, unfalteringly': The Work of Wild Bird Protectionists in Britain during World War One", *Environment and History*, Vol. 25, No. 2, 2019.

斯克战争展览和苏联的环境思想》①，将视线投向二战后苏联的环境伦理。纳粹德国投降一年后，苏联车里雅宾斯克地区博物馆举办了一场关于"伟大的卫国战争"的展览，策展人从地球的起源开始，展示了博物馆所在的乌拉尔南部的自然资源，认为苏联的战争成就与该地区丰富的矿产资源有着不可分割的联系。文章指出，矿产和共产主义结合起来，使这些资源被勘测、被开采和被利用，造就了乌拉尔南部繁荣的工业区。文章同时否认苏联环境思想的核心是对土壤、资源和自然的全面控制，提出沃尔纳德斯基（Vernadskii）和费斯曼（Fersman）等著名科学家对人与环境关系的看法，比人类掌握自然的观点要复杂得多——人类有强大的力量，但也受到地质和生物环境的限制，从而相互依赖。车里雅宾斯克的展览同样表明，这种人与资源相互依赖的认识，不仅存在于学术领域，也进入了博物馆和教育领域。这一环境思想史研究立足于人们的战争经验与环境认知，解释和评析了苏联战后环境思想的内容与特点，对军事环境史研究在思想维度上如何展开进行了初步探索。

综上不难看出，欧洲的军事环境史学者在空间上不仅关注欧洲，也关注其他大陆和海洋，特别是扩展了既有的殖民史研究领域。在研究对象上，既有物质史也有思想史，且对动物史等新领域有着敏锐的开拓。在研究方法上则有突出的地理学特点，这一点同北美的环境史学者形成了鲜明的对比。

---

① Felix Frey, Anne Hasselmann, "Stones at War: The Chelyabinsk War Exhibition of 1946 and Soviet Environmental Thought", *Environmental History*, Vol. 26, No. 1, 2021.

第三章　第一次世界大战西线研究

　　1914 年 8 月，一趟德国军列驶往前线。车厢外用粉笔写着"从慕尼黑经梅斯前往巴黎"（von München über Metz nach Paris，如图 3 - 1），车厢内是争相向窗外挥舞手臂的官兵。他们自信地微笑着，像是去法国旅行一般。快门按下，瞬间永恒。无论镜头前的军人，还是镜头后的摄影师，甚至包括战争的发动者和指挥者在内，都以为即将进行的是一场极为熟悉和擅长的欧洲争霸战争，必将在短时间内以攻陷对方首都而结束。然而，德国皇帝威廉二世的许诺——"将士们在叶落之时即可回家"——并未兑现；其后四年的历史则更证明，这是一场规模空前、异常残酷且影响深远的世界战争。

　　作为客观物质存在的世界与战争，有其自身发展变化的历史进程；人们对世界与战争的认识，受各种因素的影响，同样有其发展变化的历史进程。本章首先在军事史、新军事史和军事环境史的视角下，审视"世界"与"战争"的不同内涵，继而着重对西线战地环境与老兵记忆的关系，西线堑壕中的人鼠关系等内容，进行一些探索性的专题研究。

第一节　重新审视"世界"与"战争"

　　1887 年，德国民主派政论家波克罕所著《纪念 1806—1807 年德意志极端爱国主义者》即将出版，恩格斯在为这本书撰写的引言中富有预见性地指出，普鲁士在普法战争后参加的欧洲战争，将是一场具有空前

图 3 - 1　乘火车前往西线的德军官兵

资料来源：Mobilmachung, Truppentransport mit der Bahn, 1914, Deutsches Bundesarchiv, Bild 146 - 1994 - 022 - 19A.

规模和空前剧烈的世界战争："那时会有 800 万—1000 万的士兵彼此残杀，同时把整个欧洲都吃得干干净净，比任何时候的蝗虫群还要吃得厉害。三十年战争所造成的大破坏集中在三四年里重演出来并遍及整个大陆；到处是饥荒、瘟疫，军队和人民群众因极端困苦而普遍野蛮化；我们在商业、工业和信贷方面的人造机构陷于无法收拾的混乱状态，其结局是普遍的破产；旧的国家及其世代相因的治国才略一齐崩溃，以致王冠成打地滚在街上而无人拾取……"[1]

然而，第一次世界大战的规模远远超出了恩格斯的预期——共有来自五大洲的 33 个国家、超过 15 亿人口卷入了战争，各方动员军队 6400 余万，伤亡 3700 余万。由于影响到参战国每一个人的生活与精神，一战成为真正意义上的"总体战"，同传统的欧洲争霸战争区别开来。

一　军事史视野

一战之后，军政精英纷纷著书立说。曾任英国海军大臣和军需大臣

---

[1]　《马克思恩格斯全集》第 21 卷，人民出版社 1965 年版，第 401 页。

的丘吉尔写下《世界危机》，德军军需总监鲁登道夫写下《我对1914—1918年战争的回忆》和《总体战》，美国远征军司令潘兴写下《我在世界大战中的经历》等，他们关注王侯将相如何运筹帷幄，遵循数千年来形成的军事史书写传统，其笔下的"世界"是政区意义上的世界，"战争"是人与人之间的战争。

在新史学的大潮中，王侯将相之外普通人的历史及其历史记忆受到关注。兴起于20世纪60年代的新军事史，发现了更多的新史料，思考了更多的新问题，推动了军事史研究的发展，丰富了关于战争的历史记忆。譬如在一战中，西线战场的前线部队创办了数百种堑壕报刊（trench newspapers and journals），登载前线士兵的诗歌、小品、漫画和家信，反映了堑壕生活的方方面面；法国年鉴学派奠基人之一马克·布洛赫将其在西线战场的经历写成《战争记忆》，德国士兵雷马克以自己参战经历写下的小说《西线无战事》则被誉为"'无名士兵'第一座真实的纪念碑"；定居日内瓦的罗曼·罗兰超然于纷争之上，通过《战时日记》记载了后方的平民知识分子对战争的审视与认知。

这些文字尽管并非政府档案，但史料价值并不因其出身"卑微"而有所减损，因为它们可以使军事史书写更加鲜活，使民众的战争记忆更加全面。这里的"世界"，不再是作战室中抽象的地图和沙盘，而是政区意义以及地理意义上的世界；这里的"战争"，仍是人与人之间的战争，但关注的是中下层官兵与普通民众在战争中的境遇，因此，它不再是没有生命的兵棋游戏，或是抽象冰冷的伤亡数字，其书写往往如怨如慕，如泣如诉。

二　环境史视野

尽管新军事史的视野已从帝王将相转向普通军民，但在面对大战中多元化的战争要素时仍显狭隘，未能考虑和探究更多方面的、更为繁复的历史联系。环境史并非自然史，亦非污染史或环保史，而是要探讨历史进程中人与自然之间的互动关系，审视人与自然相互作用、共同演进的结果和影响。在军事环境史的视野下，一战的"世界"有了更丰富的内涵。这里的"世界"是超越了以往政区和地理概念的具有生态意义的"世界"，其所涵盖的不仅有人，而且有物；这里的"战争"不仅有人与人之间的对立和搏杀，而且也有人与物之间的种种联系和冲突。一战的世界性，不仅体现为空间的广阔性，还体现为要素的多元性和联系的复杂性。后两个特点，使战争和战场不再仅仅是人类社会内部纠葛纷争的舞台，也成了人类社会与外部自然之间激烈互动的场所。

要素的多元性，体现在战争不再只被视作"人类事务"，自然环境作为人类战争依托和破坏的对象，成为不可忽视的要素之一。在战争中，自然并不是完全被动和沉默的受害者，而是扮演着具有能动性的角色：有时它是人们的共同敌人（对双方造成障碍），有时又是共同的盟友（为双方提供资源），有时又是一方之敌、一方之友（既取决于自然自身的特征，也取决于各方军队所处的位置、解决问题的决心和能力），而这种敌友角色往往会瞬间转换。

我们看到，自然环境在战争中既制约着人们的兵力部署和部队行进路线，也受到人们的主观利用、改造和破坏，还承受着人们作战行动的客观结果。据法国林业局的估算，法国在第一次世界大战中共有35万公顷森林被消耗或破坏，相当于其后60年的木材产量总和。比利时的森林也遭到大量砍伐，相当一部分被用于修建长达数百千米的堑壕体系。而堑壕体系在被掩埋数十年后，人们若从天空俯瞰，仍能依据土壤的不同颜色辨别出当初的脉络与走向。

联系的复杂性，既包括空间的联系，也包括要素的联系。从空间上看，战场与后方紧密地联系在了一起：后方提供的弹药改变着战场的景观，机枪和火炮的巨大威力促使堑壕体系日臻完善，战争在爆发后不久就进入了胶着状态，遍布弹坑的无人地带两侧，是驻守在各自堑壕中的官兵，他们掘地、伐木、生活和战斗，改造了周边景观；战场态势同样塑造着后方的景观，甚至超越了国界——以大西洋彼岸的美国为例，一战期间不少美国家庭将花圃改成了菜地，应对蔬菜出口欧洲之后的短缺；影响更大且更深远的变化则发生在农业领域，正如美国环境史奠基人之一唐纳德·沃斯特的代表作《尘暴：1930年代美国南部大平原》所揭示的，作为"小麦赢得战争"的战场，南部大平原小麦种植面积大幅增加，一方面向欧洲出口大量粮食，另一方面也因摧毁了500多万英亩草地以及原生植被，在干旱和大风的综合作用下，南部大平原在20世纪30年代经历了恐怖的尘暴。

从要素上看，与军人如影随形、互动频繁的动物是不应忽视的，比如猫儿鸟儿一类的宠物，老鼠跳蚤一类的害虫，骡子马匹一类的畜力和军犬信鸽一类的"战士"等等（如图3-2、3-3）。它们自身的命运因人类的战争而改变，同时也施加着自己的影响——军营里和军舰上共有50多万只猫被用来捕捉老鼠，跳蚤传播的疾病威胁着前线士兵的生命，500万匹骡马所需的草料是各方必须解决的后勤难题，各国信鸽在硝烟弥漫的天空传递重要的情报。

图3-2　1918年德军春季攻势一隅——炮兵部队对畜力和木材的使用

资料来源：German First World War Official Exchange Collection，1918，Imperial War Museum London，NO. Q 87801.

前线官兵不仅暴露在敌军眼前，也暴露在自然环境中，其与自然环境的复杂联系也产生了复杂的情感。这些情感来自官兵的亲身经历，塑造了他们的战争记忆和战争观念，在很大程度上也影响着他们对"世界"的理解。有位德国士兵在堑壕期刊上发表了这样一首诗，表达了自

图 3 - 3   德国军犬被用于向前线分送信鸽

资料来源：German First World War Official Exchange Collection，1918，Imperial War Museum London，NO. Q 48444.

己对森林的感激和依赖之情："这片森林的命运／和我的命运／紧紧交织。它是我的同伴／也是我的保护者。森林／为我挡住子弹和弹片／而自己的心脏却被戳穿……这一天／充满悲伤与哀愁。破损的树冠上／滴下树汁闪着光芒／就像永不停止的哭泣与哀伤。"①

综上所述，从军事环境史的视野审视"世界"与"战争"，是从更广阔的空间、更多元的要素和更复杂的联系研究战争的尝试。这种尝试，力求更为全面和深刻地理解日趋复杂的军事活动，不仅契合战争形态不断演进的历史进程，也是历史学者从生态世界观出发、立足史学进行跨学科研究做出的回应。

第二节   一战西线环境与老兵记忆

历史书写在很大程度上塑造着公众的历史记忆。西线战场是一战的

---

① Dorothee Brantz，"Environments of Death：Trench Warfare on the Western Front，1914 - 1918"，in Charles E. Closmann ed.，*War and the Environment：Military Destruction in the Modern Age*.

主战场，攻防战略与战役、战斗既关乎战争全局和个人命运，也塑造着西线老兵的记忆。20 世纪 60 年代之前，关于一战的战争记忆主要由传统史家塑造，内容是帝王将相的运筹帷幄以及军功战绩，普通老兵的战时经历及其记忆大多与其一道最终归于尘土、鲜为人知。①

自 20 世纪 60 年代起，一战史研究逐渐在传统史学以及新史学这两条轨道上展开，立足上层还是下层、视角自上而下还是自下而上，是二者的根本区别。老兵记忆是新军事史的一个重要研究对象。与传统军事史不同的是，新军事史研究的并非军队上层人士的记忆，而是中下层军官以及士兵的记忆。后者与前者相比，作为个体的社会名望和历史地位虽显渺小，但是作为群体又非常庞大不容忽视。于是，战地出版物、老兵家信、日记和回忆录等政府档案之外的一手史料，日益被新军事史家用于呈现更为鲜活的历史图景、重建更为完整的历史记忆，为进一步审视战争、深入战争亲历者的内心世界、丰富人们对军事与社会之关系的认知，提供了契机。②进入新世纪，军事环境史日益成为研究一战老兵记忆的另一条路径。从人地关系入手探讨社会关系，是研究一战老兵记忆的新增长点。

客观历史事实与老兵记忆之间，老兵记忆与记忆载体之间，并非机械的平面反射关系，而是受到诸多因素的影响，存在遗漏乃至偏差。如何从纷繁复杂的信息中去伪存真，依托记忆载体研究老兵记忆，进而复原战争的面貌，是研究者面临的挑战。③ 本节在梳理一战西线老兵记忆

① 依据《韦氏词典》的解释，老兵（veteran）包含两类，一是从军时间较长的军人，二是曾经参军的人员。本文"老兵"是后者里的中下层军官和普通士兵——作为军人参加一战是其共同经历，他们人数众多但长期未被传统史学重视。

② 因诸多条件的限制，本节对相关文献的梳理截至 2018 年前后。

③ 需要指出的是，有关老兵记忆的著述标题往往并无"记忆"标签，而有"记忆"标签的——如杰伊·温特主编的代表性论集——并非要探讨老兵们的记忆，而是人们在战后不同历史时期对这场战争的理解，以及由此形成的公众记忆，进而分析塑造公众记忆的诸多因素——如纪念日、纪念碑、遗址、博物馆、影像作品、文学作品等，实际属于新文化史。可见，此处的"老兵记忆"与彼处的"一战记忆"并不能等同起来，且后者亦非笔者要探讨的问题。参阅 Jay Winter, *War and Remembrance in the Twentieth Century*, New York：Cambridge University Press, 1999；*Remembering War：The Great War between History and Memory in the 20th Century*, New Haven：Yale University Press, 2006；*War beyond Words：Languages of Remembrance from the Great War to the Present*, New York：Cambridge University Press, 2017.

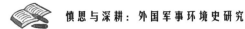

相关研究的基础上，对其成果形式和史料来源进行了总结与思考，并对军事环境史视野下的老兵经历与记忆进行了理论探讨。

一 历史事实与老兵记忆

"生活史"或"个人史"著述，是一战西线老兵记忆研究的主要成果形式。其研究对象突出地体现出新军事史的价值取向——作者们正是要通过军衔和职务不高的老兵，以及少数族裔和战俘等长期消失在传统史学中的弱势群体的战争记忆，使小人物的经历为人所知，战争变得更为直观、更为具体，不再是基于地图、沙盘和报告的抽象战争。这样的战争记忆，得以与"大人物"的战争记忆一起反映大时代的人性与反人性。

法国一战老兵雅克·梅耶（Jacques Meyer）结合个人经历、法国报刊、士兵小说及回忆录写成的《第一次世界大战时期士兵的日常生活（1914—1918）》①于1966年出版，40多年后被译为中文。这本书一方面分类记录了老兵的战时生活，另一方面又分析了老兵的心理状态，深刻阐释了老兵生活与心理状态乃至于历史记忆之间的关系。

堑壕生活无疑是西线老兵大多经历过且难以忘怀的。梅耶引用十几位老兵的随笔和回忆录，向读者展示了士兵们在泥泞寒冷的堑壕中的境遇。由于堑壕没有排水设施，因此在多雨的冬季便成了汇集雨水与尿水、淤泥四溢、极其寒冷的污水坑。士兵们在战时的每一个冬天、特别是1916—1917年的冬天痛苦不堪：为了御寒，他们不仅找来各种材料包裹自己，丝毫不顾军姿威仪，而且对酒有着极大的需求；他们在拥挤不堪的堑壕中小憩，在敌方猛烈的炮火中隐蔽，还在泥泞中与尸体和虫鼠为伍；他们的感觉与情感在发生变化——城里人和知识分子的感官受到极大磨炼，对大自然有了新认识，而原本就与土地关系亲密的农民则为土

---

① ［法］雅克·梅耶：《第一次世界大战时期士兵的日常生活（1914—1918）》，项颐倩译，上海人民出版社2007年版。

地的荒芜感到难过，更加怀念和平时期的生活（如图 3 – 4）。①

图 3 – 4　英军在积雪的堑壕中操作迫击炮

资料来源：Ministry of Information First World War Official Collection，Imperial War Museum London，NO. Q 4922.

梅耶最终分析了老兵记忆与老兵持久的团结精神之间的关联：战争中很多人超越了自我，后来又回到了原来的状态，但记忆中的团结岁月让他们不时地能够找回自我……曾经同一个军团的老兵在伟大过去的映照下温暖着彼此的心灵，即 1914—1918 年士兵的日常生活。②

美国查普曼大学"战争书信研究中心"主任安德鲁·卡洛尔（Andrew Carrol）编著的《火线后的故事：世界战争家书》，共分为"永远爱你""火线传书""带泪的笑""困在两军交火时"和"战争余殃"五个主题，从 30 多个国家搜集到的 200 余封战争家书被分别归类于其

———————————

① ［法］雅克·梅耶：《第一次世界大战时期士兵的日常生活（1914—1918）》，第 72—89、176—179 页。

② ［法］雅克·梅耶：《第一次世界大战时期士兵的日常生活（1914—1918）》，第 335—336 页。

中，关于一战的有 20 封，占约 1/10。编者对家书的作者以及内容是有选择的，总体的原则类似于文学作品追求的那种极致的矛盾冲突。在书中，有被"使用现代且科学的方法手段毁灭对方的该死的战争"吓坏，进而质疑一战真实性的印度士兵；有在毒气战中幸免于难，给妈妈写信报平安的英军士兵；有被战争惨象刺痛，对战争丧失了好奇心和兴趣的英国艺术家；有在家书中描绘 1914 年圣诞休战及其"人性光辉"的英军与德军士兵；有为德国奋勇作战，因能在废墟里找到钢琴并弹奏德国乐曲而感到幸福的犹太士兵，以及记载因传令兵中途迷路，导致在停战后美军仍旧进攻，德军也未停止炮击的美军士兵。[①] 这些矛盾冲突，反映了偶然性与必然性的辩证关系，凸显了和平的可贵与战争的残酷（如图 3 - 5）。

图 3 - 5　1916 年 12 月 25 日，英军士兵在一个弹坑中分享圣诞早餐

资料来源：Ministry of Information First World War Official Collection，Imperial War Museum London，NO. Q 1630.

---

①　［美］安德鲁·卡洛尔编著：《火线后的故事：世界战争家书》，李静滢、佟海燕译，昆仑出版社 2009 年版，第 127、128、130、137—138、148 页。

瑞典史家彼得·英格朗（Peter Englund）在《美丽与哀愁：第一次世界大战个人史》中提出，这不是一本讲述战争是什么的书，比如介绍战争的起因、过程、结局和后果，而是一本讲述战争怎么样的书……也就是说不是很多事实而是个人，不是很多过程而是体验，不是很多事件而是情感、印象和氛围。① 作者以时间为经、经历为纬，搜集整理了 23 位战争亲历者——如小说家卡夫卡、穆齐尔，德军的丹麦士兵安德列森、俄军的英籍护士芙萝伦丝·方姆勃罗等——的日记、书信和回忆录，通过同一时间维度下的不同人物的各自经历，向读者呈现一战的多元面向。这种多元是循着历史的逻辑展开的，正文分为五章，从 1914—1918 年，一年即一章。每章卷首都会有这一年的大事记，之后是战争亲历者对于具体日期和事件的记忆，便于读者对照。尽管这些亲历者大多分散在不同战场，或是前方后方；尽管命运不同、角色各异，但是作者通过他们在战争中的境遇和所思所感，成功揭示了战争从他们身上夺去了什么。从这些亲历者的身份来看，大部分是默默无闻或者被人遗忘了的人，但他们留下的文字，却足以代表数百万有同样历史境遇的普通一兵，为人们重新认识。

2009 年，英国一战老兵哈里·拉明（Harry Lamin）的战时文书由其孙子比尔·拉明（Bill Lamin）以《来自堑壕的书信》为名结集出版。比尔·拉明在开篇就明确表示，该书反映的不仅是祖父个人的历史，也是千千万万一战老兵的历史，因而既是对其祖父一个人的纪念，同时也是对其战友们的纪念。这本书并非各种材料的简单堆砌，而是从战前的家庭生活写起，继而叙述了哈里·拉明作为普通步兵受训、初上战场、死里逃生、转战各地、回到家乡的整个历程。哈里寄回家的书信、明信片、地图和照片点缀其间，成为这一历史进程的直观体现。在文末，比尔做了一个对比：哈里所在的团在一战中有 8814 人阵亡或伤重不治，其中 1190 人获得勋章；哈里 1961 年安详辞世前，对子女说自己的一生过得不赖。② 哈

---

① ［瑞典］彼得·英格朗：《美丽与哀愁：第一次世界大战个人史》，陈信宏译，卫城出版2014 年版，第 8 页。

② Bill Lamin, *Letters from the Trenches：A Soldier of the Great War*, London：Michael O'Mara Books Ltd. , 2009, pp. 9, 215 – 216.

里的生死观蕴含在了这几句看似平淡的行文中，细细品味则更加震撼——一个团约有 1500 人，8000 余人丧生意味着该团曾数次补充过兵员，而作为安然返家的老兵，哈里用一句"不赖"总结自己的一生，这份坦然既令人吃惊又不难理解。

英国史家蒂姆·格雷迪的《历史与记忆中的一战德籍犹太裔士兵》一书，是基于生活史进行的文化史思考。格雷迪大量运用报纸、个人回忆录和官方档案等一手史料，首先讲述了德籍犹太裔士兵的一战经历，继而梳理了他们在 20 世纪不同时期德国国家记忆中的形象与遭遇：一战中，共有 1.2 万德籍犹太裔士兵战死，后方的犹太社群积极筹资、支持战争，由于大规模的死亡几乎影响到每一个家庭，许多非犹太人都欣然承认犹太人的贡献。一战结束到魏玛共和国初期，私祭与公祭构成了"叠加纪念"（overlapping remembrance），但在 20 年代中期逐渐被高度政治化的退伍军人组织所取代，后者是纪念战争死难者的专业机构，许多人急于将犹太成员排除在外，但即便是极右的退伍军人组织也不得不对战死的犹太人给予最低限度的尊重。1935 年 9 月《纽伦堡法案》（Nuremberg Laws）出台后，停止对犹太阵亡士兵的公开纪念，尽管纪念碑上的犹太人名字被纳粹政府保留，但丝毫不影响其对犹太家庭的驱逐、劫掠与残杀。第二次世界大战结束后，对一战中犹太阵亡士兵的纪念在西德复兴，促使人们接受了德国文化与历史中的犹太因素。①

英国史家希瑟·琼斯的《一战期间英法德战俘遭受的暴力：1914—1920》，将战俘这一特殊的群体作为研究对象。失去自由、强制劳动、食宿条件恶劣等，是这些老兵在成为战俘后的生活状态。琼斯将过度劳累、饮食不足、殴打、体罚以及杀害都归入"暴力"的范畴。她指出，英法德三国都有两种囚禁战俘方式——一种是由政府管理的后方战俘营，通常有中立的观察员进行检查；另一种则是各方都设的、位于或靠近前线的、处于当地军事单位直接管理下的劳动营，实行强制劳动，没有中立的观察员进行检查。在前一种战俘营中，战俘受到平民基于"敌人"

_____

① Tim Grady, *The German - Jewish Soldiers of the First World War in History and Memory*, Liverpool: Liverpool University Press, 2011, pp. 3 – 9, 14, 81, 99 – 100, 138 – 139, 194.

概念而采取的暴力；在后一种劳动营中，战俘既要在管理人员的持续暴力下进行劳动，还要忍饥挨饿、防备战场上的枪炮弹药。德国很快就放弃了1907 年的海牙第四公约《陆战法规和惯例公约》和 1929 年的日内瓦第二公约《关于战俘待遇的公约》的条款，随着战争的进行，法国和英国也开始违反国际公约。琼斯强调，不断恶化的营地条件一定程度上归因于这场总体战的恐怖，同时也是劳动力需求增加导致的结果。琼斯的研究基于战时档案、新闻报道和老兵自传，颠覆了此前学者们一直持有的观点，即战俘在战时的极端条件下是受到保护的。恰恰相反，琼斯指出一战劳动营的设立开启了危险的先例——为了本方的利益，可以牺牲战俘的生命——因此也是 20 世纪强制劳动发展过程中的关键阶段。[1]

从史学发展的角度来看，这些承载着老兵记忆的新军事史著述有着突出的史学价值。

首先，体现了新史学"自下而上"的基本诉求。梅耶在"生活史"的开篇，借用同为老兵的蒙吕克的一段话直抒胸臆："历史学家们只为王公贵族的荣誉写作。我在作品中提到了很多勇敢的士兵和善良的人们，对于他们，历史学家们却从不提起，似乎他们从来没有存在过。"[2] 美国退役陆军中将克劳迪娅·肯尼迪推介《火线后的故事：世界战争家书》时指出，通常情况下只有将军或军事首领的通信才会受人关注，而卡洛尔提醒人们最应引起注意、最值得敬佩的，是在前线的战士和他们在后方的亲人。[3] 陈信宏认为，英格朗"个人史"的价值即在于其并非国际利益争夺之书，亦非战役将领英勇之书，皇帝、战役、英雄、武器、讲和，退为配角与背景；小兵、护士、保险员、家庭教师、探险家、飞行员、战俘，登上舞台最中央。[4] 这些自下而上的、看似破碎的历史叙事，

---

① Heather Jones, *Violence against Prisoners of War in the First World War: Britain, France and Germany, 1914 - 1920*, Cambridge: Cambridge University Press, 2013, pp. 6, 38, 119, 207, 249, 374.

② ［法］雅克·梅耶：《第一次世界大战时期士兵的日常生活（1914—1918）》，第 1 页。

③ ［美］安德鲁·卡洛尔编著：《火线后的故事：世界战争家书》，序第 ii 页。

④ ［瑞典］彼得·英格朗：《美丽与哀愁：第一次世界大战个人史》，译者序，第 vi—vii 页。

并未带来破碎化的历史认识，而是恰恰相反，它们在突出个体经历的同时，也塑造了士兵群像、揭示了普遍意义。正如梅耶所深刻阐释的：尽管士兵出身、兵种、职务和军衔会有不同，但是军服减弱了这些不同所带来的冲突，因为他们必须在各种环境中一起同甘共苦、同生共死。士兵们多种多样的生活——无论是战斗、休假还是复员——创造了一些真正的习惯，缔造了共同的心理状态。①

其次，有助于获得更为完整的战争记忆。当人们不再仅仅基于"大人物"的记忆去认识战争，同时也在审视众多亲历战争的"小人物"记忆的时候，也就向着建构完整的战争记忆迈出了重要的一步。毕竟，"大人物"和"小人物"，前者运筹帷幄，后者浴血沙场，缺少任何一方都不是完整的战争记忆。以更加完整的战争记忆为基础，人们也就有可能更为全面、客观和深入地认识战争。梅耶所写的"士兵的日常生活"，仅仅是生活吗？显然不是。它呈现的既有生活的物质表象，又有老兵对这种物质表象的感觉、认知与理解。这种当事人的心理以及对这种心理进行的分析，为读者提供了丰富的历史信息，也创设了具体的历史情境。

再次，有助于打破人为构建的战争神话（myth of war）。英国史家乔治·L. 莫斯（George L. Mosse）在《两次世界大战与战争神话》一文中，分析了战争神话及其产生——掩盖战争的恐怖，使关于它的记忆成为神圣的东西，并最终证明战争目的之合理性。英法德等国通过纪念碑、遗迹和军事公墓纪念阵亡者，促使人们接受被神圣化的战争。因此人们对世界大战的记忆，主要是为了祖国的至高荣耀而牺牲的神圣的殉难者，而非堑壕战本身以及战场上的杀戮。一战结束后，战争神话并未消退，还在德国助长了导致二战的军国主义。② 战争神话是对战争史的选择性

---

① ［法］雅克·梅耶：《第一次世界大战时期士兵的日常生活（1914—1918）》，第5—6、9页。

② George L. Mosse, "Two World Wars and the Myth of the War Experience", *Journal of Contemporary History*, Oct. 1986, Vol. 21, No. 4. 后收入莫斯的代表作《阵亡士兵：重塑世界大战的记忆》（George L. Mosse, *Fallen Soldiers*: *Reshaping the Memory of the World Wars*, Oxford: Oxford University Press, 1990）。

记忆,甚至是曲解,后果之严重也由历史证实,而更为完整的战争记忆,可以为厘清历史事实和打破战争神话提供帮助。

二 研读史料并挖掘记忆

战地出版物、老兵家信、日记和自传等,是一战西线老兵记忆研究的主要史料来源。按照史料承载记忆的群体性和个体性,上述史料可分为两类:一类是群体性突出的战地出版物,此类资料往往由专门机构收集存档、提供借阅或公开展出;另一类是个体性突出的老兵家信、日记和自传等,此类资料往往由家人收藏和传承,其中一部分经过后人或专业史家的整理后出版。这两类史料提供了丰富的历史信息,且各具特点和价值。

(一) 战地出版物

堑壕期刊和部队杂志是西线基层部队自办的出版物,其内容、立场和视角与官方出版物多有不同,英军、法军、美军和德军都有出版。堑壕期刊由陆军的步兵、炮兵、工兵等部队自办,部队杂志则由医院或医疗船、战俘营以及救世军、"士兵妻子与母亲联盟"等民间组织自办。二者主要刊登诗歌、绘画、短篇小说、笑话、戏剧和文章,绝大多数作者使用匿名或者化名,此外还有一些商品的广告。这些内容直接来自或服务于前线官兵,收藏了官方档案所忽略的战地生活与战斗信息。

普若凯斯特资讯公司(ProQuest)近年来与帝国战争博物馆和大英图书馆等机构合作,创建了一战堑壕期刊和部队杂志数据库,所收录的战地出版物有英法德三种语言,共1500多种,时间从1914年一直到1919年底,为系统研究双方老兵的战时经历与思想状况提供了很大便利。此外,这些战地出版物对研究当时平民的战争观、妇女的战争境遇与地位变化等问题也有重要作用。[1]

法国史家斯特凡纳·奥杜因—卢佐的《战争中的士兵:1914—1918年法国的民族情感和堑壕期刊》、加拿大学者罗伯特·L.尼尔逊的《一

---

① 详情参阅拙作《外文数据库应用与一战史研究》,《军事历史》2018年第6期。

战德国士兵报纸》和澳大利亚学者格拉汉姆·希尔的《士兵出版物：一战中的堑壕期刊》是研究一战战地出版物的代表作。① 尽管其核心内容不是老兵记忆，而是堑壕期刊和部队杂志的出版、发行以及与老兵间的关系，涉及出版物的总数也不到百种，但仍为老兵记忆的研究提供了很大启发。

首先，西线老兵及其战争记忆受到关注。奥杜因—卢佐指出，长久以来，书写自身战争经历的老兵都是那些成功人士或有文化的人，他们哪怕记忆存在扭曲也仍认为自己是"唯一真正的历史学家"，这使得一些历史的真相被掩藏；目光应该转向来自城乡普通阶层的老兵，他们人数众多却又鲜为人知。②

其次，战地出版物的史料价值获得认可。希尔认为，战地出版物载有前线官兵们所想、所感、所写、所绘，帮助他们在恐怖的氛围中面对恐惧和死亡，对于研究战争进程是必需的。但同时也不应仅仅将其作为资料去阅读，而应依托这些资料进行深入的思考——最有挑战性的研究并不在于一战的起因、经过和结果，这些研究都已经很充分了……始终困扰人们的问题在于，几百万人如何以及为何能在这场总体战中坚持足足四年。③

再次，文化史研究视角与方法得到检验。奥杜因—卢佐在分析出版物编者及其动机、出版及其限制、各方态度的基础上，按"每日生活""时刻存在的死亡""大后方"等不同主题，摘选了部分法军堑壕期刊的稿件，展现了法国一战老兵对战争、生死、妻子与家庭、前线与后方、敌意、爱国主义等问题的认识，指出堑壕期刊赋予士兵们英雄主义光环，老兵形象逐渐在法国的集体记忆中成型。尼尔逊在总结德军及其堑壕期

① Stéphane Audoin – Rouzeau, *Men at War, 1914 – 1918: National Sentiment and Trench Journalism in France During the First World War*, trans. by Helen McPhail, Oxford: Berg Publishers, 1992; Robert L. Nelson, *German Soldier Newspapers of the First World War*, Cambridge: Cambridge University Press, 2011; Graham Seal, *The Soldiers' Press: Trench Journals in the First World War*, Basingstoke: Palgrave Macmillan, 2013.

② Stéphane Audoin – Rouzeau, *Men at War, 1914 – 1918: National Sentiment and Trench Journalism in France During the First World War*, p. 1.

③ Graham Seal, *The Soldiers' Press: Trench Journals in the First World War*, p. xi.

刊的特点时指出，德方有很多关于战争正义性的思考、对占领区人民的态度等内容，其对女性的猥亵想法、对殖民地士兵的粗鄙评论等也远超协约国方面。希尔从文化史的视角、对协约国士兵与堑壕期刊之间的关系展开研究，认为共同的阅读提供了谈资，有助于堑壕中的士兵成为有认同感的整体。

（二）老兵家信、日记与回忆录

让·诺顿·克吕对法军老兵回忆录进行了较早的搜集和整理。克吕1908 年在美国麻省威廉姆斯学院获得教职，1914 年 10 月作为法国普通步兵初上战场，次年升中士，在西线堑壕中生活和战斗了 28 个月后改任翻译官，负责与英军和美军联络。克吕战后重回威廉姆斯学院任教，1929 年出版了《见证者》（*Témoins*）。他以真实性为基本要求，摘选了252 名法军官兵的一战回忆录。他在给姐姐写的信中提出，要摆脱先入为主的或是文学的传统观念影响，力求以事实经验替代教条的"战争传奇"（legend of war）。[1] 安德烈·杜卡斯 1932 年出版了《战士们讲述的一战》，分类整理了 70 名前线作者的小说和文字，同样力求摒弃"战争传奇"、挑战虚假的"爱国主义"[2]。克吕和杜卡斯是在新军事史成为一种史学思潮之前，就已主动展开研究的先驱。

1959 年，杜卡斯、梅耶和加布里埃尔·佩勒三人合著的《1914—1918 年法国人的生与死》[3] 出版，其中不少材料后来又被梅耶用以写作"生活史"。梅耶认为，这些"见证者"都是直接从学校和童年走进了战争年代，这是他们人生的第一课甚至是唯一的一课。共同的经历让他们当中很多人付出了生命的代价，也用一种含蓄的友谊将他们联系在一

---

① "Letter to his sister Alice（22 – 1 – 1917）", in Jean Norton Cru, *Lettres du Front et d'Amérique*（*1914 – 1919*），Aix – en – Provence：Publications de l'Université de Provence，2007，p. 212.

② André Ducasse, *La Guerre Racontée par les Combattants*（*1914 – 1918*），Paris：Flammarion，1932.

③ André Ducasse, Jacques Meyer, Gabriel Perreux, *Vie et mort des Français 1914 – 1918*，Paris：Hachette，1959.

起。① 尽管没有明言，但字里行间都可见其信条——为战争中逝去的、不曾留下只言片语的战友发声，为战争后回归平淡的、真正的前线英雄发声。

日后成为法国年鉴学派创始人之一的马克·布洛赫，初到西线时是名步兵中士，参加了马恩河战役和索姆河战役，后从事文职工作，升任上尉。受此影响，其一战回忆录——《战争记忆：1914—1915》——记录其战前生活与堑壕生涯。在布洛赫的笔下，堑壕中的生活被细化成了声响、气味、触觉和五颜六色，使读者身临其境。② 他在日后的书稿中进一步反思："我多次读过或叙述、描绘过战争，可在我亲身经历可怕而令人厌恶的战争之前，我又是否真正懂得'战争'一词的全部含义呢？……在我亲身感受到 1918 年夏秋胜利的喜悦之前，我是否真正理解'胜利'这美丽的词所包含的全部意义呢？"因此，他强调鉴今知古的原则，以及"唯有总体的历史，才是真历史，而只有通过众人的协作，才能接近真正的历史"③。战争对于布洛赫历史观念的深刻影响可见一斑。

《堑壕上空的鹰：一战期间美军飞行小队的空战实录》收录了两位美军飞行员詹姆斯·R.麦克奈尔和威廉·B.佩里的一战自传，描写了从空中鸟瞰大地的感觉、与敌空战和执行轰炸任务的经过。④ 与地面部队相比，飞行员所受的教育和训练更为严格，执行任务时受到飞机可靠性、空战激烈程度、地面防空火力和天气等诸多因素的影响，风险较高。因此，飞行员的回忆录不仅视角不同于陆军，而且流传下来可供人们研究的也较稀少，显得更为珍贵。

英国随军牧师帕特·列奥纳德（Pat Leonard）的一战书信和日记，2010 年时由约翰·列奥纳德和菲利普·列奥纳德—约翰逊以《战斗的牧

---

① ［法］雅克·梅耶：《第一次世界大战时期士兵的日常生活（1914—1918）》，第 10—11 页。

② Marc Bloch, *Memoirs of War, 1914 - 15*, trans. by Carole Fink, Ithaca：Cornell University Press，1980.

③ ［法］马克·布洛赫：《为历史学辩护》，张和声、程郁译，中国人民大学出版社 2006 年版，第 38—40 页。

④ James R. McConnell, William B. Perry, *Eagles Over the Trenches：Two First Hand Accounts of the American Escadrille at War in the Air During World War I*, London：Leonaur Ltd.，2007.

师：优异服务勋章获得者帕特·列奥纳德1915—1918年堑壕书信集》为名整理出版。这些书信有些写给列奥纳德的父母和亲朋，有些则写给阵亡战友的家人，文字间饱含着战争条件下的亲情与战友情，是意义更为广泛的"家书"。编者非常注意梳理列奥纳德的战争经历与心态变化：列奥纳德在索姆河堑壕中写的书信和日记描绘了他在步兵中间扮演的顾问、大厨、检察官、抚慰者、比赛裁判等诸多角色，展现了堑壕生活的喜怒哀乐；列奥纳德1917年调往陆军航空队后，经常在飞行员的邀请下升空俯瞰大地，对泥淖中步兵的重要作用与苦难有了更深刻的理解（如图3－6），同时也为自己能在地面而非堑壕里度过战争中的第三个新年而心花怒放；列奥纳德1918年11月16日的日记仅有六行，话题很沉重，反映了老兵们普遍遭受的精神创伤："我仍旧难以意识到战争已经结束。停战以来月朗星稀的夜空是多么适合轰炸啊……我也很难意识到现在的时光是多么的幸福。"[1]

图3－6　1916年11月，泥淖之中的英军

资料来源：Ministry of Information First World War Official Collection，Imperial War Museum London，NO. Q 1617.

---

① John Leonard，Philip Leonard－Johnson，eds.，*The Fighting Padre：Letters from the Trenches 1915－1918 of Pat Leonard DSO*，Barnsley：Pen & Sword Books Ltd.，2010，pp. 1，184，239.

从以上两大类史料我们不难看出，一战西线老兵记忆的载体不仅形式多样，而且维度多重：有的来自前线，有的来自后方；有的来自宗主国官兵，有的则来自殖民地官兵；有的来自陆地和水面这样的传统战场，有的则来自水下和空中这样的新战场。这构成了研究一战西线老兵记忆的史料基础，也使得全面和深入地审视复杂和多元的一战成为可能。

不过需要注意的是，研究者依托记忆载体研究老兵记忆，进而复原战争面貌，同样面临着挑战。这是因为，从客观历史事实到老兵记忆，再从老兵记忆到记忆载体，诸多因素影响着记忆载体的可靠性。老兵记忆并非客观历史事实的简单映射，记忆载体也经过了从脑信号到文字符号的转化，其间受到当事人的认知方式与水平、表达方法与能力、情感情绪与态度等影响，呈现出多元甚至矛盾的特点。如何理解这种多元与矛盾，如何利用这些史料来重建历史情境，考验着历史学家的技艺。

前述研究形成了分类—选择—诠释的范式，而记忆载体的分类实际上体现着社会的分层——那些一个世纪之前就能写信甚至是整本日记和回忆录的人士，往往接受了良好的教育，家境也不至太过贫困，能在战地出版物上发表政论、诗歌和小品的人士也大抵属于"文化人"而非"长毛兵"（Poilu）①；那些艰难挨过战争却未曾留下只言片语的军人，往往受限于文化程度、肢体残疾或精神疾病。选择相似的社会分层无疑是便于研究的，但是之后的诠释可以解释记忆的共性，却难以解释记忆的差异，特别是相似阶层对同一件事的不同记忆。这也说明，局限在人类社会内部探讨人类社会关系有失狭隘，老兵记忆研究存在着新的增长点。

三 方兴未艾的新增长点

如前所述，尽管新军事史自下而上地审视历史，并改宏大叙事为微观研究，使"小人物"因其在战争中的"个人史""生活史"为人所知而不再沉默，体现了新史学不同于传统史学的志趣与贡献，但是新军事史无法取代传统军事史的地位。首先，它对普通人的关注丝毫不亚于传

---

① 详见［法］雅克·梅耶《第一次世界大战时期士兵的日常生活（1914—1918）》第一章。

统军事史对精英的关注——二者都失于片面。"旧"军事史关注战役、领导人、战略、战术、武器和后勤；"新"军事史关注军事史的其他部分——征兵与训练，战斗意志，服役和战争经历对军人的影响，老兵、军事机构的运转、军民关系、军事系统与社会的关系等。其次，很多新军事史的先驱并非军事史家——亚瑟·马维克（Arthur Marwick）、安格斯·考尔德（Angus Calder）和保罗·阿狄森（Paul Addison）等主要是社会史家，只是写了一些发生在战争时期的事件。新军事史家往往对战争细节一无所知，容易忽视后勤、战略、武器发展和情报等的重要性，可能对关键的历史角色视而不见，有时还会把武装冲突的复杂性降低到仅仅是男性气概或是文学想象。① 一些对待战争的文化方法可能会陷入一种文化还原论，即任何无法解释的东西都可以被归为"文化"②。

但即便把这两种军事史书写范式有机结合起来，其文本能否全面和深入仍旧存疑，因为在上述两种书写范式中，军事活动的空间属性被弱化了——相关信息要么在作战室的地图和沙盘里，成为用专业知识方能解读的抽象数据；要么在前线官兵的感觉和知觉里，成为无需赘言的常识。总之带来这样一个结果——对于大多数读者而言，兵力部署、武器战法、进程结果等似乎就应该如此平淡无奇、循规蹈矩。然而事实上呢？运筹帷幄、决胜千里的才略，瞬息万变、稍纵即逝的战机，都处于具体的时空中，军事活动的发展和结局也有诸多可能性，显然在人事之外，环境因素的作用也是不应被忽视的。

从当前欧美环境史学发展状况来看，运用军事环境史的理论与方法，从人地关系入手探讨社会关系，是研究一战西线老兵记忆的一个新增长点。这一新增长点有突出的跨学科特点——与传统史学或新史学相比，军事环境史的研究志趣、知识结构和理论方法等都跨越了史学的固有疆界，具备了对既往历史提出不同角度、不同模式和不同观点的解读的可能。同时，这一新增长点的出现，也体现了环境史和军事史自身的发

---

① Matthew Hughes, William J. Philpott, *Palgrave Advances in Modern Military History*, Basingstoke：Palgrave Macmillan, 2006, pp. 258 – 261.

② Matthew Hughes, William J. Philpott, *Palgrave Advances in Modern Military History*, p. 274.

展——战争作为极端的社会历史现象，不仅是人类社会内部的激烈冲突，也是张力不断增大的人与环境的冲突，需要高度重视、审慎研究。①

　　研究一战西线老兵的记忆，之所以要将环境作为研究起点，是因为老兵的战争记忆受很多因素影响，战地环境最为根本——它是老兵生活和战斗的舞台，既包括气候地貌等自然环境，也包括堑壕体系等人造环境，还包括战火波及的林地与城镇等。在反映老兵经历的堑壕期刊、家信、日记和回忆录中，社会关系与人地关系均有体现，但后者很少为研究者所重视。正如本书第二章第二节所述，多萝西·布兰茨在《死亡的环境：1914—1918 年的西线堑壕战》一文中指出："士兵日记、书信和回忆录总是谈到他们所处的环境，但几乎所有关于一战的研究都未考虑环境在堑壕战中的作用……军事史学者，特别是新军事史学者虽然从战略、经济、技术、文化、社会和性别等维度剖析了一系列与战争相关的话题，但却极少从环境方面研究战争。"②

　　美国环境史学者泰特·凯勒在《大山的咆哮：第一次世界大战中的阿尔卑斯山》一文中，从阿尔卑斯山在一战中对德国人和奥地利人的影响，揭示了环境与战争的关系。他指出，在对第一次世界大战的历史撰写中，自然往往被描绘成一个被动的受害者。虽然遭受了重工业和军事技术风暴般的摧残，但自然界绝不是沉默的战争牺牲品。在阿尔卑斯山前线，大山从三个方面鼓舞着驻军士气：首先，巍峨的大山使在高山中战斗、在绝境中幸存的士兵不由自主地感到了英雄气概，士兵们对于大山的构想极大地改变了战争；其次，这些白雪皑皑的险峻山峰还被视作

----

① 近代火药化军事革命使战争模式发生巨大变化，工业化特色愈加清晰，人类改变战场面貌的能力大为增强，但影响大多限于战场，不足以波及后方。机械化军事革命推动战争模式进一步变化，无论军队的物资消耗还是军事行动对环境的影响，都远超之前所有战争模式，前后方的战时景观随着战略空袭的出现而愈加相像。但大多数情况下，包括二战后，环境承受的物理毁坏都得到了修复或重建。新军事革命所推动的高技术战争，尽管提高了打击精度，减少了战时平民伤亡，但物资消耗和环境影响进一步增加，特别是武器材料（如贫铀弹）和摧毁目标（如化工厂）的次生灾害，屡屡危及战后重建进程。军事环境史的志趣并不停留在环境破坏或者污染上，而是要解释人与环境何以共同塑造了战争模式，以及塑造后果。

② Dorothee Brantz, "Environments of Death: Trench Warfare on the Western Front, 1914 – 1918", in Charles E. Closmann ed., *War and the Environment: Military Destruction in the Modern Age.*

坚固的壁垒，与守军一道保护国家疆界；再次，战争后期，阿尔卑斯山被赋予的寓意日渐夸大，这种情况在其遭受毁灭性猛攻时愈发强烈。被围攻却未被攻破，对于仍旧梦想德国胜利的人而言，大山成了强有力的象征。① 阿尔卑斯山在第一次世界大战中的生态遗产，揭示了文化和政治两种冲突的持久性。这为理解环境与老兵记忆之间的关系提供了灵感——尽管同在西线，但是山地守军的战争经历与堑壕中的守军是截然不同的，由此也带来了对战争的理解和记忆上的差异。

英国医疗社会史学者罗伯特·L.埃特恩斯泰特（Robert L. Atenstaedt）的《一战中对堑壕疾病的医疗应对》，其视野并未局限在医疗档案和军方报告的文字当中，而是具体情况具体分析，深入到战地环境中探讨堑壕足、堑壕热等疾病的成因，以具体实例来描述症状、影响与应对措施。在其研究中，病患不再是抽象的代号，死者也不再是冰冷的数字，战争中的人地关系、战友关系与医患关系得到了鲜活的展现。同时，作者还为英国陆军在一战中死去的上千名医疗兵建构出了一个群像——军人与医生的双重身份，使他们在战争中面临更大的危险，同时也要做更多的生死抉择。② 可见，正是堑壕体系这一特殊的战地环境，将步兵、细菌、疾病与医疗兵联系起来，脱离战地环境的历史叙事，无法直观呈现步兵的境遇，无法深入解释疾病的产生，也无法客观评估医疗兵的应对及其效果。

行文至此，有两个理论问题需要回答。第一个问题涉及客观的历史事实与老兵记忆之间的关系，即老兵与西线环境之间的人地关系如何塑造了老兵的记忆。

首先，老兵与西线环境之间的人地关系，是老兵记忆的重要内容。西线战场是一战的主战场，大体沿法比、法德边境延伸，大部分位于法国境内。从北向南依次是平原、丘陵、洛林高原和阿尔卑斯山，森林茂

①　Tait Keller, "The Mountains Roar: The Alps during the Great War", *Environmental History*, Vol. 14, No. 2, 2009.

②　Robert L. Atenstaedt, *The Medical Response to the Trench Diseases in World War One*, Newcastle: Cambridge Scholars Publishing, 2011.

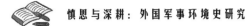

密、河流众多。马恩河战役之后，机枪带来的巨大伤亡促使运动战变为堑壕战，西线战地环境受到深刻的人为改造，参战官兵的经历迥异于前人和东线。战争双方数百万官兵在低于地表的堑壕中艰难度日，而战线也由此固化，战局变得胶着停滞。为了打破胶着、结束战争，双方采取了毒气战、坦克战以及空袭等新战法，试图先杀伤敌人再占领阵地，这是人们在战地环境发生变化后采取的应对措施。人与环境也体现出亦敌亦友的复杂关系——比如既有对泥泞的堑壕、猖獗的老鼠的诅咒，也有对提供庇护的大地和森林的感恩。

毋庸置疑，心灵的战栗与肉体的痛苦叠加在一起，塑造着西线老兵的共同记忆。机枪、防毒面具和堑壕体系，作为一战的典型象征延续至今。但更多的记忆来自不同的人地关系：军种的不同，使空军与陆军对堑壕的体验截然不同——前者高高飞过，后者驻扎其中；兵种的不同，使炮兵与步兵对堑壕的感情截然不同——前者试图摧毁，后者依赖庇护……同时还应注意，官兵对挖掘堑壕的劳累程度的记忆，既与各自体力和分工有关，也与土质有关；官兵对堑壕泥泞程度与夜间寒冷程度的记忆，既与装备、体格和耐受力有关，也与雨量有关；官兵对弹雨的恐惧程度，既与从军经历、个人胆识有关，也与驻扎地区的地貌有关——茂密的林木是步兵的天然庇护所，遍布的碎石是炮弹的威力倍增器。

其次，老兵与西线环境之间的人地关系，也是老兵记忆的基本背景。精彩的战争宣传并不能解决前线官兵堑壕足和堑壕热问题，与虫鼠共处的老兵对战争的印象首先来自自己的感官，之后才是情绪、记忆和对记忆的选择与加工。战争中人与人的社会关系，如敌我关系、战友关系和官兵关系等，是老兵记忆的主要内容，这些社会关系在战争状态下同样受到了人地关系的深刻影响。比如 1914 年部分英德部队的圣诞休战，既是对英国主教休战倡议的回应，也是对冰冷的战场险境的暂时摆脱。又如布洛赫在《战争记忆：1914—1915》中描写了其对某位战友的极度不满——在马恩河战役中，布洛赫躲避枪弹时候倒在这位战友的腿上，但是这位战友为了让自己的腿舒服些，不惜让布洛赫在枪林弹雨中起身。① 再如堑壕中鼠患成灾，法军为鼓励官兵灭鼠，1916 年曾规定每根鼠尾奖励一个苏，但因无法兑现承诺而引起质疑："（尽管）各连的一级上士每天都统计灭鼠数量、受奖励士兵数量以及名单，每周也都寄给上级部门。但谁来支付奖金呢？……难道上级在下达奖励通知时就没有想如何兑现吗？"② 这种失落的情绪打击了前线官兵的捕鼠热情，也削弱了其对上级的信赖。可见，研究老兵记忆仅仅关注社会关系是不够的，需要将研究起点置于战地环境中，审视老兵的经历，探讨人地关系对老兵社会关系、乃至于战争记忆的塑造。这也正是从人地关系入手探讨老兵记忆的价值所在。

第二个问题涉及老兵记忆载体与老兵记忆之间的关系，即如何依托前者去研究后者，进而审视老兵的个体记忆与集体记忆。前文已述，老兵记忆的载体是输出为文字的老兵记忆，受主客观因素的影响，往往会有偏差。因而在将其作为史料加以运用之前，需要严格辨析。辨析与运用的原则，有以下几个方面。

首先，是持理解之同情。留下文字的老兵大多并非历史学家，其世界观价值观也有阶层与时代特点，其记忆的立场以及内容的取舍，不应被视为主观性加以否定，而应依据其记忆载体的内容，通过梳理其战争经历、体会其心路历程，理解其战争记忆的成因。基本的态度是：对其中的明显错误要有认知，但并不因此而否定其记忆本身的史料价值。我们甚至可以以德军一战老兵雷马克为例，他的小说《西线无战事》尽管是文学作品，但人物、情节和环境这三大要素离不开作者的西线经历。无论是前线士兵对炮声和气味的辨别，还是老兵对新兵因缺乏经验而枉死的感慨，可以说都来自真实的老兵记忆，只是经过了作者的总结与抽象，借小说人物之口说了出来。它提供了官方档案中找不到的历史信息，其史料价值显然是不应被否定的。

其次，是察统一之时空。研究者要考察记忆载体的内容是否准确，

①　Marc Bloch, *Memoirs of War, 1914 – 15*, p. 91.

②　［法］雅克·梅耶：《第一次世界大战时期士兵的日常生活（1914—1918）》，第 90—91 页。

一个比较可行的办法是将老兵及其记忆载体按国别和部队加以分类，再将每一类置于同一时空下进行内部比较，继而进行各类之间的比较，若基本史实存在出入，还可结合官方档案等资料加以确认。如此一方面可以甄别史料，另一方面也可以初步归纳老兵记忆的内容及特点，为梳理老兵的个人史奠定基础。如前所述，一战西线堑壕期刊和部队杂志尽管不是官方出版物，名字也五花八门，但是并未隐藏或改变部队的番号。通过查阅档案掌握部队驻防情况之后，研究者可以有针对性地搜集相关部队的出版物，对特定时空的出版内容加以分析，或者结合不同阵营、不同兵种进行比较，为研究寻找较为坚实的史料基础。比如在研究伊普尔化学战和亚眠坦克突袭战等典型战例时，官方档案之外的信息——在世界第一次化学武器袭击和第一次装甲集群突击行动中，攻守双方的战场经历与情感变化——无疑会使历史书写更生动，也会使历史理解更深入。我们综合审视英法方面的战果以及双方前线士兵的文本后，便不难理解鲁登道夫为何在日记里将仅仅为期一天（1918年8月8日）、战斗过程甚至不到半天的亚眠坦克突袭战视为"德国陆军在此次战争中的暗日（black day）"[①] 了——人员和物质损失只是一方面，更重要的是战斗意志被摧毁了。数百辆装甲车辆的滚滚而至，对德军士兵心理的冲击超过了已成惯例的、战斗前的火力准备和弹幕射击。

再次，是自小我至大我。前文引述的"个人史"和"生活史"既反映了个人的历史记忆，同时也是一群人、一类人的历史记忆。个体与群像并行不悖，应是老兵记忆研究的基本原则，毕竟侧重前者有失于片面，侧重后者有失于空泛。正是自小我至大我，使人们可以通过老兵的个体记忆与集体记忆，对一战西线战事有更为直观和全面的认知。正如克吕、杜卡斯和梅耶等法国一战老兵所做的那样，一部部日记、回忆录为后世留下了法国一战步兵的西线记忆。但这并非西线记忆的全部，因为骑兵、炮兵、装甲兵、辎重兵、航空兵以及劳工的经历与记忆并未涵盖其中，无论是个体还是群像，都有待深入发掘、整理和研究。

---

① ［英］J. F. C. 富勒：《西洋世界军事史》卷3，钮先钟译，广西师范大学出版社2004年版，第259页。

综上所述，以更广阔的空间、更多元的要素和更复杂的联系研究战争，不仅与战争形态不断演进的历史进程相契合，也是历史学者立足史学、对这种演进做出的跨学科回应。从人地关系入手探讨社会关系，以全方位、多角度的具体研究还原战争全景，向读者直观地呈现一战西线战场的老兵经历，是对传统史学和新史学的继承与发展，是对环境史理论和方法的应用与检验。以一战西线老兵记忆为代表的更具体、更深入的研究，亟待展开。

第三节　一战西线堑壕中的人与鼠

堑壕战是一战西线战场的主要作战形式，也形成了一战最为突出的几个文化符号，如铁丝网、无人区、防毒面具和坦克等。作为士兵掩体的堑壕在一战之前并不是新鲜事：英军在 15 年前的布尔战争中就已熟悉这一点，德军从 1904 年即已开始在演习中使用铁锹，构建的防御阵地常常是包括带有铁丝网和交通壕的几重连续堑壕。1914 年 9 月 14 日，马恩河战役后期，德军回撤，小毛奇在被解职之前下达的最后一个命令是"要塞化和据守"马恩河以北附近的水系。[①] 德军营建的大型堑壕工事，可用于组织进攻、掩护部队和保存实力。协约国军队也紧跟德军步伐开始营建与其相对的堑壕体系。这些堑壕体系最终从瑞士边境一直延伸到波罗的海，总长度超过 500 千米。[②] "要塞化和据守"的指导思想，开启了旷日持久的堑壕战。

堑壕体系通常由前沿堑壕、支援堑壕和备用堑壕三部分组成。前沿堑壕由射击壕、地下掩蔽壕和小型哨卡组成，有时还会有一条靠近敌军、垂直于火线的狭窄通道，用以侦察敌情。地下掩蔽壕有前往射击壕的入口，守军平时大部分驻留于此，只有少量哨兵蹲守在射击壕内。支援堑

---

① 　［英］约翰·基根：《一战史》，张质文译，北京大学出版社 2018 年版，第 84、106 页。

② 　Dorothee Brantz, "Environments of Death: Trench Warfare on the Western Front, 1914 – 1918", in Charles E. Closmann ed., *War and the Environment: Military Destruction in the Modern Age*.

壕和备用堑壕是在地形土壤适宜、人力物力充足的情况下，为支援和补充前沿堑壕挖建的。这三条大致平行的堑壕由多条与之垂直的交通壕连接起来。支援堑壕和备用堑壕的尽头一般都筑有供士兵居住的地下掩体。[①] 支援堑壕内的士兵一般会在夜色掩护下进出前沿堑壕补给物资或换岗，前沿堑壕的守军也可回到支援堑壕中；备用堑壕一般用于驻扎预备队，以防不时之需。

从马恩河北第一批堑壕修筑的那天起，老鼠便成为前线官兵生存环境的一部分。人与鼠在日常生活中从未如此封闭地近距接触，堑壕期刊和部队杂志有不少与老鼠有关的文章、小品、漫画和照片，在时间顺序上反映出人们对老鼠的认知和态度都发生了变化，呈现出这样的轨迹：堑壕修筑—人鼠相遇—鼠骚扰人—人捕灭鼠—与鼠相安。

这一演变是人鼠之间持续互动的结果——在西线遍布堑壕之前，聚居于田野里喜食植物的田鼠，对人类没有太大危害；堑壕大批出现后，体大且杂食的褐家鼠取代田鼠，成为士兵堑壕生活的大麻烦，灭鼠成为前线官兵的自觉行为；随着时间的推移，人捕杀鼠的行动成效不高，前线官兵逐渐放弃将堑壕鼠赶尽杀绝的念头，开始接受现实、选择与鼠相安，老鼠本身也变成了一种战地文化符号。

一　人鼠相遇

堑壕战的开展，为人与鼠的相遇和共处创造了契机。

首先，堑壕体系为鼠类的生存提供了隐蔽、阴暗和潮湿的环境。虽受地形、土壤和气候影响，不同战区的堑壕体系会有不同，但堑壕内的生活空间通常是狭小、阴暗和潮湿的。堑壕中的土袋、木箱和生活垃圾，以及轰炸后坍塌的内墙，都不断挤压着驻防士兵的生存空间，还出现大量死角。掩体内情况也不容乐观——最早的掩体是在堑壕内壁靠向敌人一侧徒手刨出的洞穴，此后掩体修筑技术虽有提升，但"掩体里夯实的

---

① ［法］雅克·梅耶：《第一次世界大战时期士兵的日常生活（1914—1918）》，第42、48页。

地面上散落着石块和肮脏的垃圾、干草、纸张、空箱子和邮寄包裹袋"①。地下掩蔽壕和掩体通风困难、密不见光，受雨水和地下水渗漏的影响变得阴冷潮湿。常年持续的阵地战，使士兵不得不蜗居于狭窄简陋的环境中，加之食物、垃圾和衣物的杂乱堆放，老鼠势必成为堑壕内的忠实住户②。

其次，温润的气候为鼠类的繁衍和生存提供了适宜的温度和充足的水源。西线战场常年受中纬西风控制，海洋性气候显著，降水季节分配均匀，且冬季最低气温不低于零度。持续的降水让前线士兵长期处于湿寒的泥泞之中，马克·布洛赫甚至将一战称为"泥泞时代"③。但是堑壕鼠可以长时间地在泥泞中生活，因为泥土覆盖在其淋湿的皮毛上可以起到保暖作用。

再次，前线官兵的个人物品、食物残渣、垃圾以及堑壕内外的尸体，成为堑壕鼠的食物来源。堑壕鼠是胃口极大的杂食动物，德军下士芒斯克（Gefreiter Munske）1918 年 5 月 16 日的文章写道："我们堑壕里有只老鼠……它胃口大无边……吃骆驼毛和野蜂蜜，啃修面刷、人造蜂蜡、面包、大衣套袖、鞋油、香肠、肥皂等东西。"④ 堑壕里无法运出的尸体，以及无人区内的尸体残骸，也是堑壕鼠热衷的食物。法军士兵雅克在夜间巡逻时发现一些肥硕无比的老鼠躲进褪了色的军大衣下面吃人肉，那个人的头盔已经不见了，头颅被啃噬得没有一点肉，一排牙齿滚落在已经朽烂的衬衣上，嘴巴成了一个巨大的空洞，一只肮脏的老鼠刚从那里窜出来⑤。

不过"堑壕鼠"并非生物学意义上的分类，而是"在堑壕中的老鼠"，这与人构建堑壕体系的活动是密不可分的，可以说没有"堑壕"

① ［法］雅克·梅耶：《第一次世界大战时期士兵的日常生活（1914—1918）》，第 48 页。

② K. u. K. ，"Rattenbekämpfung an der Front"，*Feldzeitung der 4. Armee*，Vol. 237，January 21，1917.

③ Marc Bloch，*Memoirs of War，1914 - 15*，p. 152.

④ Gefreiter Munske，"Die Ratte"，*Champagne Kriegs - Zeitung：herausgegeben vom VIII. Reserve - Korps*，May 16，1918，Vol. 3，No. 21.

⑤ ［法］雅克·梅耶：《第一次世界大战时期士兵的日常生活（1914—1918）》，第 90 页。

也就没有"堑壕鼠"。在挖掘堑壕之初，士兵们遇到的大多是不会骚扰和攻击人类的田鼠，堑壕竣工后，田鼠常会从堑壕两边的胸墙上跌进壕内，被战士们无意中踩死①。

从文本和影像史料来看，堑壕中的优势鼠种从田鼠变成了褐家鼠，交战双方的堑壕期刊都极少提到田鼠，仅有一次是发表在 1917 年 12 月 1 日《前线花环报》上的文章："田鼠令人生厌，但与堑壕鼠相比却是小巫见大巫。"② 这说明田鼠并非堑壕鼠，且破坏性小于后者。而且，堑壕鼠"不仅能在夜晚出来活动，也能在白天招摇过市"③；"它们杂食，几乎什么都吃，除了小动物和植物外，还将衣服、床单、被罩和皮包等物品啃噬精光"④；"它们如果受到饥饿的驱使，弱者会成为强者的盘中餐"⑤。这些描述符合黑家鼠（Rattus rattus）或褐家鼠（Rattus norvegicus）的习性⑥。根据一些一战老照片和士兵手绘可以看出，堑壕鼠符合褐家鼠的特点（尾长短于体长、耳短而厚），由此可以同生活习性类似的黑家鼠（尾长超过体长、耳大而薄）区分开。

堑壕区域的优势鼠种从田鼠变成褐家鼠之后，鼠患问题屡见报端，归纳起来有以下四类。

首先，堑壕鼠经常破坏官兵们的私人物品。据德军堑壕期刊记载：一个士兵有次在掩体里写信，外面有人喊他出去，于是他就放下纸笔离开了。当他半小时后回来时发现信纸不见了，钢笔也被老鼠啃成了几

---

① ［法］雅克·梅耶：《第一次世界大战时期士兵的日常生活（1914—1918）》，第 91 页。

② A. M. B. , "The Removal of the Rats", *Another Garland from the Front*: *The Unofficial Diary of a Red Saskatchewan*, December 1, 1917.

③ "Ratten", *Patrouillen - Zeitung*, March 7, 1916, Vol. 111.

④ K. u. K. , "Rattenbekämpfung an der Front", *Feldzeitung der 4. Armee*, Vol. 237, January 21, 1917.

⑤ "Ratsin War Time", *The Sprig of Shillelagh*: *The Journal of the Royal Inskilling Fusiliers*, November 1, 1916, Vol. XI, No. 161.

⑥ 黑家鼠和褐家鼠都富有攻击性，活泼、杂食，适应性和繁殖力强；几乎伴随人类遍布全世界；善攀爬、跳跃、打洞、啃咬……黑家鼠头和体长约 20 厘米，尾更长些……褐家鼠耳较小、体更粗壮，尾短于头和体长；与黑家鼠相比，褐家鼠更善于挖洞和游泳，比黑家鼠大，适应性更强。（《不列颠百科全书：国际中文版》第 14 卷第 152 页 "rat" 词条）

段①。协约国的堑壕期刊也有类似记载：凌晨两点，一只老鼠溜到《彭宁顿报》编辑的书桌上，偷吃了浆糊、蜡烛和一支蓝色铅笔②。啮齿类动物的啃食习性使得官兵不堪其扰。

其次，堑壕鼠严重影响官兵们的睡眠质量。即便没有堑壕鼠，官兵们在掩体和坑道内的睡眠环境也是不容乐观的，法国士兵 P. 卡赞称一个只够圈 10 头牛的地方却睡了 53 个人，像罐头里的沙丁鱼一样躺着③。堑壕鼠的出现大大恶化了环境。德军士兵 R. A. 迈耶（R. A. Meyer）睡梦中被老鼠打搅："突然间……某种看不见的、阴森森的玩意儿出现了，一种小小的、湿乎乎的东西从脸上爬过。是老鼠！"④ 除了身体接触，堑壕鼠的叫声和啃噬东西的声音也让人不得安宁，尤其是啃东西的声音就像电锯在锯木棍那般，严重刺激着士兵的神经⑤。

再次，堑壕鼠严重威胁官兵们的身体健康。据剑桥大学《卫生期刊》1919 年 4 月的《出血性黄疸钩端螺旋体培植及抗钩体治疗血清的生产》一文载：传染性黄疸的临床病例首度发现于 1915 年夏秋季的西线军队中；1916 年日本学者证实"出血性黄疸钩端螺旋体"存在于感染者的血液和尿液中；1917 年艾德里安·斯托克斯（Adrian Stokes）在堑壕鼠身上同样发现了钩端螺旋体⑥。堑壕鼠身上的寄生虫被确认为前线军队传染性黄疸的实际传播者。

此外，堑壕鼠身上的虱子还会传播另一种疾病——流行性斑疹伤寒（或虱传斑疹伤寒）。1918 年春，法军即受到了流行性斑疹伤寒的侵扰⑦。此前《英国医学杂志》刊载的《斑疹伤寒及所谓的外斐反应》一文明确指出流行性斑疹伤寒与堑壕热的密切关系，作者 W. 詹姆斯·威

---

①　"Ratten", *Patrouillen - Zeitung*, March 7, 1916, Vol. 111.

②　"RATS!", *The Pennington Press*, A. S. C. M. T., September 22, 1916.

③　［法］雅克·梅耶：《第一次世界大战时期士兵的日常生活（1914—1918）》，第 82 页。

④　R. A. Meyer, "Ratten", *R. A. Liller Kriegszeitung*, October 25, 1915, Vol. 2, No. 29.

⑤　Gefreiter Munske, "Die Ratte", *Champagne Kriegs - Zeitung：herausgegeben vom VIII. Reserve - Korps*, May 16, 1918, Vol. 3, No. 21.

⑥　A. Stanley Griffith, "The Cultivation of Spirochaeta icterohaemorrhagiae and the Production of a Therapeutic Anti - Spirochaetal Serum", *The Journal of Hygiene*, Apr., 1919, Vol. 18, No. 1.

⑦　［法］雅克·梅耶：《第一次世界大战时期士兵的日常生活（1914—1918）》，第125 页。

尔逊（W. James Wilson）运用了 500 份来自德军的病例，发现上述两种疾病的致病病毒均无法确定，两种疾病均由虱子传播，且患者的尿液中均能发现肠球菌的存在①。由此看来，堑壕鼠在堑壕热的传播中也难辞其咎。堑壕热是斑疹伤寒的同盟军，都是通过虱子传播的。这两种热病在东线战场肆虐，1915 年仅塞尔维亚的部队就有超过 15 万人死于斑疹伤寒。西线部队的卫生部门采取了大规模的除虱运动，使得西线战场并未爆发鼠疫或是斑疹伤寒疫情。②

最后，堑壕鼠常常激化官兵们的紧张情绪。前线任何细小的动静，包括动物的轻声跑动或枝叶的轻微摇晃，都会令守夜的士兵紧张不已。只要有一人精神崩溃，其他人也会跟着崩溃，用机枪进行漫无目的的扫射，或将手榴弹乱扔一气③。英军堑壕期刊《前哨》的 1917 年 10 月号，有篇拟人化的文章戏谑了这样的情况——堑壕鼠理查德在一个闷热的夜晚沿铁丝跑出洞来，使挂在铁丝上的空罐子咔咔作响。理查德恰好跳到一个哨兵的脸上。砰！他开了枪。接着六个人开了枪，随后双方的机枪开始扫射，火炮也开始轮番轰炸。接下来的半小时，这里俨然成了地狱④。

人与鼠相遇后不堪其扰，厌恶情绪持续增长，捕鼠行动随即展开。官兵们对堑壕鼠的厌恶，最初来自日常的生活经验——老鼠有害。然而随着人鼠之间的频繁接触，堑壕鼠给军人生活制造的麻烦，使后者愈发痛恨它们的存在。最令官兵恐惧且深恶痛绝的事情，莫过于堑壕鼠好食尸体残骸的习性了，而前线战场的大量尸骸或许就是最初吸引它们到来的原因⑤。一位英国老兵给加拿大远征军（皇家纽芬兰军团）的前线报纸《枫叶》写信称，身在前线的四个儿子以及侄儿们都十分痛恨堑壕

① W. James Wilson, "Typhus Fever and The So – Called Weil – Felix Reaction", *The British Medical Journal*, June 16, 1917, Vol. 1, No. 2946.

② ［美］汉斯·辛瑟尔：《老鼠、虱子和历史》，谢桥、康睿超译，重庆出版社 2019 年版，第 299—300 页。

③ ［法］雅克·梅耶：《第一次世界大战时期士兵的日常生活（1914—1918）》，第 42 页。

④ Richard, "My Best Twenty – Four Hours in the Trenches", *The Outpost*, October 1, 1917.

⑤ ［法］雅克·梅耶：《第一次世界大战时期士兵的日常生活（1914—1918）》，第 90 页。

鼠，捕鼠行动刻不容缓。①

二 捕鼠行动

堑壕战开始后不久，协约国和同盟国均发动了较大规模的捕鼠行动。最初的行动一般是在官方主持下有计划有组织地开展的。如法方于1916年初下达捕鼠令，要求后勤部组织灭鼠工作，并规定每上缴一根鼠尾可获一个苏的奖励②。德方则由参谋部派战地医生引导捕鼠行动，他们先研究堑壕鼠的生活习性，继而总结廉价高效的捕鼠办法，最后由专人负责落实③。堑壕期刊的一些文章和一战老照片都对此有所记载。

《前线花环报》的《除鼠运动》一文详细记述了法军的捕鼠行动。行动开始时，捕鼠队员为到达指定地点而在堑壕中行走了两个半小时，但并没有削弱大家的捕鼠热情，很多人都认为这是一件轻松有趣的事情，能加入这支由普通士兵、军官和士官生组成的庞大捕鼠队伍，本就是一种新奇体验。但当他们到达捕鼠地点、亲眼见到堑壕鼠后才明白，这种名为"老鼠"的动物远比人们常见的家鼠硕大笨重。官兵们本以为会找到一些薄如蝉翼、轻如丝网的东西来捕鼠，不想窝在矮墙里过冬的老鼠会如此肥大……他们将抓到的老鼠穿在随身携带的竿子上返回驻地。但是回程之路非常艰辛——捕鼠队员需要负重在泥地里跟跄前行，遇到及膝的淤泥或中途休息把竿子放下时，老鼠身上便会裹上一层厚泥，队员肩上的担子越来越沉。等到达驻地时，所有人已筋疲力尽。作者总结称"这是一项超越人类体力及耐受力的任务"④。

《伍斯特郡第16运输团杂志》有篇文章则详细描述了一次失败的捕鼠行动："我们采取了措施，无论是官员还是民众，平民还是警察，甚

---

① J. Coakley, "Rats in the Trench", *The Maple Leaf: The Magazine of the Canadian Expeditionary Force*, June 3, 1916, Vol. II, No. 4.

② ［法］雅克·梅耶：《第一次世界大战时期士兵的日常生活（1914—1918）》，第90页。

③ K. u. K., "Rattenbekämpfung an der Front", *Feldzeitung der 4. Armee*, Vol. 237, January 21, 1917.

④ A. M. B., "The Removal of the Rats", *Another Garland from the Front: The Unofficial Diary of a Red Saskatchewan*, December 1, 1917.

至围观捕鼠行动的人们都配备了棍棒。我们一块块掀起地板，那些铺着沙子的地方曾是用以指挥作战的沙盘……在沙盘的角落里，老鼠们筑造并高效地利用着专供繁殖的洞穴。"虽然这次捕鼠行动声势浩大，但老鼠早已沿着四通八达的洞系逃走，"我们一无所获，所有希望都落空了……我们回到沙盘处，盯着那些老鼠用以繁殖的洞穴，只能哭着撤退回去。"①

除了规模较大、人数较多的捕鼠行动外，还有多种方法用于日常捕鼠。这些方法大体可分三类：生物方法、物理方法和化学方法。

生物方法里最常见的是用其他动物捕鼠。堑壕里常有军人养猫，但猫在面对体型较大、数量占优的堑壕鼠时往往无能为力，有时甚至会被咬死②。狗适应集体生活，几乎可以到堑壕的所有角落，也比猫更忠诚、愿意工作到死。截至1916年4月，法方共训练和派遣1200只狗到前线捕鼠（如图3-7）。但"狗拿耗子"也有局限性，因为狗很难捉住逃进洞中的老鼠，很多时候只能是将老鼠赶走③。另一个生物方法是"涂油驱鼠法"，即在一只或多只老鼠的身上涂抹柏油并粘满羽毛，然后放走它们，老鼠因此会被吓得四散而逃，羽毛也可以用色彩鲜艳的碎布和报纸替代④。

物理方法中最常见的是捕鼠器。这种方法安全有效且能及时清除死鼠。德军堑壕期刊有篇文章列举了凯斯勒（Kessler）医生介绍的5种应急捕鼠器，其中最推荐由一块木板和三根细棍组成的折叠式捕鼠器。凯斯勒医生也提到了诱饵的选择、捕鼠器的地点设置以及捕鼠器使用后的清洁问题。首先，适合做诱饵的有肥肉、火腿、黄油、香肠、乳酪、烤李子干、死麻雀和各种厨余垃圾，若添加茴香会更吸引老鼠，诱饵的种

① T. W. Ratty，"RATS"，*The Journal of the 16th（Transport Workers）Bn. Worcestershire Regt.*，Sep 1，1918.

② R. A. Meyer，"Ratten"，*R A Liller Kriegszeitung*，October 25，1915，Vol. 2，No. 29.

③ K. u. K.，"Rattenbekämpfung an der Front"，*Feldzeitung der 4. Armee*，Vol. 237，January 21，1917.

④ J. Coakley，"Rats in the Trench"，*The Maple Leaf：The Magazine of the Canadian Expeditionary Force*，June 3，1916，Vol. II，No. 4.

图 3 - 7　英国陆军米德尔塞克斯团的宠物狗成为灭鼠能手

资料来源：Ministry of Information First World War Official Collection，Imperial War Museum London，NO. Q 115420.

类也要时常变换；其次，捕鼠器应设置在老鼠经常出没且不引人注目的地方；最后，捕鼠器需用热苏打溶液彻底清洗，并在太阳下晾晒或房间内烘干，否则老鼠会闻到其气味而绕开①。德军还有一种水桶捕鼠器：将一块木板靠在水桶上，再在水桶上方平铺一张卡片，卡片的 3/4 都在悬在半空中，卡片上放片肥肉。老鼠想吃肥肉时便会顺着木板爬上去，小小卡片显然无法承重，啪嗒一声，老鼠就掉进水里了②。

物理方法还有堵鼠洞、制作密闭食物柜和清扫垃圾等，即通过切断食物来源防控鼠患。有文章指出："哪里断绝了老鼠的食物来源，哪里便能在短期内消灭老鼠。但这些举措要长期严格执行下去。食物应放在老鼠接触不到的地方……找到鼠洞、用水泥或碎玻璃严密地堵住洞口。

①　K. u. K.，"Kleine Chronik."，*Feldzeitung der 4. Armee*，Vol. 143，October 19，1916.

②　"Wie man Ratten und Maeuse faengt"，Liller Kriegszeitung，Vol. 3，No. 72，March 3，1917.

最好能把所有食物放在一起并用铁丝或绳子捆绑起来，置于一个牢靠的木板上，木板应让老鼠无论从哪儿都跳不上去。把木箱做成一个小壁橱非常简单，不仅可以放很多东西，而且柜门还可以锁紧。剩饭剩菜一定要妥当处理；垃圾一定要及时运走、掩埋或焚烧。"①

化学方法中最常见的是老鼠药。老鼠药一般分为化学制剂和生物（细菌）制剂两类，由于有毒，它们的放置需要特别谨慎。虽然这种方法十分有效，但老鼠有时并不会立即上钩，有时还会在享用诱饵后很久才死于洞中，给清理工作带来极大困难②。相比之下，还有一种与之类似但更简单的灭鼠办法，即在老鼠经常出没的地方撒一勺面粉和石灰的混合物，然后在面粉附近放置一个盛满水的容器，老鼠吃了此种面粉后会口渴，饮水后胃里的石灰会变成石膏，老鼠身体也会逐渐变得僵硬③。

各国还研发了针对堑壕鼠的化学武器。有一种从剧毒植物块茎中提取的毒素，0.1 毫克便能杀死一只老鼠，但对人和狗却没有影响，法军曾用此法一夜消灭了 420 只老鼠④。前线部队也常采用武器灭鼠。据载，法军曾于堑壕中引爆毒气弹，成功杀死了成千上万只老鼠⑤。还有"一些人丝毫不顾及其他人的安全，偷偷用危险的谢德炸药雷管改造过的炸药筒（灭鼠）"⑥。不过化学方法最大的弊端在于，可以大量杀死老鼠但是无法确定死鼠位置，或是到达位置进行清理，老鼠的尸体腐烂后会带来异味和更大的危害。

总体而言，捕鼠行动确实消灭了大批老鼠，并带动了鼠皮制造业和鼠皮贸易的发展。法军《白亮带报》1917 年 4 月 1 日的一篇报道称"法国士兵被告知了一个保存鼠皮的简易方法。伤残士兵救助协会为每张及

① K. u. K., "Rattenbekämpfung an der Front", *Feldzeitung der 4. Armee*, Vol. 237, January 21, 1917.

② K. u. K., "Rattenbekämpfung an der Front", *Feldzeitung der 4. Armee*, Vol. 237, January 21, 1917.

③ "Rattenvertilgung: Ein nuetzlicher Wink", *Liller Kriegszeitung*, Vol. 2, No. 34, November 9, 1915.

④ "Ratten", *Der Grabenbote des XI Armeekorps*, Vol. 106, April 15, 1916.

⑤ "Ratten", *Patrouillen - Zeitung*, Vol. 111, March 7, 1916.

⑥ ［法］雅克·梅耶:《第一次世界大战时期士兵的日常生活（1914—1918）》，第 90 页。

时依照此法加工的鼠皮支付 1 美分，其他组织则忙于用鼠皮制作烟盒、钱包和口袋书等物品"①。

但是，堑壕里的鼠患并未得到全面遏制。究其原因，可从以下几个方面来看。

首先，堑壕鼠的繁殖能力极强。此种老鼠一年繁殖 3—4 次，每次生产 5—10 只幼崽，幼崽 4 个月时便具备繁殖能力，由此一对老鼠一年能繁殖 100 多只幼崽②。无论是官方组织的捕鼠行动，还是各种捕鼠方法，都只能在短期内削减老鼠数量，只要堑壕内适宜老鼠生存的环境不变，堑壕鼠问题就难以根治。

其次，官方的捕鼠奖励措施流于形式，极大打击了官兵的积极性。法方 1916 年曾规定每根鼠尾可得一个苏的奖励，但士兵皮埃尔·谢纳质疑："（尽管）各连队的一级上士每天都统计灭鼠数量、受奖励士兵数量以及名单，并且每周都寄给上级部门。但谁来支付奖金呢？……上级在下达一条鼠尾奖励五生丁的通知时难道就没有设想如何兑现吗？"③ 承诺无法兑现，使一开始意在奖励的士兵丧失了参与热情；那些原本自发参加捕鼠的士兵也因上级的外在奖励降低了参与捕鼠的内在动机，一旦外在奖励无法兑现，他们同样会失去参与行动的热情，即心理学所说的德西效应（Westerners effect）④。总之，官方以物质奖励换取捕鼠成效的做法并不成功，甚至适得其反。

再次，由于大量死鼠无法及时清理，堑壕内的生活环境变得更加恶劣，因此"那段灭鼠生涯留给人们的后果就是战地上空挥之不去的死老鼠气息"⑤。

---

① "Notes from Poilu. ", *The White Band*: *A Magazine Edited by the Officers and Cadets of ' D' Company*, No. 7 O. C. B. , Vol. 1, No. 1, April 1, 1917.

② K. u. K. , "Rattenbekämpfung an der Front", *Feldzeitung der 4. Armee*, Vol. 237, January 21, 1917.

③ ［法］雅克·梅耶：《第一次世界大战时期士兵的日常生活（1914—1918）》，第 90—91 页。

④ 心理学家爱德华·德西（Edward Westerners）于 20 世纪 70 年代提出：当一个人受内在动机驱动进行一项活动时，如果给他外在奖励会降低他对这项活动的内在动机，揭示了滥用奖励的负面效应。

⑤ ［法］雅克·梅耶：《第一次世界大战时期士兵的日常生活（1914—1918）》，第 91 页。

作为结果，士兵们逐渐对彻底捕灭堑壕鼠的可能性丧失了信心，甚至对捕鼠行为本身也丧失了兴趣，越来越趋向与鼠相安。法军将领梅耶曾回忆称，由于总有老鼠在晚上不断碰倒餐具发出响动，搅得梅耶不能入睡，于是他就选择把食物置于老鼠方便获取的地方，以便息"鼠"宁人。堑壕战初期轰轰烈烈的捕鼠运动最终转入低潮，就像士兵们习惯了艰苦的堑壕环境那样，他们逐渐适应了堑壕鼠的存在——与战场上的生死搏杀相比，这些小动物也就没那么让人难以忍受了。法军士兵 F. 费尔在回忆录中写道，比起前沿阵地，支援堑壕的夜晚算是相对平静的。在那里睡觉，即使有老鼠相伴，也称得上是至高无上的享受了①。

三　人鼠相安

西线堑壕中的军人既要与敌人战斗，也要在堑壕中生活，如此境遇影响着军人的战场心理，也塑造着军人的战争记忆。前线官兵对堑壕鼠的态度经历了三段变化：最初是基于生活常识的厌烦，然后是不堪其扰而产生的深恶痛绝，最后是无可奈何地适应和接纳。心理防御机制②使他们常常产生诸如"老鼠没有那么坏"或"鼠患没有那么严重"的念头，以帮助自己减轻焦虑情绪。换言之，这是人在无法改变现实时的自我麻痹。

1916 年 10 月 1 日德军堑壕报刊载的《老鼠》一文，淋漓尽致地体现了这种心态。文章称老鼠看上去既不丑陋，也不恶心，士兵可将其视为一种陪伴："它们会经常在堑壕里和你玩耍。陪你跳到路上或是爬下梯子，不论是在凡尔登，还是在里尔……它们和你一起悄然入梦。它们会成为你的客人分享每一块面包……不论是新烤的还是旧的，它们只想叼走小小一块……就算它们不小心把储备粮吃光了，又怎能怪得了它们，

---

① ［法］雅克·梅耶：《第一次世界大战时期士兵的日常生活（1914—1918）》，第81页。
② 弗洛伊德在《精神分析学》中提出了心理防御机制（Psychological Defense Mechanism），认为个体面临挫折或冲突的紧张情境时，在其内部心理活动中具有的自觉或不自觉地解脱烦恼，减轻内心不安，以恢复心理平衡与稳定的一种适应性倾向。而前线士兵所生发出的"老鼠没有那么烦人"等与事实相反的意识，则是被称为"否定"（Denial）的一种相对原始的防御机制。

毕竟它们什么也不懂。"①

在停滞的西线战场，前线官兵与堑壕鼠的互动从未停止过。前线官兵不仅接受了与堑壕鼠相安共存的现实，还以一些拟人的趣文或调侃来述说堑壕战经历，堑壕鼠有了两种新形象。

第一个形象是作为屠猫斗士的堑壕鼠。德军以不好对付、难以铲除的堑壕鼠自诩，暗喻了德军的顽强斗志和不容小觑的战斗力。有文章借用堑壕鼠咬死猫的真实故事嘲讽英国："一天、一个月、一年都过去了，那只猫还在家里没露面。但狡猾的德国鼠却已从猫身上咬掉了一块又一块皮子。猫咪终于被惹恼了，他大胆、高傲、愤怒地在海边走来走去，要抓住德国鼠做一道糟糕的菜肴……老鼠们嗅到了猫那无耻的假肢，并在斯卡格拉克海峡的岸边将其咬成残骸……丘吉尔先生和格雷先生，先为你们的猫咪医好创口吧。"②

第二个形象是作为亲密战友的堑壕鼠。前文所引的英军《前哨报》文章里，拟人化的堑壕鼠理查德误入德军堑壕，它激励英军士兵说，"现在一切都变了。我备受折磨且无处可去。这里有密集的扫射，有往来不绝的人群，还有太多的危险。事实上有那么一两次，我不得不以德国兵的尸体为食。这表明事态已经发生改变，我们将要取得胜利。振作起来吧将士们！冲锋向前……我将在这里等待归队"③，俨然是身陷重围、归心似箭的老兵形象。

堑壕鼠形象的转变，是一种战地文化现象。这种形象转变并非因为堑壕鼠"改过自新"，而是源自前线官兵的战争境遇与群体心理，这甚至超越了国家和阵营的界限，成为一种普遍现象。究其原因，大致有三：首先，堑壕鼠成为前线官兵的共同话题。堑壕鼠是特定时间、特定地点和特定环境下的产物，与封闭、紧张和艰难度日的前线官兵朝夕相处，为官兵们提供了合适的话题。久而久之，官兵们将堑壕鼠同并肩作战的

---

① "Die Ratte", *Vizefeldw d Ldst M Schack Liller Kriegszeitung*, Vol. 3, No. 21, October 1, 1916.

② H. Lange, "Der Englische Kater und die Deutschen Ratten", *Zeitung Der 10 Armees*, No. 90, July 16, 1916.

③ Richard, "My Best Twenty - Four Hours in the Trenches", *The Outpost*, October 1, 1917.

战友和甘苦自知的战地经历连接起来。这种基于共同经历的心理联结，逐渐降低了官兵们对堑壕鼠的厌恶和敌视。比如法国老兵皮埃尔·谢纳就将其战争回忆录命名为《一只老鼠的回忆》，可见堑壕鼠在士兵心中的象征意义。

其次，文化意义上和幽默语境下的堑壕鼠改变了前线官兵的心态。官兵以堑壕鼠为话题的交谈，以及杂志上的诗歌和趣文，是战地文化的一部分。在"曝光效应"①影响下，官兵面对堑壕鼠的心态也逐渐变得轻松和幽默。"如果大家讨论的不是死亡，而是平常所吃的苦，大兵们就开始发挥各自的幽默感"②，还有人曾在捕鼠时创作诗歌以化解捕鼠行动的枯燥和乏味。一位英军士兵曾以笔名 A. F. 写诗《致马默杜克》："你走进一个金属笼子，毫无迟疑地终结了自己可怜的生命，你的'太太'又恼又气，她在想你为何还不归家。或许她会浏览报纸上关于伤亡人员的报道，'失踪人员'里有你的名号，'永别了！'我不得不将你送上天堂。"③ 又如《前哨》杂志 1917 年 11 月 1 日有文章以一只拟人化的云雀抱怨道："在上次的《前哨》杂志中，那只名叫理查德的堑壕鼠竟厚颜无耻地吹嘘自己是如何窃取军粮的。他没有告诉你们，他是如何把我老伴儿从巢里赶出去，然后吃光了我们的蛋。完全没有！但他一直如此。"④

再次，在巨大的死亡压力下，前线官兵对生命怀有敬畏之情。对与尸体、死老鼠和剩饭菜比邻而居的前线官兵而言，死亡是最恐怖的，这使其他令人厌烦的事物都不值一提。有一阵子士兵们对驯服小型动物很感兴趣，如松鼠、狐狸，甚至还有小野猪，主要还是鸟类⑤。可见，战火对生命的摧残使前线官兵更加珍视生命、敬畏自然，期望从肮脏混乱

---

① 曝光效应也叫作多看效应、（纯粹）接触效应等，指我们会偏好自己熟悉的事物，社会心理学又将此种效应称为熟悉定律，是一种只要经常出现就能增加喜欢程度的现象。

② ［法］雅克·梅耶：《第一次世界大战时期士兵的日常生活（1914—1918）》，第148 页。

③ A. F. , "To Marmaduke", *The Direct Hit：The Journal of the 58th London Division*, Vol. 1, No. 3, December 1, 1916.

④ Ludovic the Lark, "What A Lark", *The Outpost*, Vol. VI, No. 1, November 1, 1917.

⑤ ［法］雅克·梅耶：《第一次世界大战时期士兵的日常生活（1914—1918）》，第177 页。

的生活中寻到美好。对朝夕相伴、同为生命的堑壕鼠，一些官兵在大规模捕鼠活动后，开始以包容的心态对待它们。

从这个意义上说，堑壕鼠与堑壕、重机枪、铁丝网和防毒面具一样，都是一战的文化符号，塑造和延续着人们对一战的历史记忆。战争结束后，堑壕鼠无法在没有人类活动的堑壕中继续生存，吃光各种食物包括尸体后，它们终将回到附近的城镇、也就是前辈们所来的地方，曾经的战场则重新由原来的主人——田鼠——主导。在堑壕中坚守到战争结束的数百万官兵，回到正常社会时也必须回归"正常"——若再有乐于同老鼠分享面包和床铺的行为，必然会被视作疯癫而被鄙视或接受规训，毕竟人鼠势不两立才符合现代文明的价值观。

然而可悲的是，当年把老兵们从正常生活推入战争苦海、让他们在堑壕中与鼠为伍艰难度日的，也正是构建了"现代文明"、图谋瓜分整个世界的西方列强。数百万老兵们的亲身经历罕见于由精英们书写的历史——因为被忽视，所以被遗忘。重新审视这一群体的战争境遇和历史记忆，有助于全面认识和理解一战的历史与战争本身。尽管堑壕鼠与老兵的互动只不过是堑壕生活的沧海一粟，但对于管窥老兵们的战争境遇、反思战争带给世界的影响，有着特殊意义。

第四章　资源、武器及其环境影响

　　1991 年的海湾战争，是国际社会为解决 1990 年的海湾危机而选择的暴力途径。无论是海湾危机还是海湾战争，石油都是其中的重要动因。此外，石油以各种形式在战争中提供着能源甚至是武器，而石油泄漏和大火造成的各种污染，又成为这场短暂战争的长久烙印。在这场战争中，美制贫铀穿甲弹在取得惊人战果的同时，也在人员健康和环境危害等方面引发了诸多争议。本章将以石油和贫铀为例，试图从资源、武器及其环境影响的角度，对 1991 年海湾战争加以审视。

第一节　石油在海湾战争中的多重角色

一　海湾危机与海湾战争的爆发

　　石油是以亿年记的地质运动的产物，由于它既具有能源属性，又有众多衍生物和附属品可以供人利用，因而日益成为人类社会的重要战略资源。19 世纪下半叶，人类社会进入电气时代，内燃机的出现、发展和普遍使用，推动了油气开采和石油化工业的发展。因此，作为削弱敌军战争潜力的有效方式，摧毁石油设施的军事行动在 20 世纪的战争中并不罕见：一战中，英军为限制德军的作战能力而摧毁了罗马尼亚的油田；二战中，盟军在欧洲战场的轰炸行动有 15% 直接以石油设施为目标；美国在二战中损失的舰船有 1/4 是油轮。[①]

---

　　① J. O'Loughlin, T. Mayer, E. S. Greenberg, eds., *War and Its Consequences: Lessons from the Persian Gulf War*, New York: HarperCollins College Publishers, 1994, p. 78.

进入 20 世纪下半叶，特别是随着新技术革命的兴起，人类社会对石油及其制品的依赖日深。作为全球重要产油区的中东地区，对世界政治与经济也逐渐显现出强大的双重影响力——既能载舟亦能覆舟。20 世纪 70 年代以来的几次石油危机，便是最好的例证。

　　第一次石油危机，发生于 1973 年 10 月第四次中东战争爆发之后。欧佩克（OPEC）中的阿拉伯成员国为打击以色列及其支持者，一方面收回石油标价权，将基准原油价格从每桶① 3.011 美元提高到 10.651 美元，另一方面每月递减 5% 的原油产量，同时还停止对美英等国出口石油，直接导致了第二次世界大战之后最严重的全球经济危机，并且持续了三年之久。在这次石油危机中，西方发达国家受到了严重的冲击，经济增长的脚步明显放慢。美日两国的工业生产下降了 15% 甚至更多，西德等欧洲国家则饱受企业破产潮和高失业率的困扰。

　　第二次石油危机肇端自 1978 年底伊朗爆发的伊斯兰革命，亲美的国王巴列维下台。作为世界第二大石油出口国的伊朗，停止输出石油 60 天，导致油价动荡和供应紧张。其后，伊朗又与伊拉克爆发了两伊战争，两大石油出口国停产更带来了全球石油产量的锐减，油价则从 1979 年的每桶 13 美元增至 1980 年的 34 美元，并一度创下每桶 41 美元的纪录。这次危机，再一次重创了世界经济。

　　作为应对石油危机的措施之一，美英等 27 个石油进口国于 1974 年 11 月成立了国际能源署（IEA），隶属于经济合作和发展组织（OECD）。国际能源署要求成员国建立战略石油储备制度，至少储备 60 天的石油、特别是原油。这一期限在第二次石油危机后增至 90 天。这是石油进口国应对石油供应短缺的头道防线，对抑制油价上涨有一定作用，但并不能从根本上确保各国石油供应的安全，因此海湾地区的任何风吹草动都会引来世界范围的关注。

　　1990 年 8 月 2 日，伊拉克出动 2 个装甲师和 1 个机械化步兵师南侵科威特，当天下午便占领了科威特城，次日占领了科威特全境。从占领

---

　　①　1 桶 = 42 加仑 ≈ 159 升。

借口来看，至少有两方面涉及石油：其一，伊拉克认为科威特超产石油导致油价下跌，使伊拉克蒙受了 140 多亿美元损失；其二，伊拉克认为科威特在伊拉克鲁迈拉油田的南部盗采石油，价值以数十亿美元计。

由此引发的海湾危机（the Gulf Crisis）是全方位的。一方面，伊拉克攻占科威特以后，不仅本已雄厚的石油储量继续大增，而且废除了几百亿美元的对科债务，具有了独霸海湾的实力；另一方面，伊拉克遭受国际经济制裁，对外输油管被切断，原油产量的下滑导致恐慌，国际油价升到了每桶 42 美元，海湾危机有进一步加剧石油危机的趋势。

因此，国际社会除了从国际关系准则出发谴责伊拉克入侵科威特、并要求其立即撤军之外，美国迅速调派独立号航母编队开往海湾，高效启动"沙漠盾牌"（Desert Shield）行动，到 10 月中旬基本完成兵力部署，与北约盟国和阿拉伯国家军队一起形成了兵力超过 40 万人的多国部队。1990 年 11 月 29 日，联合国安理会通过第 678 号决议，将 1991 年 1 月 15 日作为伊拉克从科威特撤军的最后期限，否则国际社会有权采取一切必要措施，但是伊拉克无动于衷。1991 年 1 月 17 日凌晨，多国部队发动"沙漠风暴"（Desert Storm）行动，海湾战争（The Gulf War）爆发。

二 作为战争潜力与武器的石油

伊拉克是中东大国，油气资源非常丰富——石油探明储量 155 亿吨，位居世界第三；天然气已探明储量 3.17 万亿立方米，位居世界第十。油气产业是伊拉克国民经济的支柱产业，1973 年，伊拉克实行石油工业国有化，组建了伊拉克国家石油公司（Iraq National Oil Company，INOC），并以石油工业为中心，在继续提高原油开采能力的同时，大力发展石化产业，还带动了钢铁、机械制造、建筑业等部门的发展。

从两伊战争结束到海湾战争之前，伊拉克的原油生产能力为每天 350 万桶，最高时可达 450 万桶，1989 年石油收入占伊拉克国内生产总值的 61.3%，因而石油几乎可以和伊拉克的战争潜力画上等号。海湾战争期间，伊拉克的石油设施自始至终都是多国部队的重要空袭目标，因为"削弱伊拉克的炼油和输油能力，有助于削弱伊拉克军队的机动性"①。

从"沙漠风暴"行动开始之日起，多国部队就空袭了伊拉克位于海湾的巴克尔石油中转库及平台（Mina Al – Bakr oil terminal and platform）、阿马亚石油平台（Khawr Al – Amayah oil platform）② 以及 28 家炼油厂。③ 从整个"沙漠风暴"行动来看，多国部队"针对伊拉克石油设施的空袭约为 500 架次，投弹量约为 1200 吨，目的是要炸毁国家炼油和输油设施……空袭摧毁了伊拉克大约 80% 的石油提炼能力"④。据不完全统计，在整个海湾战争期间，多国部队的空袭至少造成了 160 万桶石油的泄漏。⑤

作为报复，伊军也袭击了沙特阿拉伯境内的石油设施。1991 年 1 月 22—23 日，伊军炮击了沙特阿拉伯海夫吉（Al Khafji）的石油设施，⑥ 但是并未造成太大的损害，石油泄漏量相对较少，⑦ 对战局也无重大影响。

但是很快，科威特的石油、特别是黝黑黏稠的原油成了伊军掌控的特殊武器，黑色也就成为海湾战争的标志性颜色——海面黑色的油膜、空中黑色的烟柱、陆地黑色的石油湖，集中体现了这场战争的特殊性。

伊军的故意泄油行动是从 1 月 19 日开始的，他们从科威特艾哈迈迪

① Department of Defense, U. S., *Conduct of the Persian Gulf War*: *Final Report to Congress*, Washington: Department of Defense, 1992, p. 207.

② Department of Defense, U. S., *Conduct of the Persian Gulf War*: *Final Report to Congress*, p. 178.

③ James F. Dunnigan, Austin Bay, *From Shield to Storm*: *High – Tech Weapons*, *Military Strategy*, *and Coalition Warfare in the Persian Gulf*, New York: William Morrow & Company, p. 181.

④ Department of Defense, U. S., *Conduct of the Persian Gulf War*: *Final Report to Congress*, p. 207.

⑤ T. M. Hawley, *Against the Fires of Hell*: *The Environmental Disaster of the Gulf War*, Orlando: Harcourt Brace Jovanovich, 1992, p. 47.

⑥ W. M. Arkin, D. Durrant, M. Chernl, *Modern Warfare and the Environment*: *A Case Study of the Gulf War*, Geneva: Green Peace International, 1991, p. 62.

⑦ W. M. Arkin, D. Durrant, M. Chernl, *Modern Warfare and the Environment*: *A Case Study of the Gulf War*, p. 64.

油田（*Mina al Ahmadi*）抽取原油向海湾倾泻，① 其中泄漏量最大的，是海岛石油中转库（Sea Island terminal），那里每天的泄漏量估计在 10 万桶以上。②

多国部队于 1 月 26 日摧毁了油泵，但是小规模泄漏仍以每天 3000 桶的速度继续，直到当年的 5 月份才停止。③ 艾哈迈迪油田附近 5 艘总载重 300 万桶原油的油轮也向海湾泄油，泄漏量至少有 100 万桶。④ 据保守估计，伊军故意泄漏到海湾的原油总量为 600 万—800 万桶。⑤ 艾哈迈迪及东南的海域出现了总面积约 1200 平方千米的主要油膜带，危及长达 640 千米的海岸线⑥，其中约有 400 千米属重度污染（海岸及周边水域有一半以上被油膜覆盖）。

重度污染区有两个，一个在科威特东南，一个在沙特阿拉伯阿布阿里岛（Abu Ali Island）附近，⑦ 后者是从 1 月到 3 月底逐渐形成的，长约 366 千米，是重度污染区的主要部分。

海湾战争期间石油泄漏的规模是空前的，因为在海湾战争之前，全世界每年因为海难、井喷等事故造成的石油泄漏总量在 25 万桶左右，而此次由于伊军的故意泄油行动，使得流入海湾的石油总量至少也有 760 万桶，是前者的 30 多倍。

---

① A. H. Abdzinada, F. Krupp, eds., *The Status of Coastal and Marine Habitats Two Years after the Gulf War Oil Spill*, Brussels：Commission of the European Communities, 1994, p. 7.

② W. M. Arkin, D. Durrant, M. Chernl, *Modern Warfare and the Environment：A Case Study of the Gulf War*, p. 63.

③ 在所有相关文献中，只有美国国防部的报告称伊军泄油的起始日期为 1 月 25 日（Department of Defense, U. S., *Final Report to Congress：Conduct of the Persian Gulf War*, p. 183.），距离多国部队摧毁油泵仅"1 天"，其实 1 月 25 日只是美军宣布发现油膜的日期，笔者认为这里有粉饰其"决策果断""空袭高效"之嫌。

④ W. M. Arkin, D. Durrant, M. Chernl, *Modern Warfare and the Environment：A Case Study of the Gulf War*, p. 64.

⑤ A. H. Abdzinada, F. Krupp, eds., *The Status of Coastal and Marine Habitats Two Years after the Gulf War Oil Spill*, p. 7.

⑥ Tahir Husain, *Kuwaiti Oil Fires：Regional Environmental Perspectives*, Oxford：Elsevier Science Ltd, 1995, p. 219.

⑦ Bertrand Charrier, *An Environmental Assessment of Kuwait, Seven Years after the Gulf War*, Geneva：Green Cross International, 1998, p. 47.

图 4 - 1 石油污染海岸线范围示意图

资料来源：Bertrand Charrier，*An Environmental Assessment of Kuwait*，*Seven Years after the Gulf War*，p. 47．

尽管萨达姆政权直到被推翻也没有公开解释这样做的目的，但是其战略意图是显而易见的。首先，科威特东部海岸线没有天然屏障，而多国部队在那里部署了强大的海空力量，并且持续地进行演习施加压力，因此伊方希望油膜能干扰多国部队日后的登陆作战。其次，沙特阿拉伯与伊拉克和科威特接壤，是多国部队中的阿拉伯大国之一，伊方希望污染海水可以减少沙特阿拉伯的海水淡化量，进而动摇沙特阿拉伯的战斗意志。

但是美国国防部的报告认为"油膜对联军的海上行动的影响是微乎其微的"①，因为多国部队并没有登陆，其海军的攻击任务是通过舰炮、导弹和舰载机来完成的，仅有的几次登陆行动也只是攻击布比延等海岛；海水污染确实迫使阿布阿里岛附近的海水淡化厂关闭，但那时已经是

---

① Department of Defense，U. S.，*Conduct of the Persian Gulf War*：*Final Report to Congress*，p. 714．

3 月底，海湾战争已经结束了。

军事指挥官对泄油行动的关注可能就此结束：伊方只需承认误判了多国部队的海上进攻方式，以及泄油行动是失败的，甚至都不必为那些倾入海湾的石油感到心疼，因为油井和石油都是科威特财产；多国部队则至多关注一下油膜对其海军舰船船体的侵蚀和对声呐等水中监听设备的影响，甚至连舰长日志都无须提到伊军的泄油行动，因为它既未造成人员伤亡，也未影响海军火力对陆地和空中目标的攻击。

泄油行动的真正受害者——海湾生态系统——引起了社会舆论和学者广泛关注。

海湾总面积 229990 平方千米，平均深度 35 米，海水温暖、多盐，[①]沿岸有沙滩、小块绿地、泥塘和入海口，是各种生物的栖息场所。沿岸的红树林呵护着小虾和小鱼，鱼类在岸礁中孵卵，珍稀的玳瑁龟也生活在这里……普通的鹤、鹅、苍鹭、鹈鹕和鸭子都在海湾迁徙，卡塔尔和伊朗之间的海峡中还发现了海豚。[②]

如此富有自然美的生态系统被流入的石油搅乱了。每一股流入海洋的石油最初浮在水面成为油膜，然后有些被风浪推到了岸边，有些逐渐沉积海底，这一"旅程"既威胁着生态系统中的生产者，也威胁着各级消费者。以沙特阿拉伯的重度污染区为例，那里的 190 千米盐沼、146 千米沙滩、45 千米无植被泥地、14 千米石滩和 6 千米红树[③]等五种生态系统都经历了石油泄漏带来的剧痛。

海湾许多可再生资源都分布在 5—10 米深的浅水中，对于石油污染物的入侵是极其敏感和脆弱的。制造氧气的植物和海底的藻类对于整个生态系统是最重要的，因为众多消费者都极大地依赖着这些生产者。它

① W. M. Arkin, D. Durrant, M. Cherni, *Modern Warfare and the Environment*：*A Case Study of the Gulf War*, p. 64.

② Rosalie Bertell, *Planet Earth*：*The Latest Weapon of War*, London：Woman's Press, 2000, pp. 41 –42.

③ Hans – Jörg Barth, *The Coastal Ecosystems 10 Years After the 1991 Gulf War Oil Spill*, p2. 访问链接：http：//www. uni – regensburg. de/Fakultaeten/phil_ Fak_ III/Geographie/phygeo/downloads/barthcoast. pdf, 访问日期：2005 年 10 月 21 日。

们的大量死亡对各级消费者的直接影响便是食物来源的减少。除此之外，各级消费者还面临着浮油黏附的严重威胁，尤以鱼类和海鸟最为明显。浮油会黏住大量鱼卵和幼鱼，且危及不同水层的鱼类。[①]

　　石油泄漏发生后，人们在沙特阿拉伯海岸看见成群沾满油污的索科特拉鸬鹚（Socotra cormorant）蹒跚地上岸，这些仅仅生活在海湾地区的珍贵海鸟靠潜水捕鱼觅食，被油污覆盖后既不能飞翔又容易溺水。一个国际性的鸟类研究机构曾试图挽救这些美丽的海鸟，但是清洗过程也会造成损伤，所以他们只能试着挑选出最强壮的来清洗。[②] 而那些浮油黏附较少、可以飞走的海鸟也出现了大量脱毛、丧失生育能力的情况。这是因为石油本身对鸟类羽毛的侵蚀和鸟类在清理羽毛时吞食石油造成的。在食物锐减、行动受限等因素的综合作用下，海湾战争期间"至少有2.5万到3万只海鸟死亡"[③]。

　　油膜被风吹到岸边后，威胁着岸边的生态系统。油膜将沙滩覆盖后，许多刚刚孵化出来的小海龟由于黏附了油污而无法爬回大海，[④] 虽然从海龟的诞生地到海洋仅仅几十米远，但黏稠的油污使得小海龟终其一生也无法像其前辈那样回到海洋。

　　石油不仅威胁岸边动物的生存，也是岸边植物的大敌。当石油污染物接触到植物的叶和根时，植物细胞中原生质组织里的油脂化合物就被溶解了，因此当叶子遇到石油时，会很快变黄并枯死；同时，石油自身的分解也需要耗费大量氧气，往往会耗尽植物根部的氧气，致其死亡。[⑤]在沙特阿拉伯重度污染区里，有大片红树枯死，盐沼也未逃厄运。

---

　　① Patricia J. West, "Earth：The Gulf War's Silent Victim", *Yearbook of Science and the Future*, Chicago：Encyclopedia Britannica, Inc, 1993, p. 51.

　　② Rosalie Bertell, *Planet Earth：The Latest Weapon of War*, p. 41.

　　③ S. Bloom, J. M. Miler, J. Warner and P. Winkler (eds.), *Hidden Casualties：Environmental, Health and Political Consequences of the Persian Gulf War*, pp. 60, 67.

　　④ James F. Dunnigan, Austin Bay, *From Shield to Storm：High - Tech Weapons, Military Strategy, and Coalition Warfare in the Persian Gulf*, p. 69.

　　⑤ Dhari Al - Ajmi, Raafat Misak, Marzoug Alghunaim. *Oil Trenches and Environmental Destruction in Kuwait：One of Iraq's Crimes of Aggression*, Almansouria：Center for Research and Studies of Kuwait, 1998, p. 85.

海湾不仅平均深度较浅，而且只有霍尔木兹海峡（strait of Hormuz）一个出口与印度洋相连，海水相对平静，这使得油膜中的石油成分可以轻易地覆盖海底。这些沉积物有 1—12 厘米厚，体积约为 125 万多立方米，① 破坏了西伯利亚鹤、儒艮和绿甲海龟（green turtles）等以海底生物为食的濒危物种的觅食场所。②

上述生态系统在经历了剧痛之后，凭借自身的调控能力逐步得到了不同程度的恢复。2001 年，德国雷根斯堡大学的汉斯—约尔格·巴尔特博士（Dr. Hans – Jörg Barth）对沙特阿拉伯境内 400 千米海岸的生态系统进行了采样分析，并有了如下发现：在被污染的盐沼中，有 20% 完全恢复，但也有 25% 完全死亡、无法恢复；在被污染的沙滩中，80% 得到恢复，生物种群与他处无异，但是在新沙之下仍可见到石油残留物；被污染的石滩已完全恢复；珊瑚礁附近的鱼类在 1994 年时基本恢复到了正常水平。③

三 伊军对科威特油田的大破坏

伊军在占领了科威特之后，迅速派出 30—40 名工程师研究对科威特油井的破坏计划。1990 年 12 月，这些专家点燃了科威特艾哈迈迪油田中的 6 座油井，试验对油井的最佳爆破方法。随后千余名伊军士兵对油井进行了炸药安置和引信连接工作。④

"沙漠风暴"行动开始后不久，伊拉克的海空军就损失殆尽。为了弥补自身防空力量的不足，伊军开始有选择地破坏科威特油井，以浓烟掩护其地面布署。1 月 21 日，科威特南部沃夫拉油田冒起浓烟，到 1 月底时约有 60 口油井被点燃。⑤

---

① Bertrand Charrier, *An Environmental Assessment of Kuwait*, *Seven Years after the Gulf War*, p. 47.

② Rosalie Bertell, *Planet Earth*：*The Latest Weapon of War*, p. 42.

③ Hans – Jörg Barth, *The coastal ecosystems 10 years after the 1991 Gulf War Oil Spill*, pp. 3 – 4.

④ W. M. Arkin, D. Durrant, M. Chernl, *Modern Warfare and the Environment*：*A Case Study of the Gulf War*, p. 66.

⑤ W. M. Arkin, D. Durrant, M. Chernl, *Modern Warfare and the Environment*：*A Case Study of the Gulf War*, p. 66.

随着伊军的节节败退，破坏油井的行动逐渐由以军事目的为主转向以"惩罚"目的为主。"伊军的破坏行动到 2 月下旬时加快了：2 月 22 日着火的油井达到 149 口，其中一天内被点燃的将近 100 口；23 日时，着火油井的数量达到 190 口；25 日时增至 517 口，同时还有一些石油设施也被点燃……在伊军撤离科威特之前，共有 800 处油井、储油罐和炼油厂被点燃。"[①]

海湾战争结束后，科威特石油公司（Kuwait Oil Company）对各个油田的油井受损情况进行了调查，1993 年的报告称有 788 口油井受到影响，其中 613 口着火、76 口发生井喷、99 口需要维修，见表 4 - 1 和图 4 - 2。[②]

表 4 - 1　　　　　　　　科威特油田与油井状况调查

油田名称	油井着火	油井井喷	油井受损	油井完好	总计
布 尔 甘（Burgan）	449	33	66	88	636
劳扎塔因（Raudatain）	62	2	5	3	72
萨比里耶（Sabriyah）	39	4	9	5	57
拉 德 卡（Radqa）	1	0	0	8	9
拜 赫 拉（Bahrah）	3	2	0	0	5
米纳吉什（Minagish）	27	0	7	1	35
乌姆古代尔（Umm Gudair）	26	2	11	2	41
沃夫拉（Wafra）	6	33	0	15	54
其他	0	0	1	34	35
总计	613	76	99	156	944

由表 4 - 1 和图 4 - 2 不难看出，油井火情遍布科威特南北，尤以南部的布尔甘油田为烈。事实也是如此。一名科威特石油官员称，油井大

①　W. M. Arkin，D. Durrant，M. Chernl，*Modern Warfare and the Environment：A Case Study of the Gulf War*，pp. 66 - 67.

②　Bertrand Charrier，*An Environmental Assessment of Kuwait，Seven Years after the Gulf War*，p. 42.

火的"严重性超过了科威特行政、技术和资金等方面的能力"[1]，海湾战争结束后，来自世界各地的24支消防队用了9个月时间才将油井大火全部扑灭。[2]

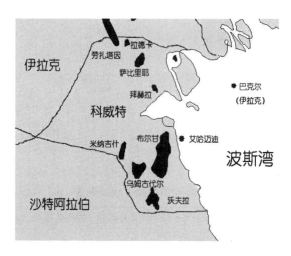

图4-2　科威特受损油田分布示意图

资料来源：Bertrand Charrier, *An Environmental Assessment of Kuwait*, *Seven Years after the Gulf War*, p.42.

科威特石油公司的报告指出，大火烧毁了其战前石油储备——1000亿桶——的3%，即30亿桶，相当于在近一年里每天都烧掉800多万桶原油。根据测算，燃烧一桶原油可产生15.1千克油烟、108千克二氧化碳、143千克一氧化碳、3.4千克二氧化硫和0.85千克氮氧化物。[3] 如此算来，这30亿桶原油就会释放出4530万吨油烟、3.24亿吨二氧化碳、4.29亿吨一氧化碳、1020万吨二氧化硫和255万吨氮氧化物。大火产生的烟云面积达到1.5万平方千米，遮天蔽日且向东南缓缓移动。[4]

---

① W. M. Arkin, D. Durrant, M. Chernl, *Modern Warfare and the Environment*：*A Case Study of the Gulf War*, pp. 71 - 72.

② Tahir Husain, *Kuwaiti Oil Fires*：*Regional Environmental Perspectives*, p. 147.

③ Tahir Husain, *Kuwaiti Oil Fires*：*Regional Environmental Perspectives*, pp. 142, 33.

④ W. M. Arkin, D. Durrant, M. Chernl, *Modern Warfare and the Environment*：*A Case Study of the Gulf War*, p. 67.

石油大火的生成物种类繁多、数量巨大，危及生态系统的各个层面。

油烟中含有大量的致癌物质——苯，它会随着黑雨重返地面，污染地表水和土地。大火释放的二氧化硫和氮氧化物是形成酸雨的主要污染物。黑雨和酸雨都会危及植被生长，对于农业是沉重打击。

大火释放的二氧化碳是加剧温室效应的主要污染物之一，此次大火的排放量更是超过了美国 20 世纪 80 年代的年均排放量。而且，"距离火油井 32 千米远的人们都会因为吸入被污染的空气而咳嗽、打喷嚏。科威特医疗机构的统计数据也表明，哮喘和支气管炎等慢性呼吸系统疾病的发病率明显上升"[1]。正因如此，全球范围内研究大火影响的科学家们称其为"有史以来最为严重的人为污染"[2]。

油井大火对环境的影响主要是对大气的污染，在大气环流的作用下，其影响已不再局限于战场的范围内。美国科学家在夏威夷上空检测到了远超正常水平的油烟。[3] 俄罗斯南部出现了高强度的酸雨……美国亚特兰蒂斯号航天飞机里的宇航员称，他们从未看到过地球被如此多的浓烟笼罩，非洲中部的上空尤为严重。[4] 大火带来的黑雨同样可以为这种影响的广泛程度作证：从 1 月 22 日开始，伊朗由北向南反复降下黑雨；3 月中旬，黑雨开始降临土耳其并遍布伊朗全境，受黑雨影响的还有保加利亚、苏联南部、阿富汗和巴基斯坦；4 月 1 日，德国媒体称印控克什米尔所在的喜马拉雅地区同样经历了黑雨的"洗礼"[5]。

事实上，油井大火的沉降物也对海洋生态也产生了影响。石油经过高温燃烧，产生了特殊的化合物——多环芳烃（Polycyclic Aromatic Hydrocarbons），只是其对海湾的海洋环境所造成的危害远没有石油泄漏

---

①　W. M. Arkin，D. Durrant，M. Chernl，*Modern Warfare and the Environment*：*A Case Study of the Gulf War*，p. 68.

②　Rosalie Bertell，*Planet Earth*：*The Latest Weapon of War*，p. 44.

③　W. M. Arkin，D. Durrant，M. Chernl，*Modern Warfare and the Environment*：*A Case Study of the Gulf War*，p. 68.

④　Rosalie Bertell，*Planet Earth*：*The Latest Weapon of War*，p. 43.

⑤　W. M. Arkin，D. Durrant，M. Chernl，*Modern Warfare and the Environment*：*A Case Study of the Gulf War*，p. 69.

的危害严重。①

伊军故意破坏油井的行动，除了造成持续的大火之外，还造成了另一种后果，即油井的井喷。井喷造成了大量原油在井口和管道附近流淌，并在低洼的地方形成一个个大小不一的石油湖。据统计，科威特境内共有246个因井喷形成的石油湖，共覆盖了49平方千米沙漠地表。石油湖的平均深度为0.1—1.5米，石油湖中的石油平均下渗了0.3—0.5米，污染了650万—1000万立方米的沙地。此外，还有953平方千米沙地被细小的油滴沾染，不仅变得黑乎乎，而且含有重金属以及有潜在毒性的物质。② 石油的下渗不仅会威胁土壤中各种生物的生存，还会殃及地下水质，使本来就已非常珍贵的水资源更加紧缺。

毋庸置疑，海湾危机和海湾战争确实有着自身的特殊性，石油在战争缘起、战争进程和后果中的诸多身份确实也更加突出，但这并不意味着多国部队空袭核生化目标时没有造成次生灾害，只不过是石油的黑色着实让人印象深刻罢了。在其后的科索沃战争中，北约轰炸南联盟工业设施所造成的次生灾害同样引人关注，体现了高技术战争中人与环境间更为紧张的关系，以及常规武器带来"非常规"后果的悖论。

第二节　贫铀武器与贫铀武器危害论争

贫铀武器于海湾战争中大量使用并初露峥嵘，其残留物是否会威胁人类健康乃至生命成为广受舆论关注的问题，同时也是许多学科的学者进行独立研究或是合作研究的热点领域，而美国对此问题的立场还为美欧军事合作带来了新的矛盾。目前，关于贫铀弹危害问题的论争远远多于共识，而论争基本上是主客观因素综合作用的结果。本节以现有研究

---

① Bertrand Charrier, *An Environmental Assessment of Kuwait, Seven Years after the Gulf War*, p. 48.

② Bertrand Charrier, *An Environmental Assessment of Kuwait, Seven Years after the Gulf War*, p. 46.

成果为基础，对贫铀武器以及贫铀武器的危害论争进行历史审视，进而明确贫铀弹危害问题的研究基点之所在。

一 贫铀武器的种类、特性与使用

贫铀武器是以贫铀为主要原料制成的各种弹药的统称。贫铀是铀浓缩进程的副产品，是铀235丰度低于0.711%的铀，98%为铀238，另有微量的铀234。贫铀的放射性是铀的60%，半衰期为45亿年。其密度为每立方厘米19.3克，是铅的1.7倍、钢的2.5倍。含2%的钼或0.75%的钛的贫铀合金，有更好的韧性和耐腐蚀性。[①] 贫铀合金撞击或燃烧都会产生气溶胶，具有放射性和化学毒性。

美国从20世纪50年代开始研制贫铀武器，70年代陆续投产并装备部队。从种类来看，主要有枪弹、炮弹、炸弹和地雷，属于广义的"贫铀弹"范畴；从贫铀的用量和装备数量来看，各种口径的贫铀炮弹是主体，击穿装甲等坚固目标是其主要用途，属于狭义的"贫铀弹"范畴，也是见诸报端、引起争论的对象。

20世纪90年代使用贫铀的美军弹药可见表4-2。其中25毫米和30毫米口径的为机关炮弹，其余为坦克炮使用的尾翼稳定脱壳穿甲弹。在"沙漠风暴"行动中，美国陆军和海军陆战队动用了超过1900辆M1A1艾布拉姆斯（Abrams）主战坦克，以及几百辆M1和M60坦克。M1A1坦克使用120毫米口径的炮弹，M1和M60坦克使用105毫米口径的炮弹，布拉德利装甲车的机关炮使用25毫米口径的炮弹。[②] 各型弹药所含贫铀的重量不等，最少的有85克，最多的则接近5千克。

目前至少有20多个国家和地区研发或装备了贫铀武器。贫铀武器、特别是贫铀弹受到如此的青睐，与它的两个特性是分不开的：一个是很好的穿甲效能，一个是相对低廉的成本。

---

① World Health Organization：*Report of the WHO's Depleted Uranium Mission to Kosovo*，Geneva，2001，p. 4.

② Depleted Uranium Education Project，*Metal of Dishonor*：*How the Pentagon Radiates Soldiers and Civilians with DU Weapons*，New York：IAC，1999，pp. 26，211.

贫铀穿甲弹的弹头并不包含炸药，其对装甲的侵彻性能来源于贫铀合金弹芯的动能和自燃。贫铀合金弹芯高速冲击目标后会碎裂，有10%—35%变成雾状。撞击产生的热量足以引燃这些雾化金属铀，燃烧产生的上千摄氏度高温足以熔化钢铁，弹芯的剩余部分进入装甲车辆内部后，还会引爆车辆内的易燃气体和弹药。

表4-2　　　　　　　　20世纪90年代含有贫铀的美军弹药

弹药名称	所含贫铀的大致重量
25毫米 XM919	85克，0.2磅
30毫米 GAU-8	300克，0.66磅
105毫米 735A1	2.2千克，4.84磅
105毫米 774	3.4千克，7.48磅
120毫米 M827	3.1千克，6.90磅
120毫米 M829（E1 & E2）	4.0千克，8.69磅
120毫米 M829A1	4.9千克，10.7磅
120毫米 M829A2	4.9千克，10.7磅
105毫米 M833	3.7千克，8.14磅

引自 Depleted Uranium Education Project, *Metal of Dishonor*: *How the Pentagon Radiates Soldiers and Civilians with DU Weapons*, p. 211.

从生产成本上看，由于美国的军用和民用核工业非常发达，贫铀的数量也很多，制造贫铀武器不仅有充足的原料供应，且能省去高昂的核废料处理费用，同时贫铀弹芯的穿甲性能普遍超过钨钢合金弹芯，而且成本仅为后者的一半，在效费比上可谓一举两得。

贫铀武器最早用于实战，是在海湾战争期间（1991.1.17—1991.2.28）。其后，在波黑战争（1992.4—1995.12.14）、科索沃战争（1999.3.24—1999.6.20）和伊拉克战争（2003.3.20—2003.4.15）中，贫铀武器也有不同程度的使用。

在海湾战争中，美国陆军坦克共发射105毫米口径贫铀穿甲弹504枚，120毫米口径贫铀穿甲弹9048枚，贫铀总量为50.55吨；美国空军的A-10攻击机共发射78万多发30毫米口径贫铀穿甲弹，贫铀总量达

259 吨；美国海军陆战队的 AV－8 攻击机共发射 67436 发 25 毫米口径贫铀穿甲弹，贫铀总量为 11 吨；英国陆军的坦克共发射不到 100 枚 120 毫米口径贫铀穿甲弹，贫铀总量不到 1 吨。① 射程更远的贫铀穿甲弹，加上精确的火控系统和 M1A1 坦克的火炮，使多国部队的坦克在伊拉克坦克面前拥有了相当大的优势。伊拉克的 T－72 坦克有效射程不到 2000 米，然而美国坦克的有效射程达到了将近 3000 米。有记载称，一辆美军 M1A1 坦克发射的炮弹，击穿了 3500 米外的一辆 T－72 坦克的正面装甲；一辆英国挑战者坦克发射的贫铀弹甚至击毁了 5100 米外的伊拉克坦克；一发贫铀弹在击中了一辆伊拉克 T－72 坦克的炮塔后，几乎完全从炮塔中穿过，然后又击中（并击毁了）另一辆 T－72 坦克。②

在波黑战争中，美国空军出动 A－10 攻击机袭击塞族武装，约发射 30 毫米口径贫铀穿甲弹 10000 发，贫铀总量约有 2 吨多；在科索沃战争中，A－10 攻击机对 84 个目标进行了 112 次袭击，大约发射 30 毫米口径贫铀穿甲弹 31000 发，贫铀总量接近 10 吨。在伊拉克战争中，A－10 攻击机发射弹药 30 余万发，由于弹链混装贫铀弹和高爆弹的比例不确定，仅能估算贫铀弹的数量在 19 万—26 万发之间，含有贫铀总量则在 58—78 吨。

从美军的实验数据来看，当一枚贫铀穿甲弹撞击到一个坚硬的表面时，弹芯中的贫铀有 18%—70% 会变成微粒，1 枚 120 毫米口径贫铀穿甲弹则会产生 900—3400 克氧化铀尘埃。③ 美国陆军军械、弹药和化学司令部（Army Armament Munitions and Chemical Command，AMCCOM）的一份资料称：当一枚贫铀穿甲弹撞击到一个目标的表面时，一大部分动能会转化成热，撞击产生的热会引起贫铀氧化或者使其在瞬间发生燃烧。这会产生贫铀颗粒浓度很高的气溶胶。这些贫铀小颗粒是可食入和吸入

①　Bernard Rostker, *Environmental Exposure Report*: *Depleted Uranium in the Gulf*, Department of Defense, 1998, pp. 67－70.

②　James F. Dunnigan, Austin Bay, *From Shield to Storm*: *High－Tech Weapons*, *Military Strategy*, *and Coalition Warfare in the Persian Gulf*, pp. 294－296.

③　Laka Foundation, *Depleted Uranium*: *A Post－War for Environment and Health*, Amsterdam: Laka Foundation, 1999, p. 10.

的，并且具有毒性。① 在这些气溶胶中，60% 的直径小于 5 微米（小于 10 微米被认为是可吸入颗粒的尺寸）。② 它们会进入或是附着在目标上，或是分布在目标附近。③ 陆军战地测试显示，当一辆载具被贫铀穿甲弹击中后，最严重的污染发生在载具周围 5—7 米范围内。④ 被炮弹撞击或者被火与爆炸的合力抛入空气中的贫铀颗粒，能被携带到下风向 40 千米甚至更远的地方。⑤

需要指出的是，除用于制作穿甲弹的弹芯之外，贫铀还被用来给战斧式巡航导弹配重。战斧式巡航导弹是装备常规弹头的精确制导武器，主要用于对敌方战略目标和居民区附近及内部的各类目标进行精确打击。以海湾战争为例，截至 1991 年 2 月 1 日，美国海军舰艇至少发射了 282 枚战斧式巡航导弹。⑥ 作为导弹配重的贫铀会随导弹的爆炸而燃烧，并以气溶胶的形式遗留在攻击点附近。这一点被大多数研究者所忽略，也没有将其纳入残留物的统计范围。尽管这一部分在数量上可能微不足道，但同样不容忽视，因为战斧式巡航导弹的攻击目标往往在城市、乡村、农田和林地中，所留下的残骸和气溶胶非常接近人们的生产生活环境。

从上述分析来看，与地雷和未爆弹药相比，贫铀武器及其残留物有三个鲜明特点：第一是具有化学毒性和持续的放射性，第二是形式多样（整体、残片、气溶胶等）、数量众多；第三是分布范围更为广泛（地表、土壤、地下水乃至整个食物链）。这些特点足以引起舆论、学者和社会的普遍关注；问题涉及领域广、研究难度大，加之研究者受到意识

---

① U. S. Army Armament, Munitions, and Chemical Command, "Depleted Uranium Facts", photocopy in Bukowski, et. al., *Uranium Battlefields Home and Abroad*, March 1993, p. 97.

② Bukowski, G., Lopez, D., and McGehee, F., *Uranium Battlefields Home and Abroad*, March 1993, p. 44.

③ U. S. Army Environmental Policy Institute (AEPI), *Health and Environmental Consequences of Depleted Uranium Use in the U. S. Army：Technical Report*, p. 78.

④ U. S. Army Environmental Policy Institute (AEPI), *Health and Environmental Consequences of Depleted Uranium Use in the U. S. Army：Technical Report*, p. 125.

⑤ L. A. Dietz, "Contamination of Persian Gulf War Veterans and Others by Depleted Uranium", July 19, 1996.

⑥ Marvin Pokrant, *Desert Storm at Sea：What the Navy Really Did*, Westport：Greenwood Press, 1999, pp. 25 – 29.

形态、学科背景和研究方法等因素的影响，又使得关于贫铀武器危害的论争远多于共识。

二　贫铀武器危害论争的观点梳理

人们在贫铀武器是否会破坏环境、威胁人们健康的问题上是有共识的，基本可以概括为"体外无害论"。美国食品与药品管理局（FDA）证实，士兵连续乘坐装有贫铀弹的车辆20—30小时，会受到相当于一次X光胸透的辐射量。弹药中贫铀是固态的，不会被人体摄入，而其发出的 α 射线也不能传播很远，一张纸或皮肤就可阻挡住它。①

不过体外无害论是有前提的：首先，贫铀一定是以固态存在，且外部金属层未被破坏；第二，体外无害论的适用者是军人，且只限于未吸入或食入贫铀微粒，和未被贫铀弹片击伤的军人，环境中的土壤、水和空气等要素并不在此列，通过其他途径摄入贫铀的人也不在此列。与有防护装备和相关防护知识的军人相比，平民更易受到贫铀的危害，因为他们既不知道所处环境有无贫铀物质，也不知道如何处理和保护自己。

因此，"体内有害论"一方面成为共识、一方面又成为论争的起点：更多围绕着危害程度、致病种类和致病机理的研究得以展开，观点因研究主体、客体选择、论据方法等不同，存在着诸多差异甚至是矛盾之处。

研究主体大体可分为两部分：一部分是政府机构和政府间组织机构，前者如美英等国的国防部、老兵事务部门等，后者如联合国环境规划署、世卫组织等；另一部分是非政府组织、高等院校及科研机构的学者，前者如国际黄十字会，② 后者既包括来自英国皇家学会、美国兰德公司、美国医学研究所等机构的学者，也包括一些独立学者。这两部分研究主体，大都进行了实地考察、医学观察和实验室工作。其中较有代表性的包括：

1993 年，美国国防部开始对在海湾战争中被友军误伤的 33 名美军

---

① S. Bloom, J. M. Miler, J. Warner and P. Winkler（eds.）, *Hidden Casualties: Environmental, Health and Political Consequences of the Persian Gulf War*, p. 135.

② The Yellow Cross，总部设在维也纳的国际救援组织，主要救援对象是儿童。

官兵进行跟踪医学观察，到 1998 年时范围进一步扩大，不仅有曾在多哈军械库（Doha Depot）大火中近距接触贫铀弹药、吸入包含贫铀微粒的烟尘的官兵，也有曾对被贫铀弹摧毁的军车进行抢救和维修的官兵。报告称，身体曾经嵌入贫铀弹片的官兵，尿铀水平在 10 年后仍很高，但未出现肾功能异常、白血病、骨癌、肺癌以及其他与铀相关的不良后果。① 英国也进行了类似的跟踪调查，结论基本相同。

2000—2002 年，联合国环境规划署派出小组先后对科索沃、塞尔维亚和黑山、波斯尼亚和黑塞哥维那的贫铀武器攻击目标进行调查，② 研究证实，健康风险主要取决于接触贫铀的人们的态度。贫铀的辐射和化学作用，有可能只出现在最坏的情况下。相关报告建议对目标地区采取预防措施，如测量、标记、隔离、清洁等，以避免可能的健康风险。

英国皇家学会 2001 年发表了报告：《贫铀武器的健康危害》，对贫铀的辐射、化学毒性、中长期影响等进行评估，认为只有最严重的暴露才会危害健康。③

罗萨莉·贝特尔（Rosalie Bertell）著有《地球：最新的战争武器》，不仅从整体上回顾了海湾战争和科索沃战争的生态影响，而且从实验场和靶场的下风地区再到战场，对贫铀弹问题进行了较为详细的研究，并指出"所谓的精确轰炸在使用贫铀弹的时候就成了残酷的骗局，因为它的弥漫是不可控的"④。

从客体选择来看，主要的论争在于贫铀的影响程度和致病种类：美英军方机构的研究客体，是贫铀对其参战士兵、特别是被友军误伤的士兵健康的影响，认为贫铀不足以致命，甚至不足以致病；罗萨莉·贝特尔等学者则把目光投向战后的伊拉克平民、特别是婴幼儿、学龄儿童的

---

① Department of Defense, U. S. *DU—Health Concerns*. 访问链接：http：//deploymentlink. osd. mil/du_ library/health. shtml，访问日期：2006 年 10 月 21 日。

② UNEP：*Depleted Uranium in Kosovo*：*Post – Conflict Environmental Assessment*，2001；*Depleted Uranium in Serbia & Montenegro*：*Post – Conflict Assessment in the Federal Republic of Yugoslavia*，2002；*Depleted Uranium in Bosnia & Herzegovina*：*Post – Conflict Environmental Assessment*，2003.

③ The Royal Society：*The Health Hazards of Depleted Uranium Munitions*，2001.

④ Rosalie Bertell，*Planet Earth*：*The Latest Weapon of War*，p. 22.

健康状况，认为贫铀不仅会给人们的健康带来持久的负面影响，而且对未成年人来说更为危险。

从论据方法来看，主要的论争在于致病机理：美英军方机构认为，贫铀进入人体后，其重金属化学毒性要比辐射的负面影响更大，因为贫铀和铅等重金属一样，进入人体后会危害肾脏等组织，而其辐射因为过于微弱甚至可以忽略不计。[1] 罗萨莉·贝特尔等学者则认为辐射才是最主要的致病原因——首先，贫铀在燃烧后是以氧化物的形式存在的，氧化铀微粒大多不可溶解，即使进入人体也难被人体吸收，因而其化学毒性是难以释放的；其次，铀在人体内会继续衰变、产生新的放射性物质——贫铀的主体——铀238衰变产生钍234，钍234衰变产生镁234，镁234衰变产生铀234。因此她提出"这种不断产生新放射性物质的过程，使我们在探讨老兵的种种病患时，不能只是考虑铀238的影响"[2]。

事实表明，对伊拉克战后平民的健康研究是非常必要的。美国约翰·霍普金斯大学的课题组研究发现，伊拉克国内癌症、白血病的发病率在海湾战争后增长了7倍。萨达姆儿童医院收治的白血病患儿中，最小的只有11个月大，同时妇产科的护士也证实了先天缺陷婴儿的大量增加，称其常被自己所接生的婴儿吓坏。[3] 1993年，伊拉克的医生们诊断出更多的人患有白血病，特别是儿童。1994年，伊拉克卫生部开始高度关注白血病、肿瘤、癌症、先天缺陷和其他问题急速增加的原因。他们不明白肿瘤来自哪里，是什么造成了这些悲剧。他们坚信，留在他们土壤、地下水和空气中的数吨贫铀，是最主要的、可能也是唯一导致这场人类悲剧的原因。[4]

1998年12月2日到3日，一些伊拉克和国际研究人员参加了巴格达研讨会，与会人员发布了11项研究成果，主题是放射性武器贫铀的使用对人类及其环境（土壤、水和动植物）的影响。大部分研究主要聚焦于

① Department of Defense，U. S.，*DU—Health Concerns*.

② Laka Foundation，*Depleted Uranium：A Post–War for Environment and Health*，p. 20.

③ Laka Foundation，*Depleted Uranium：A Post–War for Environment and Health*，p. 30.

④ Depleted Uranium Education Project，*Metal of Dishonor：How the Pentagon Radiates Soldiers and Civilians with DU Weapons*，pp. 15–16.

伊拉克南部的癌症发病频率和模式，以及像先天缺陷高发病率这样对下一代的健康影响。伊拉克科学家们证明了贫铀武器与癌症和先天缺陷的高发病率（特别是在伊拉克南部地区）之间存在因果关系，证明癌症高发与贫铀爆炸物之间关系的数据得以呈现。[1]

M. M. 萨利赫（M. M. Saleh）和 A. J. 梅库尔（A. J. Meqwer）审视了贫铀对伊拉克南部六个选定地区环境的长期影响。他们通过伽马能谱分析了收集的动植物组织、土壤和水体样本，发现有 1/3 的植物样本可见铀 238 同位素，其中一些野生植物样本含有的放射性元素水平高于自然状态三倍。他们还测量了 1991—1996 年，研究地区的人口通过吸入、食用肉类和奶制品以及外部照射摄入的平均辐射剂量，发现研究地区约有 84.5 万吨可食用的野生植物受到放射性物质污染，31% 的动物资源暴露在放射性污染中，婴儿和 15 岁以下儿童摄入的辐射量占全体人数受辐射量的 70%。

提克里特大学医学院（College of Medicine，Tekrit University）的 M. M. 艾尔—朱布里（M. M. Al－Jebouri）、安巴尔大学科学学院（College of Science，University of Al－Anbar）的 I. A. 艾尔—阿尼（I. A. Al－Ani）和摩苏尔大学医学院（College of Medicine，University of Mosul）的 S. A. 艾尔—贾马里（S. A. Al－Jumaili）以 1991 年海湾战争前后摩苏尔四家医院里的男女患者为对象，进行了癌症发病率和不同癌症地域分布的调查。1989 年 8 月到 1990 年 3 月和 1997 年 8 月到 1998 年 3 月期间的癌症病例显示，癌症发病率增加了五倍，肺癌、白血病、乳腺癌、皮肤癌、淋巴癌和肝癌正在流行。在战争之前，癌症患病率按降序排列是：肺癌、淋巴癌、喉癌、白血病和乳腺癌。在战争之后的 1997—1998 年，这个顺序变为：肺癌、淋巴癌、乳腺癌、喉癌、皮肤癌和白血病。下列癌症发病率急剧上升：肺癌（5 倍）、淋巴癌（4 倍）、乳腺癌（6 倍）、喉癌（4倍）和皮肤癌（11 倍）。一些不太普遍的癌症的发病率上升明显：子宫癌（近 10 倍），结肠癌（6 倍），肾上腺样瘤（7 倍），恶性骨髓瘤（16

① Depleted Uranium Education Project, *Metal of Dishonor：How the Pentagon Radiates Soldiers and Civilians with DU Weapons*, Special Issue, pp. 1 – 5.

倍），肝脏肺瘤（11 倍），卵巢癌（16 倍），直肠癌（20 倍）。

艾尔—阿尼对伊拉克老兵进行了一次流行病学临床调查，调查结果清晰地显示出了铀的放射性和化学毒性作用。调查所用的 1425 例样本，均来自在伊拉克南部地区参加作战的伊拉克军人。研究时间为 1991—1997 年，年龄分布在 19—50 岁间。研究结果清楚地显示了不同种类癌症形式的变化，以及淋巴癌、白血病、肺癌、骨癌、脑癌、胃肠癌和肝癌等癌症的整体增长。这种增长在 1996 年达到最高水平。其最重要的发现在于：是否受到过贫铀弹药照射，直接影响着癌症的种类。曾被贫铀弹药照射的癌症患者，患癌比例是淋巴癌 30%、白血病 23%、肺癌15%、脑癌 11%、胃肠癌 5%、睾丸癌和骨癌各 4%、胰腺癌 3%、肝癌和唾液腺癌各 2%；未被贫铀弹药照射的癌症患者，患癌比例是肺癌25%、肠胃癌 20%、白血病 15%、淋巴癌 14%、肝癌 10%、骨癌 9% 和脑癌 7%。癌症患病率顺序由于贫铀照射而发生了巨大变化。淋巴癌、白血病、肺癌和脑癌在有过贫铀照射的癌症患者中流行，在未有过贫铀照射的癌症患者中，排在前几位的分别是肺癌、肠胃癌、白血病和淋巴癌。高比值比[①]表明了贫铀和癌症病例之间的密切关联。这在淋巴癌（比值比 5.6）、白血病（比值比 4.8）和脑癌（比值比 4.5）中特别明显，证明贫铀是这些癌症的诱发因素。

死胎、先天缺陷和曾被贫铀弹药照射的军事人员家庭继发不孕症[②]的比率分别是 1.9%、5.2% 和 5.7%。论文引用了美国陆军环境研究所（U. S. Army Environmental Institute）1995 年的报告，以及老兵事务部（Department of Veterans Affairs）1997 年的报告，称"贫铀有增加姐妹染色体单体互换[③]，进而影响染色体形成"的作用。这些是通过两组美国

---

① 比值比（odds ratio），对于发病率很低的疾病来说，比值比（OR 值）是相对危险度的精确估计值。OR 值等于 1，表示该因素对疾病的发生不起作用；OR 值大于 1，表示该因素是危险因素；OR 值小于 1，表示该因素是保护因素。

② 继发不孕症（Secondary infertility），以前怀过孕的育龄夫妇，在有正常性生活和未采取任何避孕措施的情况下，两年以上未能再受孕的，称为继发性不孕症。

③ 姐妹染色体单体互换（Sister chromate exchange），指染色体在细胞有丝分裂周期进行自我复制，形成由一个着丝点连接着的两条完全相同的染色单体。姐妹染色体单体互换对生物的同种基因多样性有积极作用，但过程中也可能出现基因缺失、导致遗传病。

铀工厂工人的淋巴细胞培养证明的。

研究得出的结论是：因大量使用贫铀武器而产生的氧化铀尘埃和气溶胶，造成了伊拉克南部地区、科威特和沙特阿拉伯邻近地区的污染。氧化铀尘埃和气溶胶可以通过肠胃系统、伤口或受污染的弹片直接进入人体，间接的传播则是通过环境污染的方式：土壤、植物、食品、动物、地表水和地下水。

从上述论争中我们看到，研究主体、客体选择和论据方法的不同，使得论争双方虽然都将人作为研究基点，却得出了相互对立的矛盾结论。这种矛盾事实上并不奇怪，因为通过全面和深入的历史审视，我们就会发现其中的同一性。

三 历史审视以及研究基点的确立

从海湾战争到伊拉克战争的实例来看，贫铀弹的发射平台、弹着方式、在弹着点附近的存留形式及时间等方面，是复杂多样的。

坦克炮发射的大口径贫铀穿甲弹，通常都能命中目标并完成毁伤坚固目标的使命。气溶胶是主要形式，残留位置则在装甲车辆内部及附近，以及乘员的衣物、呼吸道、伤口等处。残留时间则因人们的干预方式和速度而异——装甲车辆可能被就地抛弃，也有可能接受洗消和维修；亡者有可能被留在车辆中，也有可能被掩埋；伤者有可能得不到救治、在车中持续吸入贫铀气溶胶并受到照射，也有可能及时转移、接受包扎、并对放射性物质进行处置。

机关炮发射的小口径贫铀穿甲弹大多不能击中目标，而是集中在目标周围或是纵深方向上。击中目标的贫铀弹芯几乎全变成气溶胶，还有一些被弹飞、落到附近的地表；未击中目标的贫铀弹芯往往保持完整并深入地下 2—3 米，深度主要取决于土壤的类型。残留时间主要由形式和位置决定：残留在地表的跳弹很容易被发现，铲去表土即可连同上面的贫铀气溶胶一起清理掉；钻入地下的贫铀弹芯，由于贫铀含量较少、放射性轻微，故不易被发现，极易对土壤和地下水造成长期影响。

而在科学的田野调查和实验室化验之前，首先要确定研究地点的选择和采样物品的提取是准确的，上述多样性和复杂性使这些工作从一开始就面临着挑战：大口径贫铀弹的存留环境极易受到人为干预而改变，并且难以恢复原貌，给日后的调查取样带来难题；小口径贫铀弹的存留环境对于研究者而言，则更需要地图和弹着点信息才能窥得一斑。1999年，联合国环境规划署曾对科索沃环境进行了一次战后评估，由于30毫米的贫铀穿甲弹大多深入地下，而北约当时也尚未公布弹着点信息，专家组只好在报告里写了许多"可能""或许"等推测性语句。

因此可以说，关于贫铀弹危害的论争，本质上是贫铀弹复杂特性的产物。但是这种复杂性并不应是让人们坦然默认现状的理由，而且恰恰相反，它要求人们深化对贫铀弹及其危害的认识。前文所述研究主体、客体选择和论据方法在很大程度上也是论争的起因，但他们同时又都是以人为研究基点的产物。

我们看到，之前美英军事机构进行的研究以本国老兵为对象，通过对他们10多年的跟踪调查得出贫铀微粒即使进入人体也不足以致命的结论。这一研究的基点是人，目标是离开战场环境的老兵，其结论也只适用于这一目标，而不能泛化为贫铀对所有人都没有致命威胁。

而罗萨莉·贝特尔等学者的研究，以战争发生地的平民为对象，通过绝症、特别是白血病患病率的增加，以及婴儿患有先天缺陷几率的上升，表明了贫铀的辐射性不容忽视。这一研究的基点也是人，目标则是生活在战场环境的平民，结论同样也只适用于这一目标，不能泛化为贫铀是所有这类病症的主要病因或唯一病因。

论争双方的论据并无错误，但其科学性也只能支持其具体的研究目标，结论并不具有普遍性。同时我们也看到，这种仅仅以人自身为研究基点的研究，往往只见树木、不见森林。当然，尽管我们需要对这一问题有整体和深入的认识，但是简单地将"树木"扩大到"森林"的企图是不可取的，而是需要找到更为合理的研究基点。

笔者认为，尽管贫铀弹本身具有复杂性和多样性，对其的研究也充满挑战，但是如果研究基点统一在战场环境与人的互动上，上述复杂性与多样性就不再是困扰研究者的难题：战场环境自身在变化，战场环境中的人也在变化，二者之间的能量交换和相互影响，在后者离开前者时就自然停止了，只有继续居住在战场环境中的人才继续着这种互动。

因此，具体的研究对象可以根据这种互动的中断和持续而分为两大类：一类是曾经在战场环境中摄入贫铀微粒、但在较短时间便离开的人，如各方老兵，尤其是被友军火力误伤的美英老兵；一类是持续生活在战场环境中的人，他们不仅可能在战争中摄入贫铀微粒，而且还可能在战后与战场环境持续交换能量的过程中受到贫铀的辐射及其化学毒性的危害，如战后的伊拉克平民。

从波斯湾到巴尔干，美英老兵始终是在境外作战，战争结束后他们大都很快远离了硝烟未散的战场，那些因贫铀弹而负伤的军人则更早地接受治疗并回到正常的生活环境。在随后的日子里，持续服用促排药物将逐步消除老兵与贫铀的关联，加之军人普遍强健的体魄，因而在十几年或几十年里的患病概率与常人无异，也是可以理解的。

而对战后的当地平民来说，他们的生活环境已受到战争的深刻改造，贫铀弹残片和贫铀微粒不仅遗留在了战场，也遗留在了城市、乡村、农田和林地；不仅留在了地表，也留在了地下。平民尽管在战时不曾为贫铀弹片所伤，但他们不会离开自己长期生产和生活的地方，与环境间长久的物质交换，使得食物链和外在辐射成为他们受到贫铀危害的主要途径，故而战后平民的白血病患病率、婴儿的先天缺陷率上升，也是不足为怪的。

事实上，上述双方的研究都从侧面印证了世卫组织人类环境保护部关于贫铀弹问题报告的结论："（贫铀所带来的）健康后果取决于个体所接触贫铀的物理及化学性质，也取决于接触的程度高低和时间长短。长期接触贫铀的工人出现了肾损伤，但是一旦停止过量的铀接触，肾功能便会恢复正常；如果一定剂量的辐射粒子长期停留在肺中，很可能诱发肺癌。"[1]

以环境与人的互动为基点审视贫铀弹问题，我们便不会惊异于论争

---

[1] Department of Protection of the Human Environment, WHO, *Depleted Uranium: Sources, Exposure and Health Effects*, Geneva, 2001. p. iv.

的矛盾，也不会简单地认为这些差异和矛盾是因为研究者做了手脚，尽管这种可能性是始终存在的。以环境与人的互动为基点审视贫铀弹问题，还有助于深化我们对贫铀弹问题的认识，同时全面和深刻地认识高技术条件下的局部战争，反驳欧美所谓的"人道的战争""干净的战争"的片面宣传。

第五章　军事障碍物及其环境影响

　　军事障碍物是能阻止或迟滞军队行动的物体，有些还能直接杀伤人员、破坏装备并可对人员造成精神恐吓。障碍物与火力相结合，可以显著提高直瞄武器的毁伤效能。军事障碍物按性质分为天然障碍物和人工障碍物两大类。天然军事障碍物既包括天然形成的，也包括和平时期为生产、生活而构筑，战时能起到障碍作用的物体，如江河、湖泊、沼泽、海峡、陡坡、峭壁、沟壑、密林、山地、水网、稻田和堤坝等。人工军事障碍物是指为阻滞敌方行动而构筑的工程设施，可分为爆炸性障碍物和非爆炸性障碍物两类。爆炸性障碍物包括地雷障碍物、水雷障碍物、防空雷障碍物等。筑城障碍物是最主要的非爆炸性障碍物，由改造后的地形、构造物、结构物等构成，如铁丝障碍物、土工障碍物、桩砦类障碍物、拦障类障碍物和鹿砦障碍物等。障碍物应当有重点并隐蔽、灵活地使用，既能有效地阻滞敌方的行动，又不妨碍己方军队的行动；发挥各种障碍物的整体作用，充分利用天然障碍物，使天然障碍物与人工障碍物相结合，爆炸性障碍物与筑城障碍物相结合，防坦克障碍物与防步兵障碍物相结合，地面障碍物与空中障碍物相结合，预先设置与机动设置相结合。①

　　天然军事障碍物，是军人自古就要面对的自然空间，或作为敌人（对其不利）或作为盟友（对其有利），往往关乎战斗成败，也很早就引起了军事家的关注。与之相对，人工军事障碍物是人们对自然空间的改

---

　　① 经整合相关词条而成。《中国大百科全书·军事》，第884页；《中国军事百科全书·军事技术 II》，中国大百科全书出版社 2014 年版，第 937 页。

造或人为创设，体现着修建者的军事伦理、战略意图和生产力水平，作为文化建构在自然空间中形成了文化空间。无论是战术层次还是战略层次的人工军事障碍物，其设计、修建、攻防与废弃等活动中的人与环境的互动关系都值得关注——这种互动关系的持续与终止、方式与特点、关联之强弱、影响之大小，直接影响着自然空间的文化属性，显现出自然空间与文化空间的消长态势。

堑壕是壕沟式筑城工事，供人员射击、观察、隐蔽和机动用，有跪射、立射和加深堑壕三种。冷兵器时代的堑壕兼有防水、阻挡野兽和敌人的多重功用；火药化时代的堑壕与铁丝网相结合，保护自己、阻滞敌人的功用更为突出；在进入机械化战争形态后，堑壕的种类增多，与铁丝网、地雷、枪炮阵地等结合起来沿阵地正面构成绵亘的纵深梯次配置的阵地体系，以及像法国马其诺防线（the Maginot Line）和德国齐格菲防线（the Siegfried Line）这样的永备工事。①

地雷是布设在地面上或地面下，受目标作用爆炸或操纵起爆的爆炸性武器，主要通过地雷场或地雷群形成障碍，阻滞敌方行为、杀伤敌方有生力量或破坏敌方装备，并给敌方造成精神上的威胁。地雷按用途可分为防步兵地雷、防坦克地雷、防止直升机地雷和特种地雷；按引信可分为触发地雷、非触发地雷和操纵（遥控）地雷；按制作方式可分为制式地雷和应用地雷。作为爆炸性障碍物，地雷自宋代就已投入使用，到明初已较完备——焦玉在《火龙神器阵法》（1412）中记有"地雷炸营""自犯炮""炸炮""石炸炮""无敌地雷炮"等火器。现代制式地雷最早由俄军在日俄战争（1903—1905）中使用，其后地雷的品种、数量、性能和埋设撒布方式经过两次世界大战得到了较大发展。二战后，美军进行的反坦克与坦克对抗理论研究得出结论：在某种情况下，增设一道防坦克障碍物，可将防御一方的反坦克武器的毁伤概率提高8倍。地雷场除对进攻目标具有很高的毁伤概率外，还具有阻滞、钳制、诱逼和扰

---

① 经整合相关词条而成。《中国军事百科全书·军事技术Ⅱ》，军事科学出版社1997年版，第110页；《中国军事百科全书·军事技术Ⅱ》，中国大百科全书出版社2014年版，第644页。

乱敌方作战行动的效能。随着可撒布地雷和各种布雷手段的发展，地雷在现代战争中的作用显著提高。①

上述两种人工障碍物以不同形式、在不同程度上改变了战场的地形和地貌，且由于其自身的特性，其影响并不会随着战争的结束而消失，而是以不同的形式和程度延续下去。本章即以海湾战争中的"萨达姆防线"、地雷以及未爆弹药为中心，对当代战争中的人工障碍物的设计理念、施工使用及其环境影响进行专题研究。

第一节 "萨达姆防线"与区域景观的变迁

在海湾战争中，由于多国部队对驻科伊军有自东向西（海湾沿岸）或由南向北（从沙特阿拉伯北上）两个潜在的战略方向，而科威特西南地区地势平展，且海拔不超过 300 米，使伊军几乎没有抵御敌人所需的山、陡峭的斜坡和悬崖等自然屏障。作为抵御未来多国部队地面进攻的手段，伊军在科威特和沙特阿拉伯边界的科威特一侧，修建了"萨达姆防线"（the Great Saddam Belt）。

一 "萨达姆防线"的设计构筑

"萨达姆防线"东起海湾，西至科伊边境的巴廷干河（Wadi Al - Batin），全长 197 千米，是伊军工程部队从 1990 年 8 月到次年 1 月用 5 个月的时间构筑的。"萨达姆防线"贯穿科威特南部并深入伊拉克境内 15 千米，与沙特阿拉伯的北部边界平行，相距 10—15 千米。根据土质与地形的差异，整条防线可分为东、中、西三段（如图 5 - 1）。

"萨达姆防线"的纵深达到了 1500—2000 米，由南向北依次是 1 条石油壕、6 条高出地表 50 厘米的防坦克三角锥带、3 条高出地表 50—75 厘米的有刺铁丝网，防坦克和防步兵地雷区，最后是战壕和炮兵阵地，

---

① 《中国军事百科全书·军事装备》，中国大百科全书出版社 2014 年版，第 124 页。

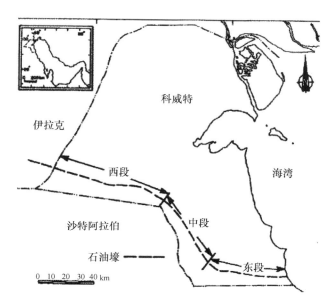

图 5 - 1　"萨达姆防线"全线石油壕示意图

资料来源：Dhari Al - Ajmi, Raafat Misak, Marzoug Alghunaim, *Oil Trenches and Environmental Destruction in Kuwait: One of Iraq's Crimes of Aggression*, Almansouria: Center for Research and Studies of Kuwait, 1998, p. 27.

每个战壕约长 120 米，设 4 个炮位（如图 5 - 2）。

　　伊拉克军队在 1980—1988 年的两伊战争中就曾掘壕注油，引燃原油形成的火墙和烟幕，使伊朗士兵不能越过。"萨达姆防线"的设计也体现了这一地面纵火战略（land arson strategy）。这一战略分为三个层次，表 5 - 1 对此进行了概括。

表 5 - 1　　　　　　　　　　地面纵火战略简述

层次	火力类别	预期目标
第一	大火、障碍物	毁伤多国部队士兵和装备、阻滞多国部队的陆空攻击
第二	防坦克和防步兵地雷	大量杀伤多国部队有生力量、阻滞多国部队地面进攻
第三	步兵及炮兵火力	大量杀伤被阻滞的多国部队地面部队、控制战局

　　资料来源：由 Dhari Al - Ajmi, Raafat Misak, Marzoug Alghunaim, *Oil Trenches and Environmental Destruction in Kuwait: One of Iraq's Crimes of Aggression*, 第 47—50 页的相关内容总结而成。

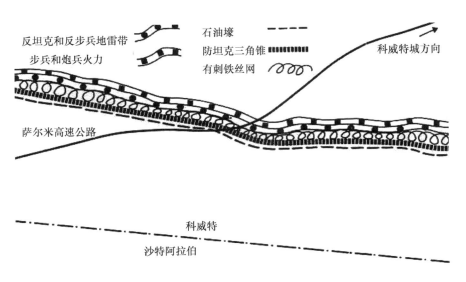

图 5 - 2 "萨达姆防线"局部结构示意图

资料来源：Dhari Al - Ajmi, Raafat Misak, Marzoug Alghunaim, *Oil Trenches and Environmental Destruction in Kuwait：One of Iraq's Crimes of Aggression*, pp. 21, 23.

伊军认为多国部队将从毫无天然屏障的开放沙漠地带进入科威特，并利用主要的交通枢纽向科威特城开进，因此在最外层修筑了石油壕，以便控制所有通向科威特城的柏油路和沙漠路。同时，伊军担心多国部队会从巴廷干河突破伊拉克和沙特阿拉伯边境，于是在伊拉克境内也修建了 16 条石油壕，全长 15 千米。这些石油壕可以看作是科威特境内石油壕向西的延伸。①

"萨达姆防线"的设计固守伊军在两伊战争期间的防御战略，构筑过程则依托现代化工程机械，迅速完成了石油壕的挖掘、管道的铺设和各类障碍物的设置。

石油壕的修建分为 4 个步骤：

第一步，用重型机械掘地、建壕，每条壕平均 1.5—2 米深、2—2.5

---

① Dhari Al - Ajmi, Raafat Misak, Marzoug Alghunaim, *Oil Trenches and Environmental Destruction in Kuwait：One of Iraq's Crimes of Aggression*, p. 44.

米宽、500—1200 米长。

第二步，通过沃夫拉、乌姆卡迪尔（Umm – Kadir）和米纳吉什的油田管道网向壕中注入原油。

第三步，将壕注满（每千米石油壕中大约有 3750 立方米石油）。

最后用燃烧弹做引燃器（每枚燃烧弹的容积为 15—20 升），安装启动电路和击发开关。整个过程如图 5 – 3 所示。

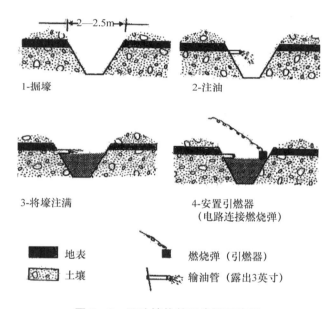

图 5 – 3　石油壕构筑四步骤示意图

资料来源：Dhari Al – Ajmi, Raafat Misak, Marzoug Alghunaim, *Oil Trenches and Environmental Destruction in Kuwait：One of Iraq's Crimes of Aggression*, p. 54.

位于石油壕、有刺铁丝网和防坦克三角锥北侧的地雷带，是地面纵火战略的第二层。伊军究竟在此布设了多少防坦克和防步兵地雷，至今并没有官方统计，但据"人权观察组织"（Human Rights Watch）在战后的统计，"萨达姆防线"沿途的地雷密度达到了每平方千米 917 枚。[1]

---

① *KUWAIT，Landmine Monitor Report 2000*，访问链接：http：//www. icbl. org/lm/2000/kuwait. html，访问日期：2005 年 10 月 15 日。

战壕和炮位则是地面纵火战略的第三层，它们的挖掘方式同石油壕一样，是采用带状爆破和现代化机械完成的。

当人们提起海湾战争的时候，往往会记住史无前例的 38 天空袭和 100 小时陆战，但是若论地表环境在战争中的改变和破坏，则是从伊军入侵科威特就已经开始了的。从"萨达姆防线"的构筑过程来看，其对环境的影响主要有以下两方面：

（一）地表破损

在伊军入侵科威特的过程中，战场总面积至少有 85% 是沙漠，而沙漠地表的脆弱性是人所共知的——二战前美国将军巴顿曾在莫哈韦沙漠（Desert Mojave）指挥坦克部队进行演习，当时留下的履带痕迹至少到 1993 年时仍然可见，[1] 当地沙暴的发生频率也增加了 10 倍。[2] 在伊拉克入侵之前，科威特已经持续 3 年大旱，降水量为 67.5—75.0 毫米（平均 70.6 毫米），低于正常年均值 36%，[3] 旱情使科威特的沙漠地表更加脆弱，伊军数千辆坦克和装甲车以及更多的运输车的大规模调动，工程部队挖掘石油壕、战壕、炮位和埋设地雷等活动，进一步破坏了伊拉克和科威特两国沙漠的地表，不仅导致沙暴频繁，而且更难恢复。

（二）石油污染

石油对土壤的污染，在科威特战场上并不罕见，上一章所述石油湖便是一例。不过与石油湖中的石油相比，石油壕中的石油更容易下渗。这是因为，石油湖是由井喷时涌出的原油在地表流淌并聚集到低洼之处形成的。沙漠地表在未经过扰动的情况下，有一层由微生物、生命周期很短的植物、盐、淤泥和沙砾组成的硬壳，[4] 可以对石油的下渗起到一定阻滞作用。而石油壕是利用大型机械挖掘而成的，硬壳不复存在，石油可通过土壤的裂缝和缺口到达很深的岩层，这在石油壕的西段尤为明

① Patricia J. West, "Earth: The Gulf War's Silent Victim", p. 57.

② Rosalie Bertell, *Planet Earth: The Latest Weapon of War*, p. 40.

③ Dhari Al - Ajmi, Raafat Misak, Marzoug Alghunaim, *Oil Trenches and Environmental Destruction in Kuwait: One of Iraq's Crimes of Aggression*, p. 10.

④ Rosalie Bertell, *Planet Earth: The Latest Weapon of War*, p. 40.

显，而下渗的石油将会危及地下水和附近动植物的生存。

下渗的石油是土壤中所有生物面临的巨大威胁，这主要是由石油的物理和化学特性造成的。当土壤及其中的生物被石油浸透时，会形成障碍层，阻挡氧气进入土壤和接触土壤中的生物，土壤中的有机物无法进行气体交换，就同植物的根系争夺残存的氧气，需氧菌最终因二氧化碳过多而窒息，而厌氧菌大量产生，随之而来的还有硫化氢等有毒物质；石油的化学特性则会破坏植物的细胞组织，并消耗植物根部的氧气，很容易导致植物死亡。①

二　"萨达姆防线"的战时经历

"萨达姆防线"所体现和延续的"地面纵火战略"，在两伊战争期间是起过作用的。但是尽管从两伊战争结束到海湾战争爆发，仅仅相隔 3 年时间（1988—1991），伊拉克军队的敌人却在装备和战法上有了本质的不同。因此，虽然这种"牺牲机动能力、换取生存能力"②的防御体系在两伊战争中有效，但在海湾战争中并未发挥相同的效能。

多国部队在发动地面攻势之前，首先对"萨达姆防线"进行了持续的空袭。

在多国部队的作战计划中，空袭开始之后的第二周（1991 年 1 月 24—30 日），科威特战区的伊军交通线、飞机掩体和驻科伊军成为主要目标……共和国卫队、整个科威特战区的伊军装甲部队和炮兵部队等都是严厉打击的对象。③ 1 月 24 日，多国部队首次用 15000 磅（6800 千克）的 BLU－82 炸弹空袭了伊军集群和车辆调配厂。④ 2 月 6 日（空袭第三周），MC－130 飞机向科威特南部的伊军前线阵地投下了 BLU－82

① Dhari Al － Ajmi, Raafat Misak, Marzoug Alghunaim, *Oil Trenches and Environmental Destruction in Kuwait*: *One of Iraq's Crimes of Aggression*, pp. 76, 84 －85.

② Department of Defense, U. S., *Conduct of the Persian Gulf War*: *Final Report to Congress*, p. 190.

③ Department of Defense, U. S., *Conduct of the Persian Gulf War*: *Final Report to Congress*, pp. 183 － 184.

④ *Gulf War 1991 Chronology*，访问链接：http：//www. saunalahti. fi/～fta/Day－8. html，访问日期：2005 年 10 月 15 日。

炸弹。

从第五周（2月14—20日）开始，空袭的重点转向攻击前线的伊军部队以及为即将到来的地面进攻作直接的战场准备。这样，每天夜间进行的反装甲作战继续破坏和摧毁大量装甲车辆，而其他飞机则在白天攻击前线防御工事和车辆。AV－8B飞机在白天对伊拉克的石油壕投放凝固汽油弹，而在天黑后，F－117A负责摧毁将原油灌入战壕的泵站。B－52轰炸机用750磅M－117炸弹和500磅MK－82炸弹轰炸了雷区，MC－130运输机投掷了BLU－82炸弹，以造成超压冲击波引爆地雷。第六周，MC－130飞机继续用BLU－82炸弹轰炸雷区。2月24日，多国部队再次使用BLU－82轰炸科威特南部伊军阵地的雷区，为多国部队地面部队可能的进攻扫除障碍。①

空袭使得伊军地面部队处于明显的劣势，因为石油壕、雷场、障碍物等坚固的工事已经遭到了破坏，而工事后面的战壕和炮位的作用也减弱了，"金属表面的冷却速度比周围的沙地慢，沙漠环境为使用热成像或红外导引头的武器系统创造了独特的好机会……空中的飞机能够在不发出预先警告的情况下，甚至在夜间完成摧毁。因此士兵们就离开坦克，到100码以外的战壕里藏身"②，这样使伊军的士气和对敌人的地面进攻的反应速度都有很大下降。

不仅如此，空袭对当地环境造成的损害也非常明显，这里至少有两方面值得注意：

首先，多国部队为了减少石油壕对其地面部队的威胁，因而一方面依靠凝固汽油弹燃烧消耗壕中的石油，另一方面则摧毁泵站、防止重新灌入石油。这一战术使局部地段的石油壕丧失了作用，但也引燃石油造成了浓烟，并且造成了石油泄漏。

其次，多国部队的空中力量为了破坏雷区，使用了各类重磅炸弹，

---

① Department of Defense, U. S. , *Conduct of the Persian Gulf War*: *Final Report to Congress*, pp. 187, 190, 194, 199.

② Department of Defense, U. S. , *Conduct of the Persian Gulf War*: *Final Report to Congress*, p. 191.

其中包括爆炸当量仅次于小型核弹的常规航弹——BLU－82 炸弹。这种长 5 米、直径 1.5 米、重达 6.8 吨的燃料空气弹，由于过重且外形不规则，无法由 B1－b 和 B－52 等战略轰炸机载运和投放，常由 MC－130 等大型运输机投放。引爆时，它会形成强大的超压和猛烈的冲击波，峰值超压在距爆心 100 米处尚有 13.5 千克/平方厘米（科学界对"剧烈冲击波"的判断标准为超压达到 0.36 千克/平方厘米），连同 2000 摄氏度的高温，可以使从爆心到周围数百米的一切化为乌有或严重受损。BLU－82 炸弹形成的高温高压，连同被引爆的地雷，使地表土壤破碎并飞散，生长于其中的微生物和动植物也因极度缺氧和脱水而死亡。

美国国防部关于使用 BLU－82 炸弹行动的报告前后是不一致的，其最终报告称"此类轰炸行动共进行了 5 次，袭击了 9 个目标，投下了 11 枚 BLU－82 炸弹"①，而在前面的每周综述与小结中只记录了 4 次，唯独缺少 1 月 24 日轰炸伊军人员的记录。这或许是参谋人员的疏忽造成的遗漏，抑或是美国军方有意遮掩此类不人道的战争手段，但这里至少为我们提供了一个明确的信息，即在多国部队使用 BLU－82 炸弹进行的轰炸行动中，有 80% 的目标是雷区。

在接下来的 100 小时陆战中，"萨达姆防线"被多国部队的北线联合部队、中央总部海军陆战队和东线联合部队攻破，科威特城随后解放。这 3 支军事力量的任务本来只是牵制驻科伊军，因为拥有重型装备的美陆军第 7 军才是主攻部队，该军在从科威特—沙特阿拉伯边界向西机动 240 千米后，越过伊拉克—沙特阿拉伯的边界，击出一记"左勾拳"。这对于科威特战场来说似乎还可以称为"幸运"，因为由沙特阿拉伯进入科威特的部队基本上只配备中型装甲车辆，对科威特脆弱的沙漠表层的损害要小于攻入伊拉克的重装部队。

美国国防部在海湾战争后呈交国会的最终报告中指出，"萨达姆防线"之所以失效，既有观念陈旧、战略保守的原因，也有战术情报匮乏的原因，但"最重要的是，由于多国部队在其攻势作战中握有速度、机

---

① Department of Defense, U.S., *Conduct of the Persian Gulf War: Final Report to Congress*, p. 616.

动、火力和技术优势，使伊军对进攻大感意外并迅速被攻势所压倒"①。
然而，被这些"优势"所"压倒"的又何止伊军呢？战场环境也默默地
承受了这一切——"沙漠风暴"行动对于战场环境而言也是不啻"风
暴"的，而这短时段的剧痛，仅仅是长时段伤疡的开始。

三 "萨达姆防线"的战后遗产

"萨达姆防线"对当地环境的影响并未随着战争的结束而结束。从
原因来看，不仅构筑工程脱不了干系，就连科威特在战后的填平工程也
同样加重了这种影响。

在天气因素（风、雨、洪水等）的作用下，伊军修建"萨达姆防
线"时挖掘和移动土壤对环境造成的负面影响，远远地超出了其所在的
区域：

首先，被挖出的土壤在 1990—1993 年，连续 4 年暴露于多风的夏
季，西北风将沙子、泥土和淤泥吹到了科威特南部，还有很多淤泥和土
壤越过了边界，落到了沙特阿拉伯境内。

其次，掘壕形成的 1—1.5 米高的土堆成为一些地方的障碍物，较高
地区所存储的降水无法流向较低的地区，水流无法到达的地区的土壤变
得干燥，绿色植被纷纷枯死，而水量充沛的地区又出现了地表水网的局
部性变化，形成了新的河道，② 该地区的生物能否适应水文特点的变化，
还是个未知数。

科威特政府在伊军撤退后，也采取了一些措施来消除和修复此次侵
略的痕迹。在扑灭石油大火后，科威特着手清理境内的被毁军车和未爆
地雷，并填平了石油壕。

但是填平工程存在着两方面问题：一方面，时间较晚。填平工程是
从 1993 年 4 月才开始的，一共持续了两个月，而此时石油壕已经存在了

① Department of Defense, U. S. , *Conduct of the Persian Gulf War*: *Final Report to Congress*,
p. 306.

② Dhari Al-Ajmi, Raafat Misak, Marzoug Alghunaim, *Oil Trenches and Environmental
Destruction in Kuwait*: *One of Iraq's Crimes of Aggression*, p. 86.

3 年多，壕中的石油或蒸发或下渗，危及大气、土壤和地下水。另一方面，方式简单。科威特工人用重型机械轻松地从离壕沟 30 到 50 米远的地方挖来新土进行填埋（在伊军挖掘石油壕的时候，已经压实了石油壕南北 10 到 30 米范围内的土壤带），这破坏了当地的植被层和地表沉积物，扩大了受损地区的范围。同时，人们在用沙子和其他材料填充石油壕之前，也没有对残存的石油进行回收或用其他方式的处理。①

当国际绿十字组织的科学家于 1998 年再次到科威特调查时，发现"石油壕仍然存在，但已被沙土覆盖，发出浓重的石油气味，周围黑黑的沙土是浸满了石油的结果。石油壕沿线的大多数土壤也不再适合植被生长"②。

第二节　地雷与未爆弹药的区域环境影响

海湾战争期间，伊军和多国部队都使用了地雷进行防御和封锁，雷场遍布科威特和伊拉克战场，加上空袭阶段留在目标附近的未爆弹药，共同构成了延缓战后重建进程的障碍物，以及威胁当地平民生命的危险品。

一　地雷的使用与未爆弹药的产生

伊军在占领科威特和海湾战争期间，在科威特共埋设 100 万枚防坦克地雷和 60 万枚防步兵地雷。③ 多国部队的布雷能力比伊军更胜一筹。在海夫吉战斗中，多国部队 32 分钟便撒布 2592 枚防坦克地雷和为数不

① Dhari Al – Ajmi, Raafat Misak, Marzoug Alghunaim, *Oil Trenches and Environmental Destruction in Kuwait*: *One of Iraq's Crimes of Aggression*, p. 56.

② Bertrand Charrier, *An Environmental Assessment of Kuwait*, *Seven Years after the Gulf War*, p. 72.

③ United Nations Environment Programme, *Desk Study on the Environment in Iraq*, UNEP, 2003, p. 68.

详的防步兵地雷。①

在整个"沙漠风暴"行动期间，多国部队大量使用集束炸弹布雷，借此阻断伊军的后勤补给和军队调动的路线。此类炸弹的主要型号是美制空军型 CBU – 89/B 和美制海军型 CBU – 78/B：前者每枚包含 72 枚防坦克地雷和 22 枚防步兵地雷，共 94 枚；后者每枚包含 45 枚防坦克地雷和 15 枚防步兵地雷，共 60 枚。

两种炸弹的设计指标是，投放 6 枚以形成面积约为 13 万平方米的雷区（200 米宽、650 米长的区域），投放 12 枚确保有效阻止敌军发起的营级规模进攻。换句话说，12 枚这样的炸弹在 26 万平方米的土地上埋设的地雷数量，少则 864 枚（海军型），多则 1128 枚（空军型）。据美国空军统计，CBU – 89/B 的使用数量为 1314 枚，② 由此不难算出，仅此一项就埋下 12 万 3 千多枚地雷，共形成 28.47 平方千米雷区，平均每平方千米 4338 枚，远高于"萨达姆防线"沿途的地雷密度（每平方千米 917 枚）。

多国部队不仅在科威特和伊拉克南部这些主要战场使用集束炸弹布雷，也在追踪、限制和摧毁伊军飞毛腿弹道导弹发射系统的行动中大量使用。由此可知，多国部队所建的雷区不仅地雷密度更大，而且分布更广。

多国部队不仅使用集束炸弹布雷，还用集束炸弹空袭伊军有生力量，"至少有 2400 万枚（来自集束炸弹的）小型炸弹和地雷投放在了伊拉克的土地上"③。多国部队的一些空袭弹药，特别是集束炸弹所释放的小型炸弹，会因为引信故障或所接触的地表松软而没有爆炸，成为未爆弹药。一名美国专家在接受《华盛顿邮报》记者的采访时称，每天至少有 600 枚多国部队的炸弹、火箭弹或炮弹未能起爆，④ 一名美军官员则称在多国部队发射的所有弹药中，平均 3% —5% 没有爆炸，个别情况下甚至达

---

① The Dupuy Institute, *Landmines in the 1991 Gulf War：a Survey and Assessment*, p. 5.

② The Dupuy Institute, *Landmines in the 1991 Gulf War：a Survey and Assessment*, pp. 12 – 13.

③ Eric Prokosch, *The Technology of Killing：A Military and Political History of Antipersonnel Weapons*, London：Zed Books Ltd. , 1995, p. 180.

④ Ken Ringle, "After the Battles, Defusing the Debris", *Washington Post*, March 1, 1991.

到 15%。①

由此来看，海湾战争所遗留下来的地雷和未爆弹药，具有数量多、种类全、威力大、散布广和时间久的特点，它们造成的直接影响与间接影响是不容忽视的。

二　地雷与未爆弹药的遗留与影响

据统计，到 1993 年时，科威特境内仍有 500 万—700 万枚地雷未被妥善处理，加上相当数量的未爆弹药，直接威胁着当地平民的生命安全。1991 年 2 月到 11 月间，仅在科威特每天就有 6 人因为拾取未爆弹药或误踏地雷而丧生，② 而战时美军死于地雷的只有 10 人。③ 相比之下，战后直接因为地雷和未爆弹药而死伤的平民人数远远超过了战时美军的同类死伤人数。

地雷和未爆弹药造成的平民伤亡，只是直接影响。相比之下，它们对当地环境的破坏以及由此带来的层次更深、持续更久的影响是显而易见的。

首先，大量地雷和未爆弹药的存在，极大地延缓了经济恢复和战后重建的步伐。

从农业来看，雷区和未爆弹药使得本已稀少的可耕地进一步减少，人们不得不毁林开荒，缩短休耕期，频繁使用现有耕地，但是这会造成水土流失和耕地肥力的下降，并不能使农业持久增产。"根据世界卫生组织的调查，如果排除了地雷，饱受地雷遗患影响的阿富汗的农业将会增长 80%—200%，波斯尼亚会增长 11%，缅甸会增长 135%。"④

海湾战争之后伊拉克农业的困顿同样体现了这种影响。"底格里斯河

---

① United Nations Environment Programme, *Desk Study on the Environment in Iraq*, UNEP, 2003, p. 69.

② S. Bloom, J. M. Miler, J. Warner and P. Winkler (eds.), *Hidden Casualties: Environmental, Health and Political Consequences of the Persian Gulf War*, p. 138.

③ The Dupuy Institute, *Landmines in the 1991 Gulf War: A Survey and Assessment*, p. 14.

④ Bureau of Political - Military Affairs, *Hidden Killers: The Global Landmine Crisis*, U. S. Department of State, 1998, p. 8.

和幼发拉底河之间肥沃的三角洲，被称为文明的摇篮和农业的诞生地。海湾战争之前，近1/4的伊拉克人在这里从事农业生产，水稻、小麦、大麦、水果、蔬菜和饲料的产量持续居于世界前列。"① 而战后，在耕地减少、灌溉系统受破坏和国际制裁的综合作用下，伊拉克的农业大幅减产，对国际援助和石油换食品计划的依赖程度大大增加。

从公共设施和工业部门的重建来看，人们所要修复的公路、电厂、输电线路、灌溉水渠和各类工厂，往往正处于地雷和未爆弹药的重点分布区，因此首要工作是清除这些危险物，这就大大延缓了整个国民经济的恢复和发展。

其次，地雷和未爆弹药间接恶化了所在地区的卫生状况，威胁着当地居民的健康。

地雷和未爆弹药隔断了公路网，减少了居民的经济来源，也制约着医疗机构的相关工作。当地居民在地雷的隔离下孤立无援，外出谋生必须冒着生命危险。收入减少使人们的温饱得不到保障。人们由于买不到或找不到薪柴将水煮沸，所以不得不饮用生水，于是疟疾等各类传染病随之传播。大量动物被炸死后，其尸体不能及时处理，也有引发瘟疫的危险。

从饥饿、营养不良到疾病，这一链条最终通向痊愈还是死亡，很大程度上由有无医疗干预决定。可是在人们无法送患者到医院、医疗人员也很难进入雷区开展工作的时候，最后往往是死亡，即便有痊愈的患者，也很可能是以其他人的伤亡为代价的。

除了以上两点我们还要看到，人们对地雷和未爆弹药的处理措施，在很大程度上也是人与自然间战争的继续，陆地继续经受着爆炸物的侵袭。从1991年3月到2002年12月，扫雷队在科威特全境共发现并排除了10.18吨（110万枚）防步兵地雷和6.57吨（56.8万枚）防坦克地雷，未爆弹药更达到了108吨。② 值得注意的是，在已排除的地雷和未

---

① Rosalie Bertell, *Planet Earth*: *The Latest Weapon of War*, p. 40.

② KUWAIT, Landmine Monitor Report, 2003. 访问链接：http：//www. icbl. org/lm/2003/kuwait. html，访问日期：2005年10月15日。

爆弹药中，只有少数得到了回收。例如科威特到 2000 年时，共回收防步兵地雷 45845 枚，但这仅占已排除防步兵地雷总数的 4.3%，[①] 大多数地雷和未爆弹药是通过火烧或引爆的方式处理的，处理过程的剧烈爆炸和释放出的污染物，给伊拉克、科威特和沙特阿拉伯的大气与土壤造成了潜在的威胁。[②]

引爆而非回收，不仅可以最大限度地保证排雷人员的安全，还可以加快排雷速度、减少排雷成本，这似乎是明智的选择。但是如果考虑到自然环境是人类的安身立命之所时就会发现，这不但不能减轻战争伤痕，反而加重了人类行为对环境的伤害，而这种伤害的最终承受者又将是人类自身。

可以说，人工障碍物的发展及其在战争中的应用，体现了人们逐渐增强的改造自然世界的愿望与能力。其实在日常的生产和生活中同样有这样的体现，只是在战争状态下，你死我活的残酷性迫使无论多么理性的统帅和军人都必须服从"军事必要"，以取得战争胜利为第一要务。在这种情况下，连人都成为参与战争机器运转、并随时要为战局而牺牲的一分子，更何况沉默无言的环境呢？

于是，这种愿望在战争中变得狭隘：环境不仅要为我所用、给敌人造成麻烦，还要尽可能不被敌人所用。因而冷兵器时代就有给水井下毒、掘开河道淹没城池的行为，伊军构建"萨达姆防线"同样是这种愿望的体现。同时，这种能力在战争中得到倍增：不仅改变环境的速度更快、力度更大，这种改变带来的影响也更为持久，海湾战争双方撒布地雷的"效率"便是这种能力的突出体现。而且不容忽视的是，在境外作战的特殊情况下，这种愿望的迫切和能力的施展变得更加无所顾忌。

三 明确的诉求面对不明确的未来

世纪之交，国际社会对于地雷问题的关注和基本诉求趋于明确。

---

① International Campaign to Ban Landmines, *Landmine Monitor Report 2000*: *Toward a Mine - Free World*, Human Rights Watch, 2000, p. 940.

② United Nations Environment Programme, *Desk Study on the Environment in Iraq*, p. 69.

1998 年,《禁止或限制使用地雷、诱杀装置和其他装置的议定书》正式生效。该议定书有三处亮点：一是对防步兵地雷首次提出自失能要求，规定遥布防步兵地雷均应具有自失能特征——在布设 30 天后，有效雷数不得超过布设总雷数的 10%；在布设 120 天后，有效雷数不得超过布设总雷数的 1‰。二是禁止使用遥布地雷，除非布设方能标记布设位置和区域，并记录地雷总数、类型、布设时间以及自毁期限。三是保持地雷的可探测性，禁止使用反探测技术或诱杀排雷人员的技术。①

地雷自失能技术，即通过使地雷起作用的引信、电路等关键部件永久失效，导致布设后的地雷在超过一定时长之后自行失去作用的技术，②有望成为避免战后遗留的地雷伤害平民的新技术。但需要指出的是，《禁止或限制使用地雷、诱杀装置和其他装置的议定书》尽管是对 1983 年生效的《禁止或限制使用某些可被认为具有过分伤害力或滥杀滥伤作用的常规武器公约》的修订，但是作为国际法，只有缔约国才须履行相关义务。而且，地雷作战效费比高、效能持久、易于制造和储存等特点，不仅具有战术意义，甚至具有战略意义，制造定时自毁、自失效、自失能和可控型防步兵地雷的技术难度和经济成本，以及战时状态下的混乱和千差万别的布设条件，都使得按照旧标准生产的制式地雷，以及武装团体自制的应用地雷，仍将有可能出现在战场上，并且将继续以往的梦魇。

集束弹药问题也经历了类似的过程。2003 年 11 月 13 日，"集束弹药联盟""地雷行动组织"等 80 多个团体联合发起了一项反对使用集束炸弹的运动，旨在推动联合国相关机构尽快制定使用集束炸弹的法规。"集束弹药联盟"认为这种武器不区分武装分子和平民，应禁止生产和出售，并要求投放集束炸弹的国家要负责清理没有爆炸的子炸弹，并对无辜受害者进行赔偿。③

---

① 访问链接：https：//www. icrc. org/zh/doc/resources/documents/misc/conventional － weapons － pro2 － 1996. htm.，访问日期：2021 年 12 月 10 日。
② 《中国军事百科全书·军事技术 I》，中国大百科全书出版社 2014 年版，第 99 页。
③ 访问链接：https：//news. un. org/zh/story/2003/11/5072，访问日期：2020 年 10 月 11 日。

2007 年 5 月 16 日，联合国裁军研究所与国际残疾协会联合发布一份报告，披露全球有 4.4 亿枚没有爆炸的集束炸弹，把大量土地变成了雷场，集束炸弹引起的伤亡 98% 都是平民，实际数字可能高达 10 万。受集束炸弹影响最为严重的国家包括阿富汗、老挝、黎巴嫩和伊拉克。①

2007 年 11 月 5 日，是"反对集束弹药联盟"所确定的第一个"禁止集束弹药全球行动日"。联合国儿童基金会呼吁各国关注集束弹药对儿童造成的伤害，并尽早禁用集束弹药。儿基会指出，许多集束弹药的形状很不规则且颜色鲜亮，容易引起儿童的注意，加之广泛分布，儿童很容易因捡拾未爆集束弹药而成为受害者。被战争遗留的未爆弹药污染的环境对儿童非常危险；放学后玩耍、放牧、取水、踢足球等日常活动都可能引发致命伤害。集束弹药的幸存者可能落下肢体残疾、失明或者失聪，儿童幸存者很可能由于无力支付医疗和教育费用而失学，影响儿童的心理健康和未来。当儿童的父母或者其他监护人被集束弹药杀伤时，儿童的生活也将因此变得艰难。②

2008 年 5 月，107 个国家在爱尔兰首都都柏林通过了旨在对集束弹药的使用、储存、生产和转让进行全面禁止的《国际禁止集束炸弹公约》，并于 2010 年 8 月 1 日正式生效，110 多个国家签署了这一公约。在 83 个正式缔约国中，不仅包括那些不具有且从未使用过集束弹药的国家，也包括 38 个在以前曾经生产、使用、出口或储存过这种武器的国家，有些还曾是使用这种武器最多的国家，如英国、法国、德国和荷兰。2011 年，缔约国销毁了近 60 万枚集束弹药，内含 6450 万枚子弹药。德国和英国作为两个最大的集束弹药储存国，曾分别有 6700 万枚和 3900 万枚子弹药，一年时间将各自库存销毁了一半。此外至少有近 6 万件未爆子弹药在全世界的清理行动中被销毁，有 18.5 平方千米遭受集束弹药

①　访问链接：https：//news. un. org/zh/story/2007/05/75232，访问日期：2020 年 10 月 11 日。

②　访问链接：https：//news. un. org/zh/story/2007/11/84702，访问日期：2020 年 10 月 11 日。

污染的区域得到清理。① 截至 2018 年，《国际禁止集束炸弹公约》的缔约国达到 103 个，缔约国共销毁 99％的集束弹药库存，相当于超过 140 万枚集束弹药（内含 1.77 亿子弹药）。克罗地亚、西班牙、荷兰等国彻底放弃了集束弹药。②

在全球消除集束弹药取得骄人进展的同时，美国和以色列等以前使用过集束弹药、但未加入《国际禁止集束炸弹公约》的国家，试图推动通过一项降低标准的《特定常规武器公约》议定书：虽然禁止使用 30 年前制造的集束炸弹，但允许使用 1980 年 1 月 1 日后制造的以及失误率在 1％以内的集束炸弹，草案还包括允许使用具有"安全保障机制"，即具有自毁机制的集束炸弹，并将各国使用集束炸弹的时限延长 12 年，之后议定书才予以禁止。显然，其客观效果是事实上允许集束弹药继续存在。③ 截至 2020 年，有 16 个未加入《国际禁止集束炸弹公约》的国家仍在生产和装备集束弹药，其中两个国家还在积极"研究和开发"新型集束弹药。④

整体而言，限制或禁止使用地雷和集束弹药的明确诉求，反映了国际社会对于生存权和发展权的尊重，是国际政治经济格局深刻变化、特别是欧盟共同安全与防务政策的产物。与这一趋势相悖的不明确的未来，一方面受到大国博弈的影响、是来自安全困境的产物，另一方面则是因为一些战火频仍的国家和地区，军事技术和经济社会发展水平有限，地雷和集束弹药仍是需要倚重的高效费比武器。因此，地雷和集束弹药这两种特殊的军事障碍物仍将在一定程度上被保留下来，直到被某种更先进、更可靠甚至是更廉价的武器所取代。

当然，这种可能性在相当长的时间内是微乎其微的。19 世纪 30 年

① 访问链接：https：//news. un. org/zh/story/2011/11/162572，访问日期：2020 年 10 月 11 日。

② 访问链接：https：//news. un. org/zh/story/2018/08/1016622，访问日期：2020 年 10 月 11 日。

③ 访问链接：https：//news. un. org/zh/story/2011/11/162392，访问日期：2020 年 10 月 11 日。

④ 访问链接：https：//news. un. org/zh/story/2020/11/1072542，访问日期：2020 年 12 月 14 日。

代，A. H. 若米尼曾在其书中感叹："军人们以一种无情的先见之明设想出许多能使战争变得比现在更加残酷的手段，无非是希望确保胜利，让自己的旗帜永远飘扬。真是可怕的竞争呀！人们要想不落在自己对手的后面，只要国际法尚未限制这些发明之前，这种竞争将仍是不可避免的。"①

然而事实上，国际法自身的属性使其无法有效地约束非缔约国。战争作为流血的政治，在可以预见的将来也难以完全避免。唯有构建人类命运共同体，在追求本国利益时兼顾他国合理关切，在谋求本国发展中促进各国共同发展，才有可能共创和平、安宁、繁荣、开放、美丽的亚洲和世界。道阻且长，行则将至；千里之行，始于足下。

---

① ［瑞士］A. H. 若米尼：《战争艺术概论》，第456页。

参考文献

一 中文文献

高连升：《军事历史学》，解放军出版社 2004 年版。

梁必骎主编：《军事革命论》，军事科学出版社 2001 年版。

栾恩杰总主编：《国防科技名词大典——兵器卷》，航空工业出版社、兵器工业出版社、原子能出版社 2002 年版。

王保存：《世界新军事变革新论》，解放军出版社 2003 年版。

王兆春：《世界火器史》，军事科学出版社 2007 年版。

王兆春：《中国古代军事工程技术史：宋元明清》，山西教育出版社 2007 年版。

钟少异：《中国古代军事工程技术史：上古至五代》，山西教育出版社 2008 年版。

《竺可桢文集》，科学出版社 1979 年版。

《中国大百科全书·军事》，中国大百科全书出版社 2005 年版。

《中国军事百科全书》，军事科学出版社 1997 年版。

《中国军事百科全书》，中国大百科全书出版社 2014 年版。

［德］埃里希·鲁登道夫：《总体战》，戴耀先译，解放军出版社 2005 年版。

［德］海因茨·威廉·古德里安：《注意，坦克!》，胡晓琛译，江苏凤凰文艺出版社 2020 年版。

［德］克劳塞维茨：《战争论》，中国人民解放军军事科学院译，商务印书馆 1997 年版。

［古罗马］凯撒：《高卢战记》，任炳湘译，商务印书馆 1979 年版。

［古罗马］凯撒：《内战记》，任炳湘、王士俊译，商务印书馆 1986 年版。

［古罗马］塞·尤·弗龙蒂努斯：《谋略》，袁坚译，解放军出版社 2014
年版。

［古罗马］韦格蒂乌斯：《兵法简述》，袁坚译，商务印书馆 2013 年版。

［古希腊］色诺芬：《长征记》，崔金戎译，商务印书馆 1985 年版。

［古希腊］希罗多德：《历史》，王以铸译，商务印书馆 2007 年版。

［古希腊］修昔底德：《伯罗奔尼撒战争史》，谢德风译，商务印书馆 1960
年版。

［美］艾·塞·马汉：《海军战略》，蔡鸿幹、田常吉译，商务印书馆 1999
年版。

［美］伯纳德·布罗迪等：《绝对武器：原子武力与世界秩序》，于永安、
郭莹译，解放军出版社 2005 年版。

［美］亨利·基辛格：《核武器与对外政策》，北京编译社译，世界知识出
版社 1959 年版。

［美］麦克尼尔：《竞逐富强》，倪大昕、杨润殷译，学林出版社 1996 年版。

［美］J.唐纳德·休斯：《什么是环境史》，梅雪芹译，北京大学出版社
2008 年版。

［瑞士］A.H.若米尼：《战争艺术概论》，刘聪译，解放军出版社 2006
年版。

［苏］M.H.图哈切夫斯基等：《大纵深战役理论》，赖铭传译，解放军出版
社 2007 年版。

［意］尼科洛·马基雅维利：《兵法》，袁坚译，商务印书馆 2012 年版。

［英］艾瑞克·霍布斯邦：《帝国的年代》，贾士蘅等译，国际文化出版公
司 2006 年版。

［英］埃里克·霍布斯鲍姆：《史学家：历史神话的终结者》，马俊亚、郭
英剑译，上海人民出版社 2002 年版。

［英］霍布斯鲍姆：《极端的年代：1914—1991》，郑明萱译，江苏人民出
版社 1998 年版。

［英］J. F. C. 富勒：《战争指导》，绽旭译，解放军出版社 2006 年版。

［英］J. F. C. 富勒：《装甲战》，周德等译，解放军出版社 2007 年版。

二 英文文献

Al – Ajmi，D.，R. Misak，and M. Alghunaim，*Oil Trenches and Environmental Destruction in Kuwait：One of Iraq's Crimes of Aggression*，Almansouria：Center for Research and Studies of Kuwait，1998.

Albion，R. G.，*Forests and Sea Power：The Timber Problem of the Royal Navy，1652 – 1862*，Cambridge：Cambridge University Press，1926.

Anderson，M. S.，*War and Society in Europe of the Old Regime 1618 – 1789*，New York：St. Martin's Press Inc.，1988.

Archer，C. I.，J. R. Ferris，H. H. Herwig，and T. H. E. Travers，*World History of Warfare*，Lincoln，NE：University of Nebraska Press，2002.

Arkin，W. M.，D. Durrant，and M. Chernl，*Modern Warfare and the Environment：A Case Study of the Gulf War*，Geneva：Green Peace International，1991.

Bamford，P. W.，*Forests and French Sea Power，1660 – 1789*，Toronto：University of Toronto Press，1956.

Bannon，Ian，and Paul Collier，*Natural Resources and Violent Conflict：Options and Actions*，Washington，DC：World Bank，2003.

Bertell，R.，*Planet Earth：the Latest Weapon of War*，London：Woman's Press，2000.

Bevan，Robert.，*The Destruction of Memory：Architecture at War*. London：Reaktion Books，2006.

Biggs，David，"Managing a Rebel Landscape：Conservation，Pioneers，and the Revolutionary Past in the U Minh Forest，Vietnam"，*Environmental History*，Vol. 10，No. 3，July 2005.

Biswas，A. K.，"Scientific Assessment of the Long – Term Environmental Consequences of War"，in J. E. Austin and C. E. Bruch（eds.），*The*

Environmental Consequences of War: *Legal*, *Economic*, *and Scientific Perspectives*, Cambridge: Cambridge University Press, 2000, pp. 303 – 15.

Black, Brian, " Gallery: Brian Black on the Copse at Gettysberg ", *Environmental History*, Vol. 9, No. 2, April 2004, pp. 306 – 310.

Bloom, S., J. M. Miler, J. Warner, and P. Winkler (eds.), *Hidden Casualties*: *Environmental*, *Health and Political Consequences of the Persian Gulf War*, London: Earth Scan Publications Ltd. , 1994.

Brady, Lisa. M. , " The Wilderness of War: Nature and Strategy in the American Civil War", *Environmental History*. Vol. 10, No. 3, July 2005.

Brown, Kate. , Plutopia: *Nuclear Families*, *Atomic Cities*, *and the Great Soviet and American Plutonium Disasters*. New York: Oxford University Press, 2013.

Bureau of Political – Military Affairs, *Hidden Killers*: *The Global Landmine Crisis*, Washington DC: U. S. Department of State, 1998.

Charlesworth, Andrew, and Michael Addis, " Memorialisation and the Ecological Landscapes of Holocaust Sites: The Cases of Auschwitz and Plaszow", *Landscape Research*, Vol. 27, No. 3, 2002.

Charrier, B. , *An Environmental Assessment of Kuwait*, *Seven Years after the Gulf War*, Geneva: Green Cross International, 1998.

Childs, John, *The Military Use of the Land*: *A History of the Defence Estate*. Berne: Peter Lang, 1998.

Closmann, Charles Edwin, ed. , *War and the Environment Military Destruction in the Modern Age*, College Station: Texas A&M University Press, 2009.

Clout, Hugh, *After the Ruins*: *Restoring the Countryside of Northern France after the Great War*. Exeter: University of Exeter Press, 1996.

Coates, Peter, Tim Cole, Marianna Dudley, and Chris Pearson, "Defending Nation, Defending Nature? Militarized Landscapes and Military Environmentalism in Britain, France and the United States", *Environmental*

History, Vol. 16, No. 3, July 2011.

Cocroft, Wayne D., and Roger J. C. Thomas. *Cold War: Building for Nuclear Confrontation 1946 – 1989*, Swindon: English Heritage, 2003.

Cook, N. D., *Born to Die: Disease and the New World Conquest, 1492 – 1650*, Cambridge: Cambridge University Press, 1998.

Cooper, Jilly, *Animals in War.* London: Heineman, 1983.

Department of Protection of the Human Environment, WHO, *Depleted Uranium: Sources, Exposure and Health Effects*, Geneva: WHO, 2001.

Dunnigan, James F., and Austin Bay, *From Shield to Storm: High – Tech Weapons, Military Strategy, and Coalition Warfare in the Persian Gulf*, New York: William Morrow & Company, 1992.

Dycus, Stephen, *National Defense and the Environment.* London: University Press of New England, 1986.

Ehrlich, Anne, and John W. Birks (eds.), *Hidden Dangers: Environmental Consequences of Preparing for War*, San Francisco: Sierra Club Books, 1990.

El – Baz, Farouk, and R. M Makharita, *The Gulf War and the Environment.* New York: Gordon and Breach Science Publishers, 1994.

Environmental Law Institute Research Report, *Addressing Environmental Consequences of War: Background Paper for the International Conference on Addressing Environmental Consequences of War: Legal, Economic, and Scientific Perspectives*, Washington D. C., 1988.

Evenden, Matthew, "Aluminum, Commodity Chains, and the Environmental History of the Second World War", *Environmental History*, Vol. 16, No. 1, January 2011.

Flint, Colin (ed.), *The Geography of War and Peace*, New York: Oxford University Press, 2005.

Gallagher, Carole, *American Ground Zero: The Secret Nuclear War.* Cambridge, Mass. : MIT Press, 1993.

Gibson, Craig, "The British Army, French Farmers, and the War on the Western Front, 1914 – 1918", *Past and Present*, Vol. 180, August 2003.

Gleick, P. H., "Water, War and Peace in the Middle East", *Environment* 36 / 3, 1994.

Haber, L. F., *The Poisonous Cloud*: *Chemical Warfare in the First World War*. New York: Clarendon Press, 1986.

Hale, John R., *War and Society in Renaissance Europe*, *1450 – 1620*, Baltimore: The Johns Hopkins University Press, 1986.

Hamblin, Jacob Darwin, *Poison in the Well*: *Radioactive Waste in the Oceans at the Dawn of the Nuclear Age*, Piscataway, NY: Rutgers University Press, 2008.

Hastings, Tom H., *Ecology of War and Peace*: *Counting the Costs of Conflict*. Lanham, MD: University Press of America, 2000.

Hawley, T. M., *Against the Fires of Hell*: *The Environmental Disaster of the Gulf War*, New York: NY Harcourt Brace Jovanovich Publishers, 1992.

Headrick, D. R., *Power over People*: *Technology*, *Environments*, *and Western Imperialism*, *1400 to the Present*, Princeton, NJ: Princeton University Press, 2010.

Hepland, Kenneth I., *Defiant Gardens*: *Making Gardens in Wartime*, San Antonio, TX: Trinity University Press, 2006.

Hiro, D., *The Longest War*: *the Iran – Iraq Military Conflict*, New York: Routledge, Chapman and Hall, Inc., 1991.

Homer – Dixon, Thomas F., *Environment*, *Scarcity*, *and Violence*, Princeton, NJ: Princeton University Press, 1999.

Hulme, Karen, *War Torn Environment*: *Interpreting the Legal Threshold*. Leiden: Martinus Nijhoff Publishers, 2004.

Husain, Tahir, *Kuwaiti Oil Fires Regional Environmental Perspectives*, New York: Pergamon, 1995.

International Campaign to Ban Landmines, *Landmine Monitor Report 2000*:

Toward A Mine – free World, New York: Human Rights Watch, 2000.

Johnson, Ryan Mark, *A Suffocating Nature: Environment, Culture, and German Chemical Warfare on the Western Front*, Ph. D. , Temple University, 2013.

Josephson, P. , "War on Nature as Part of the Cold War: The Strategic and Ideological Roots of Environmental Degradation in the Soviet Union", in J. R. McNeill and C. R. Unger (eds.), *Environmental Histories of the Cold War*, New York: Cambridge University Press, 2010.

Keller, Tait, "The Mountains Roar: The Alps during the Great War", *Environmental History*, Vol. 14, No. 2, April 2009.

Käkönen, Jyrki (ed.), *Green Security or Militarized Environment*, Aldershot: Dartmouth, 1994.

Klare, Michael T. , *Resource Wars: The New Landscape of Global Conflict*, New York: Metropolitan Books, 2001.

Koistinen, P. A. C. , "The ' Industrial – Military Complex ' in Historical Perspective: World War I", *Business History Review* 41/4, 1967.

Lahtinen, Rauno, and Timo Vuorisalo, " ' It's War and Everyone Can Do as They Please！ ' : An Environmental History of a Finnish City in Wartime", *Environmental History*, Vol. 9, No. 4, 2004, pp. 679 – 700.

Laka Foundation, *Depleted Uranium: A Post – War Disaster for Environment and Health*, Amsterdam: Laka Foundation, 1999.

Lamborne, Nicola, *War Damage in Western Europe: The Destruction of Historic Monuments During the Second World War*, Edinburgh: Edinburgh University Press, 2001.

Lanier – Graham, Susan D. , *The Ecology of War: Environmental Impacts of Weaponry and Warfare*, New York: Walker, 1993.

Le Billon, Philippe, *Fuelling War: Natural Resources and Armed Conflict*, Abington: Routledge: 2005.

LeePeluso, Nancy, and Michael Watts (eds.), *Violent Environments.*

Ithaca: Cornell University Press, 2001.

Linderman, G., *Embattled Courage: The Experience of Combat in the American Civil War*, New York: Free Press, 1987.

Linenthal, Edward Tabor, *Sacred Ground: Americans and their Battlefields*. Urbana: University of Illinois Press, 1991.

Loughlin, J. O', T. Mayer, and E. S. Greenberg (eds.), *War and Its Consequences: Lessons from the Persian Gulf War*, New York: Harper Collins College Publishers, 1994.

McNeely, J. A., "Biodiversity, War, and Tropical Forests", *Journal of Sustainable Forestry* 16/3, 2003.

McNeill, J. R. and Corinna R. Unger, *Environmental Histories of the Cold War*, New York: Cambridge University Press, 2010.

McNeill, J. R., *Mosquito Empires: Ecology and War in the Greater Caribbean, 1620 – 1914*, New York: Cambridge University Press, 2010.

McNeill, J. R., "Woods and Warfare in World History", *Environmental History*. Vol. 9, No. 3, July 2004.

McNeill, W. H., *The Pursuit of Power: Technology, Armed Force, and Society since AD 1000*, Chicago: University of Chicago Press, 1982.

Morris, Mandy S., "Gardens 'For Ever England': Identity and the First World War British Cemeteries on the Western Front", *Ecumene*, Vol. 4, No. 4, October 1997.

Morton, Louis., "The Historian and the Study of War", *The Mississippi Valley Historical Review*, Vol. 48, Mar., 1962.

Nietschmann, Bernard., "Battlefields of Ash and Mud", *Natural History*, Vol. 11, No. 9, November 1990.

Omar, S. A. S., E. Briskey, R. Misak, and A. A. S. O. Asem, "The Gulf War Impact on the Terrestrial Environment of Kuwait: An Overview", in J. E. Austin and C. E. Bruch (eds.), *The Environmental Consequences of War: Legal, Economic, and Scientific Perspectives*, New York: Cambridge

慎思与深耕：外国军事环境史研究

University Press, 2000, pp. 316 – 337.

O'Sullivan, Patrick, and Jesse W. Miller. , *The Geography of Warfare.* London: Croom Helm, 1983.

O'Sullivan, Patrick, *Terrain and Tactics*, Westport CT: Greenwood Press, 1991.

Palka, Eugene J. , and Francis A. Galgano, *Military Geography from Peace to War*, Boston: McGraw – Hill Custom, 2005.

Paret, Peter, "The New Military History", *Parameters – US Army War College Quarterly*, Vol. XXI, No. 3, Autumn, 1991.

Parker, Geoffrey, *The Military Revolution: Military Innovation and The Rise of the West, 1500 – 1800*, New York: Cambridge University Press, 1988.

Pearson, Chris, " 'The Age of Wood': Fuel and Fighting in French Forests, 1940 – 1944", *Environmental History*, Vol. 11, No. 4, October 2006.

Pokrant, M. , *Desert Storm at Sea: What the Navy Really Did*, Westport: Greenwood Press, 1999.

Prokosch, Eric, *The Technology of Killing: A Military and Political History of Antipersonnel Weapons*, London: Zed Books Ltd. , 1995.

Richardson, Mervyn (ed.), *The Effect of War on the Environment: Croatia.* London: E & FN Spon, 1995.

Roberts, Michael, "The Military Revolution, 1560 – 1660", in Clifford J. Rogers, *The Military Revolution Debate: Readings in the Military Transformation of Early Modern Europe*, Boulder: Westview Press, 1995.

Robinson, J. P. , *The Effects of Weapons on Ecosystems*, Oxford: Pergamon Press for the UNEP, 1979.

Rogers, C. J. (ed.), *The Military Revolution Debate*, Boulder, CO: Westview Press, 1995.

Rostker, Bernard, *Environmental Exposure Report: Depleted Uranium in the Gulf*, Washington DC: Department of Defense, 1998.

Russell, Edmund, *War and Nature: Fighting Humans and Insects with*

Chemicals from World War I to Silent Spring, New York: Cambridge University Press, 2001.

Russell, E. P., and R. P. Tucker, *Natural Enemy, Natural Ally: toward an Environmental History of Warfare*, Corvallis: Oregon State University Press, 2004.

Russell, E., "The Strange Career of DDT: Experts, Federal Capacity, and 'Environmentalism' in World War II", *Technology and Culture*, 40, 1999.

Schofield, John (ed.), *Monuments of War: The Evaluation, Recording and Management of Twentieth Century Military Sites*, London: English Heritage, 1998.

Simmons, I. G., *Environmental History: A Concise Introduction*, Oxford: Blackwell, 1993.

Stevens, Richard L., *The Trail: A History of the Ho Chi Minh Trail and the Role of Nature in the War in Vietnam*, New York and London: Garland Publising, 1995.

Storey, W. K., *The First World War: A Concise Global History*, Boulder, CO: Rowman & Littlefield, 2009.

Szasz, Ferenc M., "The Impact of World War II on the Land: Gruinard Island, Scotland, and Trinity Site, New Mexico as Case Studies", *Environmental History Review*, Vol. 19, No. 4, October 1995.

The Dupuy Institute, *Landmines in the 1991 Gulf War: a Survey and Assessment*.

Thomas, William, *Scorched Earth: The Military's Assault on the Environment*, Philadelphia, PA: New Society Publishers, 1995.

Tsutsui, William M., "Landscapes in the Dark Valley: Toward an Environmental History of Wartime Japan", *Environmental History*, Vol. 8, No. 2, 2003.

Wawro, G., *Warfare and Society in Europe, 1792 – 1914*, London:

Routledge，2000.

Weizman，Eyal，*Hollow Land*：*Israel's Architecture of Occupation*，London：Verso，2007.

Westing，Arthur，*Ecological Consequences of the Second Indochina War*，Stockholm：SIRPI，1976.

Westing，Arthur（ed.），*Cultural Norms*，*War*，*and the Environment*，New York：Oxford University Press，1988.

Westing，Arthur（ed.），*Global Resources and International Conflict*：*Environmental Factors in Strategic Policy and Action*，New York：Oxford University Press，1986.

Westing，Arthur，*Herbicides in War*：*The Long – Term Ecological and Human Consequences*，London and Philadelphia：Taylor & Francis，1984.

Westing，Arthur，*Warfare in a Fragile World*：*Military Impact on the Human Environment*，London：Taylor & Francis，1980.

Westing，Arthur，*Weapons of Mass Destruction and the Environment.* London：Taylor & Francis，1977.

West，Joshua，"Forests and National Security：British and American Forestry Policy in the Wake of World War I"，*Environmental History*，Vol.8，No.2，April 2003.

West，P. J.，"Earth：The Gulf War's Silent Victim"，in *Yearbook of Science and the Future*，Chicago：Encyclopedia Britannica Inc，1993.

Winters，H. A.，Gerald E. Galloway Jr.，William J. Reynolds，and David W. Rhyne，*Battling the Elements*：*Weather and Terrain in the Conduct of War*，Baltimore and London：Johns Hopkins University Press，1998.

Woodward，Rachel，*Military Geographies*，Oxford：Blackwell，2004.

Wright，Patrick，*The Village that Died for England*：*The Strange Story of Tyneham*，London：Jonathan Cape，1995.

后　记

2021 年 12 月 6 日，在本书即将付梓之际，国务院学位委员会办公室负责人就《交叉学科设置与管理办法（试行）》答记者问时指出：学科交叉融合是当前科学技术发展的重大特征，是新学科产生的重要源泉，是培养复合型创新人才的有效路径，是经济社会发展的内在需求。2022 年，区域国别学作为一级学科呼之欲出。笔者对军事环境史与区域国别学的关系进行了思考，认为在百年未有之大变局中这两种跨学科研究的理论与现实价值更加凸显。

区域国别学是大国之学，也是大国的战略之学。我国设立区域国别学一级学科既是应对"世界百年未有之大变局"的需要，也是坚守人类共同价值，建设人类命运共同体的重大举措，更是坚持历史自觉的重要体现。区域国别研究的重要内容之一，是和平时期的军事建设和战争时期的军事活动，而军事环境史研究环境因素与人类军事活动间的相互影响，以及在此过程体现出的人类生产力发展和自然观变化，因此思考军事环境史与区域国别研究的关系可谓恰逢其时。

总体而言，军事环境史一方面可以扩展区域国别研究的视野，将全球视野、区域视野与地方视野统筹起来，另一方面可以充实区域国别研究的维度，既研究人类事务，也研究人类事务发生和发展所依托的舞台——生态环境，并深入思考人类与生态环境之间的互动关系，推动区域国别研究走向深入。

一　超越区域视野

"区域"一词见于中文典籍始自东汉。班固在《汉书·西域传》中谈及龙堆、葱岭等地时称"淮南、杜钦、扬雄之论，皆以为此天地所以界别区域，绝外内也"①。英语中"区域"（region）源自拉丁语和法语，"王国""疆界"的原意渐被弃用，近代以来指"地表某种程度上被定义或与邻近地区有所区别的部分……特别是指世界上包括几个邻国的地区，其中诸邻国的社会、经济或政治相互依赖"②。可见"区域"一方面表示存在某种界线的空间，另一方面表示空间中的人类社会。若回溯"域"字的流变，可知其通"或"，《说文解字》中"或，邦也，从口从戈，以守一。一，地也"③。即"区域"的第三个方面——空间需用武力保卫。

除空间属性外，"区域"也有历史属性。一方面，区域内民族和政治实体的变化构成了历史；另一方面，人们对区域的认知也有历史性。马克思和恩格斯在《德意志意识形态》中指出，"各个相互影响的活动范围在这个发展进程中越是扩大，各民族的原始封闭状态由于日益完善的生产方式、交往以及因交往而自然形成的不同民族之间的分工消灭得越是彻底，历史也就越是成为世界历史"④。

"区域"概念的空间与历史属性，反映了军事环境史与区域国别研究的契合点。全球、区域和地方，是环境史研究的三个层级。作为研究对象，三者有深刻的历史与现实联系，并与军事史研究中的战略、战役和战术三个层级大体匹配。作为研究视野，三者有不囿于对象本身的逻辑联系——从区域视野研究地方，从全球视野研究区域，不仅必要而且可能。从高层级视野审视低层级对象，可更宏观地理解低层级对象的运行方式，海军建设便是突出体现。海军建设周期长、投入资源多、技术更新快、战力形成慢，因此在历史上滨海大陆国家慎建海军，既因为自身需求没有岛国迫切，也因为受到国家战略、财政能力、资源状况、工

---

① （东汉）班固：《汉书》，中华书局 1962 年版，第 3929 页；（清）孙诒让：《周礼正义》卷十七，中华书局 1987 年版，第 662 页。

② "region, n." *OED Online*, Oxford University Press, March 2022, http：//www. oed. com/view/Entry/161281. 访问日期：2022 年 5 月 20 日。

③ （东汉）许慎撰，（清）段玉裁注，《说文解字注》，上海古籍出版社 1981 年版，第 631 页。

④ 《马克思恩格斯选集》第 1 卷，人民出版社 2012 年版，第 168 页。

业水平和人才储备等内部要素和区域政治态势、国际格局等外部因素的影响，区域视野存在局限。

美国海军史是这一问题的突出例证。独立战争中，与英国海军争夺制海权的是法国海军，荷兰、西班牙、瑞典、丹麦和俄国海军也对英国海军有所牵制，美方更多是以私掠形式参加海上战斗的。拿破仑战争期间，美国商船屡遭英法劫掠，美国海军由此重获拨款，但建设方向是近海防御性的。1812 年战争中，美国海军在尚普兰湖和伊利湖等地获胜，除战术得当外，英国海军主力正忙于欧洲战事分身乏术也是不能忽视的原因。美国内战中，联邦配备蒸汽动力的低舷铁甲舰在夺取密西西比河控制权、争取战略主动的过程中发挥了重要作用。内战结束后美国海军再成鸡肋，这既和美国当时的财政状况相关，也和美英停止敌对、外部威胁降低有关。19 世纪 80 年代，美国成为资本主义强国，海军是其维护拉美霸权、拓展亚太权力的支柱力量。二战后，美国海军取得霸主地位，成为执行美国国家战略的基石之一。

当代海军除护航商船、封锁海路、投送兵力等传统职能外，还是海基常规武器和核武器的投送平台，战略意义更加突出，建设和维护成本日益高昂。因此，建设符合国家战略需要、对假想敌具有优势、效费比又较为理想的海上力量，事关和平时期维护海上权益，战时掌握制海权、制空权和制区域权，以及诸军兵种协调和可持续发展。只有超越区域视野，基于全球视野进行政治、经济、外交等多方面分析，才有可能为军事运筹部门提供更全面的指标和数据，做出正确判断，明确建设方向。

二　超越人类事务

区域国别研究的核心问题，毫无疑问是事关和平与发展的重大问题，突出地体现着现实关切。一战史研究的核心问题，即在于巴尔干火药桶何以形成，以及如何将欧洲的两大军事集团引入战争泥潭，使战火从巴尔干半岛烧至德国的东西两线，继而改变了欧洲乃至世界的政治格局。二战史研究的核心问题，同样在于解释战争策源地的形成，以及欧洲、北非、中国、太平洋诸战场的区域性与世界性影响。

但人类社会的存在，人类文明的进步，既是人类事务又不仅仅是人类事务，需要在传统的政治军事维度和国际政治、国际关系维度之外，将人类事务发生和发展所依托的舞台——生态环境——纳入进来。一战后装甲战理论在英苏德等国涌现，航空兵建设受到高度重视，在很大程度上是因为军事理论家对一战西线战场胶着状态感到恐惧和厌恶，希望通过装甲部队和航空兵在未来战争中跨越泥泞的战场、避免战线再次固化。

越南战争提供了另一种区域研究的样本。从战争性质来看，这是冷战时期的一场热战，有着深刻和复杂的世界背景；从战争区域来看，尽管战场在东南亚，但又有区域内外的诸多国家直接参与；从作战方式来看，战争双方都从各自的区域经验出发，对越南环境加以利用或破坏。以美军清除森林的行动为例，评估来自两个不同区域的国家的军事技术、战争伦理和自然观念在同一战场的效能和影响，可以深化人们对越战和美军作战方式的理解。

美国林务局的工程师在越南开展了舍伍德森林行动和粉玫瑰行动，旨在引燃落叶制造火灾，但不断上升的热量引发暴雨浇灭了大火。由此可见，破坏异域森林成为美军削弱敌人战争潜力的手段；工程技术人员的主观愿望是用知识进行专业化的、对己方有利的景观塑造；基于美国经验的毁林措施从温带到亚热带之后遭遇水土不服，反映了生态条件与相关知识的区域性特点。

不难看出，战争、技术和环境三者之间并不存在决定性的应然关系，而是充满了未知与变数的实然关系，而战争对环境造成的影响，又远非人们的区域知识所能有效预见的。因此，区域国别研究纵使已经超越了区域视野，但仅探讨战争和技术仍然是不够的，在原有"人类事务"研究维度之外加入环境维度，在理论和实践上都是必要的。

三　思考三种关系

基于上文的分析，笔者认为在区域国别研究中，需要思考三种关系。首先，应充分认识作为资源的环境同区域内外国际事务之间的关系。

石油、煤炭等不可再生资源，橡胶、木材等林业资源，粮种、农田、淡水等事关粮食安全的农业资源，海洋生物和渔业资源，以及外太空轨道和频谱波段等，在冷战与后冷战时代要么成为大国的博弈工具，要么涉及区域内邻国之间的利益争端，牵一发而动全身，丝毫不容小觑。这些都需要在区域国别研究的基础上，进行未雨绸缪的战略规划，采取应对有度、调整及时的措施。

其次，应全面理解作为战场的区域环境同军事活动之间的关系。当代战争的战场不仅存在于海、陆、空、天，还存在于电磁环境中，"区域"不再局限于与民族国家和政区有关的二维空间，而是拓展到了多维空间中。机械化战争形态正转向以智能化军队及其武器平台为主导的战争形态，关键武器和战法的时代差再次形成。这些巨变已超出冷战时期区域国别研究的范畴，不仅要研究区域内外的政治经济社会状况，也要分析战场环境的特点，力求在战时有效地适应和利用环境。

最后，应深刻关注作为家园的区域环境同人类命运之间的关系。1991 年海湾战争以来的高技术战争使战时的平民伤亡大为减少，但对工业设施精确打击造成的次生灾害，以及贫铀武器等放射性材料的环境隐患，威胁着战后平民的健康和生命，伊拉克和塞尔维亚儿童白血病和畸形率的剧增便是实例。推动区域国别合作，增强各方互信，是降低战争风险的重要路径，建立在人类共同价值之上的区域国别研究，显然是实现这一路径的最有效的手段。

综上所述，中国的区域国别学立足和平发展，建设融人、国、环境和谐共生于一体的人类命运共同体，军事环境史显然是不可或缺的交叉对象，可以提供宽广的视野和多元的维度。二者交叉促进，无疑将有助于增强历史自觉，认识和解决人类共同的大问题，开创和建设共享共赢的新时代。

贾珺于珠海凤凰山麓

2022 年 5 月 20 日